沈黙の海

最後の食用魚を求めて

イサベラ・ロヴィーン
佐藤吉宗❖訳

Isabella Lövin

Tyst hav

Jakten på den sista matfisken

新評論

エステルとグンナルへ

「今という時間は、未来とも過去ともつながっている。一つ一つの生き物がそれを取り巻くすべてのものとつながっているように」

レイチェル・カーソン『海辺——生命のふるさと(*)』

(*)Rachel Carson, “The Edge of the Sea”, Mariner Books, (1955, 1998)
邦訳：上遠恵子訳（平河出版社・1987年、平凡社・2000年）

もくじ

図1　スウェーデン周辺の地図

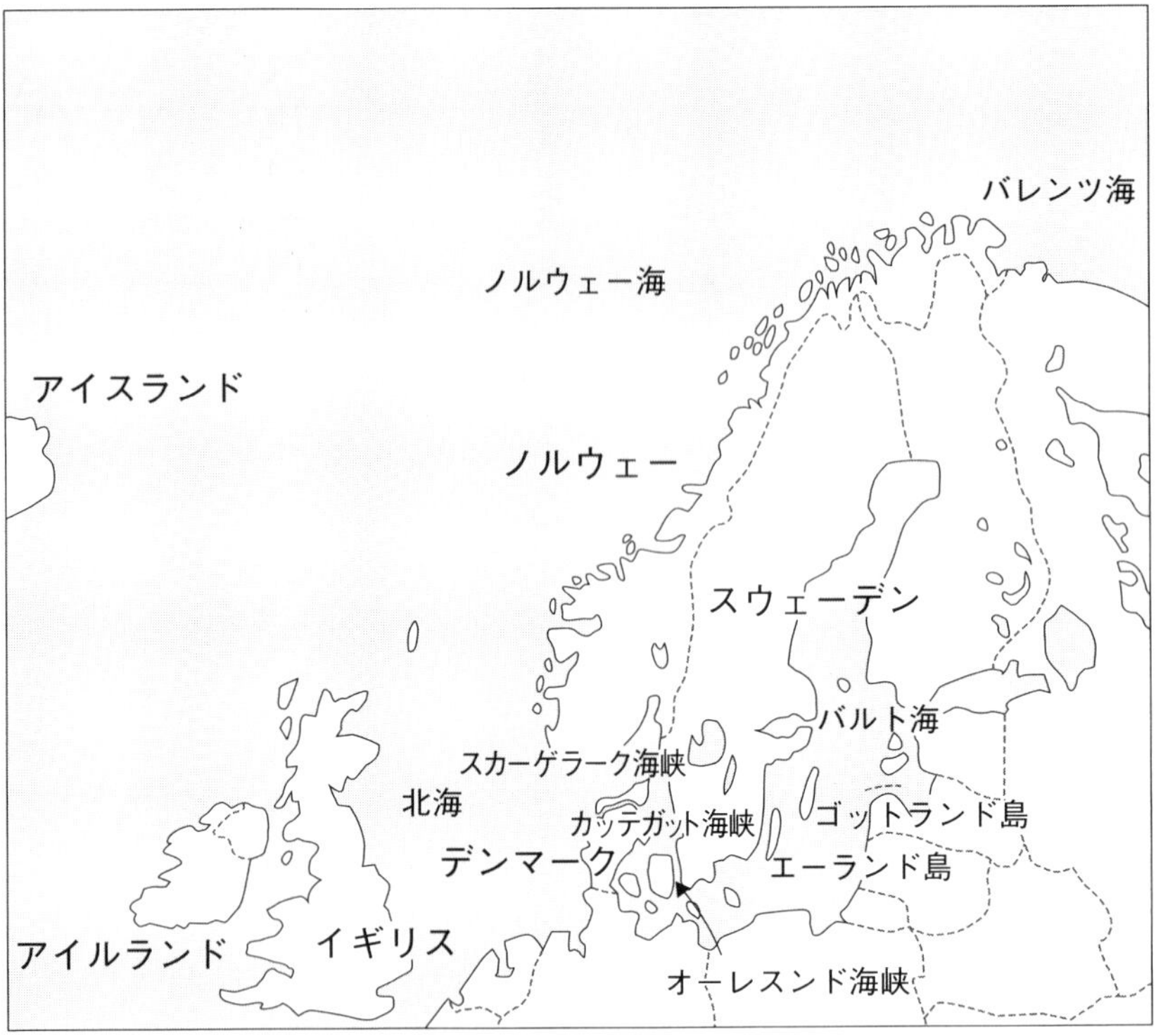

沈黙の海——最後の食用魚を求めて

Isabella LÖVIN
Tyst hav. Jakten på den sista matfisken

First published by Ordfront förlag

This book is published in Japan by arrangement with
Ordfront förlag, Sweden,
through le Bureau des Copyrights Français, Tokyo.

第1章　ウナギ

「これはあなたの責任なのです！」

シラスウナギを取り扱うイギリスの企業「グラスイールズ・リミティッド（Glass Eels Ltd.）」[1]を代表している男性は、いきなりこう言い放ち、バツが悪そうな笑みを浮かべながら最前列に座っている私を意味ありげに指さした。二〇〇五年一〇月、ストックホルムにあるオブザヴァトーリエ博物館[2]の大ホールにおいてウナギの将来を議論するシンポジウムが開かれている。大勢の参加者が詰めかけているが、私はここに参加している数少ないジャーナリストの一人だ。

このシンポジウムはスウェーデンの水産庁長官に新しく就任したアクセル・ヴェーンブラード[3]が企画した。彼は、大学では淡水生物学を専攻し、そののちは産業界で活躍していた人物である。長官に就任した直後、ヨーロッパにおける過去二〇年間のウナギの生息数の変化を表した統計を見て、私と同様彼は驚愕してしまった。そこで、ウナギの関係者を一同に集めたシンポジウムを企画することにしたのだ。

スクリーンに示されたグラフは、すべてが真っ逆さまに下を向いている。これは何も、折れ線グラフの一番高い所と低い所だけをつなげて誇張しようとしたインチキグラフではなく、ウナギの生息数の推計をきちんと示したものである。それによると、ウナギの生息数は過去二〇年間で何と九九パーセント以上も減少している。その通り。九九パーセント以上の減少なのだ。

「イサベラさん、これはあなたの責任なのです」

六〇代のこのイギリス人男性は、顔に汗をにじませながら再び言葉をつづけた。観客席の最前列に座っている私の胸元に付けられたプラスチックの名札を素早く見て、彼はこう呼んだのだ。この男性はマリンブルーの背広とネクタイを着けているため、このシンポジウムのほかの参加者と比べると浮いたように見える。

スウェーデンおよびヨーロッパの第一線で活躍するウナギの関係者たちが、今この大ホールに一堂に会している。漁師、専門分野に詳しい政治家、そしてイギリス、オランダ、フランスなどからの研究者、世界自然保護基金（ＷＷＦ）[4]や欧州連合（ＥＵ）、レジャーフィッシング協会[5]、水力発電所などに勤務する専門家、さらには遺伝学の専門家や行政関係者など、実にさまざまな分野の人々が集まっている。ウナギに関しては、彼らがもっている統計やグラフ、比率、費用、傾向、リスク、歴史などといった知識以上の情報は存在しないと言わんばかりに、ウナギに関する世界中の頭脳が一堂に集結している。

自然のなかで盛んにフィールドワークをしている人が多いと推測される。かなり多くの参加者がカーキ色のベストとニットのセーターを着ており、分厚いブーツを履いているからだ。唯一の例外は、行政関係者と漁業関係者である。

（1） イギリス・グロスター（Gloucester）に本社を置くシラスウナギの取引企業。

（2） （Observatoriemuseet）自然科学に関する展示を行う。建物は18世紀半ばにスウェーデン王立科学アカデミーが建設した観測・実験施設を利用している。

（3） （Axel Wenblad, 1949〜）男性。スウェーデンの大手ゼネコンであるスカンスカ（Skanska）やボルボ（Volvo）の環境部長、ヴェストラ・ヨータランド県（Västra Götalands län）の環境部長、国連食糧農業機関（FAO）の水産資源管理スタッフを経て、2005年に水産庁の長官に着任する。

「グラスイールズ・リミティッド」の代表を務めるピーター・ウッド（Peter Wood）は、顔をゆがめて笑みを浮かべながら約七〇名の参加者が座るホールをメガネの上ぶち越しに眺めている。そして、私の隣に座る参加者を人差し指でさしてこう言った。

「これはあなたの責任でもあるのです！」

彼は、一息ついてから別の参加者にも次々と人差し指を向けながら同じ言葉を送っていく。その様子はどこか単調で、まるで彼は自宅の洗面台の鏡の前で繰り返し言葉を練習しているかのような感じである。

「そして、あなたの責任でもあるのです」

彼は、ホールのずっとうしろのほうの参加者を指さしながら言葉をつづけた。

「これは私たち全員の責任なのです。あなたの、私の、イザベラさんの、そして私たちの両親の責任なのです。このような状況を導いた現代社会の発展に、私たち全員が関与してきたのです。私たちは、こんな近代的な社会を望んできたのではないですか？」

彼は修辞的にこう問いかけ、頷き、顔を赤らめ、一息つきながらこれまで目を通してきた手元のメモをめくっている。ホールに座る参加者に目をやるが、彼の立場を支持している漁業関係者ですら誰も反応を示さない。そのことに、彼は戸惑いを隠せないようにも見える。

彼はこうして、シラスウナギ業界（シラスウナギはそもそも「生産される」わけではないので、この表現は的を射たものではないが詳しくはのちほど）を代表して、「ウナ

(4)（World Wide Fund for Nature）野生動物の保護を目的として1961年にスイスで設立される。世界の90か国に500万人近い会員をもつ。スウェーデン支部は1971年に設立される。

(5)（Sportfiskarna）釣りの愛好家を代表する団体。

ギ漁に未来はあるのか？　業界からの視点」と題した講演を終えた。人の心を動かす感動的な講演だったと言ってもよい。彼の講演に先駆けて、フランス、オランダ、スウェーデンからの研究者がウナギの乱獲を指摘する講演を行っていた。彼らの主張に対抗するためには、この男性がもっている以上のレトリックの才能と冷徹さが必要であったかもしれない。

しかし、彼は膨大な量のスライドを使って、水力発電所のタービンや昔の水車、そして、かつてはウナギの生息環境の一部であった湿地に水路が引かれてしまって農地となった写真などを次から次へと徹底的に見せつけた。そのうえで、ウナギの数が激減している原因は、ウナギの生息環境の変化であると何度も繰り返し主張したのだ。

私たち人間は農地も確保したいし電気も使いたい、それに食糧も暖房も欲しいであろう。それならば、ウナギを犠牲にしなければならない。それに比べて、彼の所属するウナギ業界の経済活動（シラスウナギを獲って養殖をしたり、成長したウナギを獲ること）は、ウナギの数が激減している理由のごく一部でしかない。それが、彼の結論であった。彼が何度も指摘したように、これは私たち全員の責任なのだ、というわけだ。

しかし、問題なのは、彼の主張がその直前に研究者たちが示したさまざまなグラフとまったく食い違っていることだ。産業化に伴う水力発電所の建設や農業の近代化に伴う水路整備は、一〇〇年以上も前にはじまった。これに対して、ヨーロッパにおけるシラスウナギの減少は一九八〇年代になってから顕著になりはじめた現象だ。そしてその後、EUがウナギ漁船の近代化に巨額の助成金を繰り返し注ぎ込んでいくにつれて減少のスピードが速まってきたのだ。二〇世紀全体を通して上下を繰り返してきた折れ線グラフは、過去二五年の間にかぎっては真っ逆さまに急落の傾向を示している。サルガッソー海からやって来るシラスウナギの数は、一九八

図2　サルガッソー海からヨーロッパまでの地図、およびウナギの行程

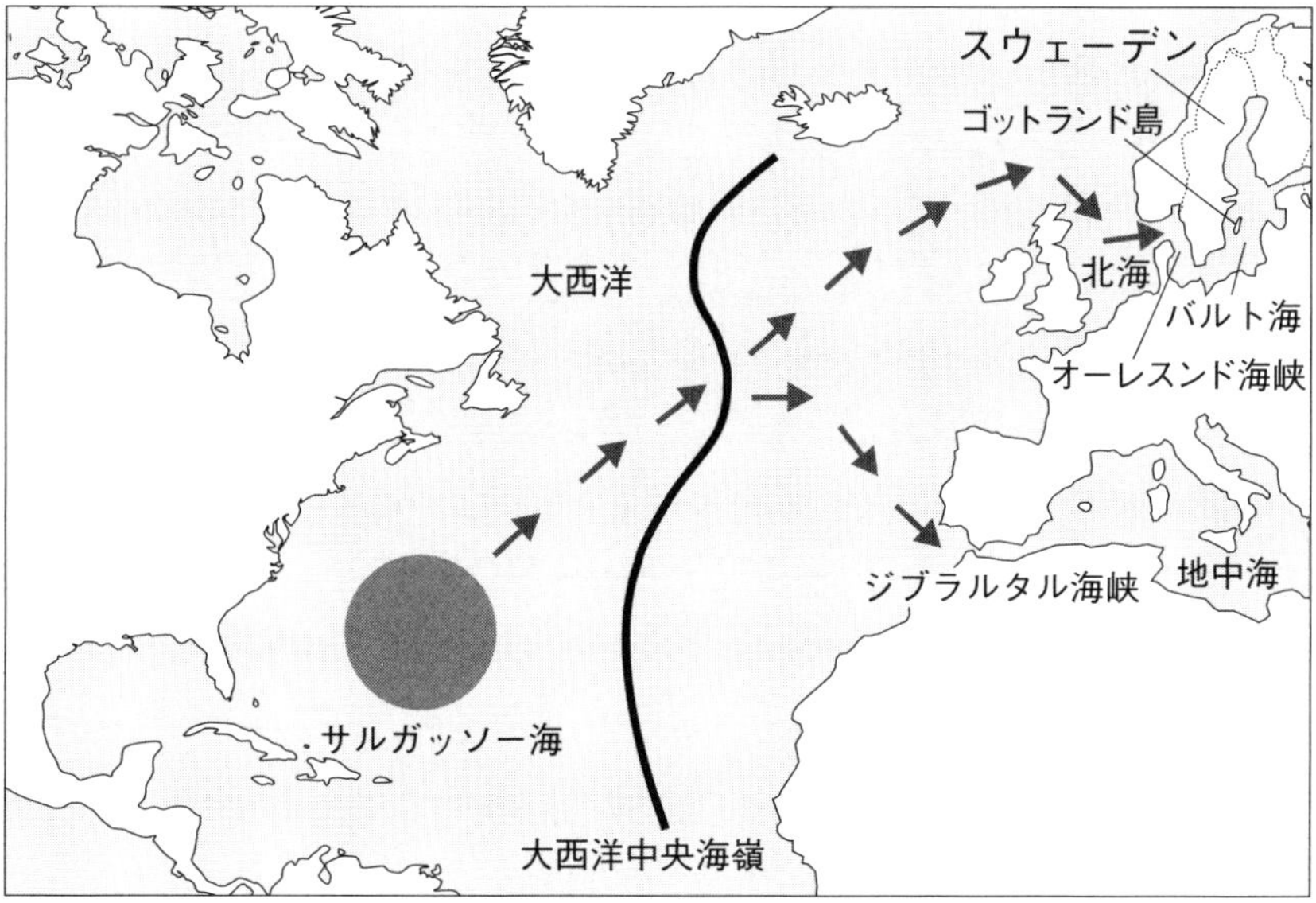

〇年当時と比べると二〇〇三年は一パーセント以下となっている。

私が漁業について本格的に関心をもちはじめたのは、まさにウナギに関する情報を読んでからであった。二〇〇三年一〇月のある日、水産庁から出された記者発表がたまたま職場の机の上に置かれていた。一度目を通すと、私はその文章に釘付けになってしまって何度も何度も読み返した。そして最後には、私が読みまちがっていないことが明らかになった。

そこに書かれた事実はあまりに明白だった。水産庁が伝えるところによれば、サルガッソー海から流れ込むシラスウナギの量が二〇年あまりの間に九九パーセント減少したというのだ。そして、さらに驚くべきことがそのつづきに書かれてあった。水産庁としてウナギ漁の禁止を発令するほどの正当な理由は見当たらない、というのだ。そうすればスウェーデンの漁師に大

（6）（Sargasso sea）大西洋の西インド諸島とバミューダ諸島に挟まれた海域。

きな打撃を与えることになるから、という理由が水産庁の見解であった。

では、緊急措置として何を行うと言うのだろうか。いや、何もしないと言うのだ。

正常な世の中であれば、重大な事態に対して警鐘が鳴らされると人々は真剣に受け止めるであろう。だとすれば、なぜ何もしないということがまかり通るのか。これがきっかけとなり、私はウナギについてより詳しく調べてみることにしたのだ。まず、海について書かれた本を何冊か手に入れ、ウナギに関してのさまざまな情報を集めはじめた。新たなことを学ぶにつれ、私は夢中になってしまった。

まず、ウナギは地球上でもっとも古い生き物の一つであることが分かった。その生態は非常に特異であるため、人類はいかなる時代にもさまざまな説を唱えてきたのである。長い間、そもそもウナギは魚だとは考えられなかった。というのも、ウナギは地上を這い回ることができるからだ。スウェーデンの博物学者リンネ(7)はウナギを「アングイッラ（anguilla）」、つまり「小さな蛇」と名付けている。

一九世紀末になるまで、ウナギがどうやって繁殖するのかは謎だった。ウナギの稚魚や産卵期のウナギ、またはウナギの交尾を目にした者は誰もいなかったからだ。古代ギリシャのアリストテレス(8)は、ウナギが「地球のはらわた」から産まれてくるのではないかと考えていたし、古代ローマのプリニウス(9)は、ウナギの皮が剥がれ、その皮から新しいウナギが産まれてくるのだと考えていた。また一般庶民は、馬の毛が水に落ちて、それがウナギになるのではないかと考えていたともいう。

一九世紀の終わり、陸地から遠く離れた大西洋で、葉の形をし、奇妙な顎《あご》をもつ小さくて透明な不思議な生き物が見つかった。水槽に入れて育ててみると、葉の形から次第にシラスウナギへと変化を遂げ、さらに黄ウナギへと姿を変えた（**図3**を参照）。ウナギの謎に対する解明がこれで一歩進むこ

（7）　カール・フォン・リンネ（Carl von Linné, 1707～1778）植物・生物・博物学者。動植物の分類学で知られる。

図3　ウナギのライフサイクル

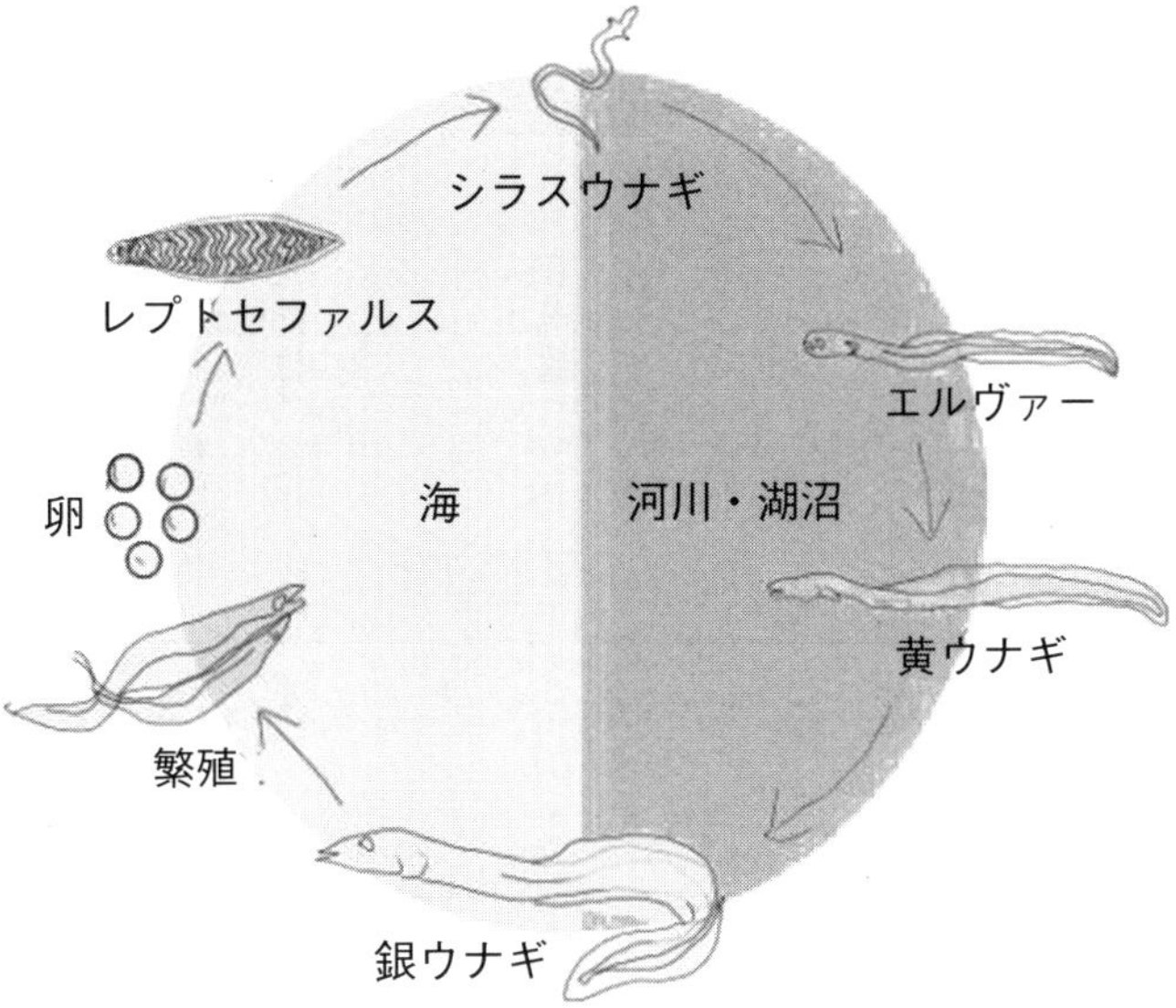

ととなった。

さらに、地球上でもっとも珍しいライフサイクルをもつ生き物であることも明らかになった。ウナギは生きた化石であり、生物学と進化学の可能性を大きく拡張することとなった。また、地球の地学史における新説の提唱や、私たち人類のきわめて短い歴史を新たな角度から再検証することにもつながった。私たち人類の世界観に一石を投じた、と言っても過言ではないだろう。

現在では、ウナギが西インド諸島の少し東、スウェーデンから六〇〇〇キロ以上離れた大西洋のサルガッソー海で産卵して繁殖することが分かっている。アメリカのウナギもヨーロッパのウナギも、ともにこのサルガッソー海で産まれている。両者は大変よく似ており、この二つのウナギが実は違う種だということが分かったのもごく最近の話だ。以前は、仔

(8)　(BC384～BC322) 古代ギリシャの哲学者。
(9)　(23～79) 大プリニウスとも呼ばれる。ローマ帝政期の博物学者、政治家、軍人。

魚であるレプトセファルス（leptocephalus）の一部がメキシコ湾流に乗ってヨーロッパにたどり着いて「ヨーロッパウナギ」（ラテン名：Anguilla anguilla）と呼ばれ、その他のものはアメリカ大陸沿岸に達して「アメリカウナギ」（Anguilla rostrata）と呼ばれている程度の違いしかないと考えられていた。

葉の形をしたレプトセファルスがヨーロッパにたどり着くまでには少なくとも三年はかかり、ヨーロッパ大陸に達する直前に透き通った「シラスウナギ」に変化する（面白いことに、アメリカウナギも陸地に達する直前に同様の変化を遂げている。ただし、サルガッソー海からアメリカ大陸までは近いため、シラスウナギの変化はヨーロッパウナギよりも一、二年早い）。

ヨーロッパに達したシラスウナギの一部はジブラルタル海峡を通り抜け、ローヌ川やポー川などといった地中海に河口をもつ河川をさかのぼっていく。そして、そのほかのシラスウナギはスカンジナビア半島を目指して北へと向かう。オスはスウェーデン南部で漂流を終えるが、体の大きなメスはバルト海の北のほうまで達する。もしかしたら、シラスウナギは漂流を終える場所によってオスになるかメスになるのかが決まるかもしれないが、それについてはこれ以上ここでは触れないことにする。

その後、一部のウナギは淡水の河川をさまざまな方法でさかのぼっていく。夜は湿った草の上を這ったりもしながら上流の湖や沼に達する。そして、湖沼では底のほうに潜みながらカエルや甲殻類、魚の稚魚などを食べて成長していく（ウナギは雑食性であり、ときには野ネズミや鳥の子どもを餌食にすることもある）。

この段階になると、黄や灰、緑が混じった色に変わっており「黄ウナギ」と呼ばれることになる。黄ウナギがどのくらいの期間、淡水の湖沼にとどまるのかははっきりと分からないが、七年から一〇年、

（10） Marianne Köie and Ulf Svedberg, “Havets djur”, Prisma, 1999.

もしかしたら一三年くらいではないかと考えられている。黄ウナギのなかには、淡水を求めて川を上ることなくバルト海やスウェーデンの西海岸で黄ウナギの期間を過ごすものも多いから、話がさらに複雑となる。

ウナギの寿命についても、研究者ははっきりと分からないらしい。ただ、ウナギを捕獲してみるとかなり長い間生きることが分かっている。記録に残っている世界でもっと寿命の長かったウナギは水族館で育てられたもので、八四年も生きたとされる。また、スウェーデン南部のスコーネ地方（Skåne）で一八五九年に井戸に放されたと伝えられるウナギは、テレビの自然番組のレポーターが一九九四年に訪れたときも活発に泳ぎ回っていた。放たれてから実に一三五年ということになる。

いずれにしろ、驚くべきことはここからさらにはじまる。ある日、ウナギは再び変化するのだ。頭が細くなり、目は大きくなり、体は銀色を帯びてくる。背中は濃く、腹のほうは淡い色になる。そして、秋の「満月の数日前」（生物事典『海洋生物』(10)の表現より）のある夜に突如として再び旅立とうという衝動に駆られるのだ。

この段階のウナギは「銀ウナギ」と呼ばれているが、来たのと同じ経路で泳いだり這ったりしながら海に達し、ほかのウナギと合流しながらサルガッソー海に向かって泳いでいく。オーレスンド海峡（スウェーデンとデンマークの間の海峡）を抜けてから北海を経て大西洋に出る。そして、海の底を泳ぎながら、大西洋中央海嶺(11)を越えてさらに数千キロを泳ぐのだ。果てしない青色の世界を道しるべも標識もなく旅するとは、理解を超えた能力だ。頭の内部に磁気を感知する器官があるのか、もしくは特別な嗅覚があるためではないかと考えられている。

（11）　大西洋の中央部を南北に縦貫する海底山脈。

この間、食べることは一切せず、黄ウナギの期間に蓄えたエネルギー度の高い脂肪を消費して泳いでいく。そして、サルガッソー海に着くとここで最後の変化を遂げ、茶色に変わる。これは産卵期の色であるが、今まで誰もウナギの交尾を見たことがないため、海のどのくらいの深さで交尾をするのかは分かっていない（このあたりの海の深さは約六〇〇〇メートルだ）。交尾のあとに死ぬわけだが、その場所も不明だ。

ウナギがこのような驚くべき一生を送る背景には、この長い旅以上に興味深い理由がある。実は、ウナギは地球上でもっとも古い生き物の一つなのだ。ウナギの先祖は二億年前、つまり巨大大陸パンゲア(12)に亀裂が走り、次第に分離しはじめたころにすでに存在していた可能性が高いと考えられている。そして、彼らの産卵の場は、のちにヨーロッパとアメリカになる大陸の間のまさにその亀裂であったと見られている。その亀裂部分には、当初はごくかぎられた水域しかなかったようだ。

大陸プレートは毎年少しずつ数百万年をかけて分離していき、ウナギもその動きにしたがって生息地を変化させていった。ウナギはそれまで常に産卵を行ってきた地点に戻って産卵し、その子どもも本能に刻み込まれた祖先の旅程を辿りながら、一部は東に、一部は西に向かって陸部の淡水を目指して泳いでいるのだと考えられる。

これらのことを考慮すれば、ウナギの産卵場所だと考えられているサルガッソー海が、バミューダの魔の三角地帯に隣接し、北大西洋の海流システムの中央に位置していることは、別に驚くことではない。ウナギが誕生するのはいわば諸大陸のへそであり、地球史における夜明け

---

(12)　ドイツ人の地球物理学者であるアルフレッド・ウェゲナー（Alfred Wegener）が20世紀初めに唱えた大陸移動説において、２億5000万年前に存在したと考えられる巨大大陸。現在の諸大陸は、この巨大大陸が徐々に分裂しながら形成されていったと考えられている。

の場所だと言ってもよい。ウナギは、恐竜が栄えた時代も氷河期もずっと生き延び、シーラカンスが陸上に這い上がった時代や、わずか四万年前にホモサピエンスがヨーロッパに移動した時代をも目撃してきた。そして今、地球の歴史から見ればほんのごくわずかな年月の間に、現代人が自分たちを絶滅に追いやろうとしているのを目の当たりにしているのだ。

国際海洋探査委員会（ＩＣＥＳ）(13)は加盟国からの公的資金に支えられた科学委員会であり、大西洋に面したすべての国の海洋生物学専門家からなっている。この委員会が、すでに二〇〇三年の時点でウナギの危機的な状況を報告書にして発表している。とくに、ヨーロッパのウナギはすべて単一の個体群に属しているため、外部からの影響をとりわけ受けやすいことを強調している。

「今の時点で最優先すべきことは、ヨーロッパウナギという、生息水域がヨーロッパの広範囲にわたり、もっとも盛んに漁獲されている唯一の個体群が絶滅の危機に瀕している事実を漁師や行政関係者、政治家に伝えることだ」

国際海洋探査委員会はさらに、一生のあらゆる段階においてウナギほど集中的に漁獲される魚はヨーロッパではほかにいない、とつづけている。ヨーロッパでは、なんと二万五〇〇〇人もの漁師がウナギ漁を主要な収入源としている。ウナギは、シラスウナギ、黄ウナギ、銀ウナギのそれぞれの段階で捕獲され、ポルトガルやスペインのタパス料理としてニンニクといっしょにフライにされたりグリルにされたり、生で食されたりしている。日本では、蒲焼きとして

(13)　(International Council for the Exploration of the Sea：ICES) 1902年にデンマークのコペンハーゲンに設立された海洋生物の研究者からなる国際委員会。北大西洋の海洋研究の推進に努めているほか、科学的調査結果や漁獲可能量（TAC）の推奨量を各国政府やEUに提出している。19か国が加盟。

食べられている。また、大量のシラスウナギが生きたまま中国の養殖業に輸出もされている。「グラスイールズ・リミティッド」などのシラスウナギ業者は、二〇〇五年にシラスウナギを一キロ八七〇ユーロ［一二万三五〇〇円］(14)で中国に販売している。

一方、スウェーデンでは、黄ウナギや銀ウナギに成長し、サルガッソー海に戻る途上のウナギが漁獲されている。直火焼きや燻製にされ、最終的にスウェーデン風オードブル（スモルゴスボード）として並んでいる。

理解の域を超えたウナギの危機的状況は数年も前から明らかになっていたのにもかかわらず、スウェーデンやEUでは、二〇〇七年になって初めてウナギ漁に対する何かしらの規制が実施された（スウェーデンでは、二〇〇七年五月に漁師を除くすべての人を対象にウナギ漁が禁止されたが、八〇人以上の人がただちに不服申し立てを行っている）。

規制のない自由なウナギ漁と漁法の効率化のために、スウェーデンでは、一九六〇年代に年間二五〇〇トンあった漁獲量が二〇〇六年には六五九トンに減少している（淡水での漁獲を含む）。この数字だけを見ても、ウナギの危機的な状況が恐ろしいほどよく分かる。しかし、この漁獲量が示しているのは現在のウナギの数ではなく、一〇年、二〇年、もしくは三〇年前に漂流してきたレプトセファルスやシラスウナギの数であることに気づけばさらに悲観的にならざるを得ない（人工的に放流したシラスウナギも同じことだ）。

現在、漂流してくるレプトセファルスやシラスウナギの数は記録的に少ないが、この激減数はまだスウェーデンにおけるウナギの漁獲量には現れていない。

（14）　為替レートは時として大きく変動するため、どの時点のレートを用いるかによって換算される円表記も大きく変化する。この本の中では、通貨の購買力を考慮して計算され、より安定的に推移する購買力平価（PPP）レートを用いる。

スウェーデンの水産庁は、相変わらず似たような記者発表を発しつづけている。「欧州委員会[15]は、緊急措置として銀ウナギの漁獲をすべて停止することを提案しているが、それはスウェーデンの漁業に大きな打撃を与えることになりかねない。スウェーデン水産庁の見解は、漁の規制が必要だとしても、それはあらゆる種類のウナギ漁に対してまんべんなく行うべきであるというものだ。サルガッソー海に戻って行く繁殖適齢期のウナギの数が増えたところで、産まれてきたシラスウナギが直ちに捕獲されてそのまま消費されたり、中国の養殖業に輸出されたりするのでは規制をしても意味がない。ウナギを銀ウナギになった段階で漁獲しようが、その前の段階で漁獲しようが、さほど大きな違いとはならない」

水産庁はさらに、一九七〇年代以降、スウェーデンで行われてきたシラスウナギの放流にも言及し、この放流のおかげで今後もウナギ漁は存続できると述べている。また、バルト海はシラスウナギを放流する場所としてとくに適している、とも付け加えている。しかし、これまで私がこの不思議な魚について学んできたことと照らし合わせてみると、疑問点があるように思えた。

そのため、スウェーデン人のウナギ専門家の数人に電話で問い合わせてみることにした。すると、シラスウナギの放流はせいぜい短期的な解決策でしかない、ということが明らかになった。

一般には、バルト海で放流されるシラスウナギはヨーロッパのほかの地域で捕獲されたが、現地で余ってしまい、ほかの場所に移動させなければいずれは死んでしまう魚であるから放流はウナギの保護に貢献していると言われている。しかし、専門家によると、シラスウナギをこのように移動

(15)　欧州連合（EU）の行政府であり、各種の政策・法案および仮予算案の提出、そして政策執行を行う。EUの組織については第8章で詳しく紹介される。

して放流しても、長期的に見ればウナギの数が増えていくのかどうかは不明確なことが非常に多いという。実のところ、ヨーロッパのほかの地域（イギリスのブリストル海峡やフランス・スペインのビスケー湾などが多い）で捕獲されてバルト海に放流されたシラスウナギが、果たして産卵のためにサルガッソ湾に戻ることができるのかどうかは研究者にも分からない。

ウナギが再びサルガッソー海に戻るための道のりは、レプトセファルスやシラスウナギのときに長い間かけてヨーロッパの各地にたどり着く過程で記憶されるのではないかという説もある。もしそうなのだとすると、ヨーロッパのある場所から別の場所へ航空機やトラックを使って移動させられたウナギは、放流されたとしてもサルガッソー海へ戻る道が分からないということになる。

これまでの調査結果もこの説を支持している。ウナギに目印をつけてスウェーデンのゴットランド島にある湖に放流してみたが、銀ウナギに成長した状態でオーレスンド海峡を抜けて大西洋に向かおうとするものは一匹も見つかっていない。その一方で、ドイツやポーランドの沿岸に迷い込んでしまったウナギはたくさん発見されている。

別の研究によると、理論的に純粋に考えれば、放流されたウナギでもその四分の一はバルト海から大西洋に向かう道を見つけられるという。しかし、それから一、二年後に発表された同様の研究によると、バルト海から大西洋に抜け出したウナギは一匹もいないとされている。このように研究結果も大変あいまいで、矛盾を多くはらんでいる。

一方、ヨーロッパにおけるウナギの人工産卵はこれまで完全に失敗に終わっている。人工ホルモンを使ってウナギに卵子や精子をつくらせるのは不可能に近い。たとえ成功したとしても、孵化したレ

(16)　EUの欧州委員会のなかで水産行政を担当する。一国の水産庁に相当する。

プトケファルスは死んでしまう。漁業国日本では養殖の研究がより進んでいるが、産卵の段階から完全に人の手でウナギを養殖する過程は非常に複雑で、コストが高くて将来の商業化は見込まれていないという。

ウナギという、信じ難いくらいに特異なこの生き物が産卵して卵が孵化するためには、まったく人の手が加わっていない自然界でなければならないと考えられる。つまり、ある特定の水深、水圧、水温で、ある特定の塩分濃度で、ある特定の栄養分に恵まれ、そして満月の夜にできるならサルガッソー海で、ということになる。このような環境を準備するのが無理であれば、人工産卵は難しいということになる。

実のところ、オブザバトーリエ博物館で開かれたこの「ウナギ・シンポジウム」でも、満月がもつこの不思議な力が話題に上った。欧州委員会がついにウナギの保護計画を打ち出したということで、欧州委員会の漁業・海事総局を代表してケンネット・パッテション（Kenneth Patterson）が報告を行った。背広を身にまとい、真剣な顔つきをした彼は、「EUの漁業管理——現状と将来に向けての行動」という題でその計画について説明をした。この計画は、欧州委員会が長い年月をかけてEU加盟国と度重なる交渉を行った末に策定されたものだ。一方、それぞれの加盟国はEUとの交渉に先駆けて「グラスイールズ・リミティッド」や「スカンジナビア・シルバー・イール」[17]などの営利企業や利益団体の声にじっくりと耳を傾けてきた。そして、数々の妥協を繰り返すなかでこの保護計画が完成した。[16]

(17)（Scandinavia Silver Eel）スウェーデン・ヘルシンボリ（Helsingborg）に本社を置くウナギ加工企業。

ＥＵレベルで合意に至ったこの計画の内容は非常に複雑なものであり、概していえば、ウナギの保護計画の策定とその実行を各加盟国に一任していると言ってもよい。その要点は、結局のところ、人間の活動がまったく影響を与えなかった場合に自然界に存在したであろう銀ウナギの量の四〇パーセントが漁獲されたり、その他の方法で殺されたりすることなくサルガッソー海へ戻れるようにするというものだ。そして、そのような政策を各加盟国が二〇〇七年七月一日までに実行することになっている。

もし、加盟国が二〇〇七年七月一日までに信憑性のある行動計画を欧州委員会に提出できなければ、欧州委員会はＥＵ指令[18]を発令して、ヨーロッパにおけるすべての種類のウナギ漁を毎月一日から一五日までの二週間禁止することになる。

説明は以上であった。会場では、多くの参加者が首を傾げている。

この計画が非常に疑問に満ちたものであったためか、質疑応答の時間は最初のうち沈黙に包まれた。この計画最大の、そして明白な問題点は、まさに「漁業やそのほかの人間活動の影響がなかった場合にサルガッソー海へ戻って産卵するウナギの量」を算定することであろう。

もし、人間が存在しなかったとしたら、そして水力発電ダムやレジャーボートの港、産業からの汚染物の排出や漁業活動がなかったならば、どれだけの数のウナギが存在したのであろうか。これを計算するのは明らかに不可能だ。太古の時代から生き延びてきた生物の一つであり、エサを食べることなく六〇〇〇キロも泳ぐだけの脂肪を蓄え、死んでから長時間たったあとでも細かく切られた身がフライパンの上で跳ね上がるくらいの強靭な筋肉をもつウナギという生き物は、私たちがいなければど

(18)（EU directive）EUが加盟国に対して発する法であり、特定の目的を達成するよう加盟国に要求する。

のくらい存在していたであろうか。私たち人間がそもそも生態系の食物連鎖の一部として存在していなければ、そして、そのほかの肉食魚や食用魚、水中生物が人間の影響をまったく受けずに生息していたのであれば、ウナギはどのくらい存在したのであろうか。

濃いあご髭をたくわえ、メガネをかけたブリュッセルのEU官僚であるケンネット・パッテションは、このような哲学的な疑問にはまったくひるむことない様子だった。

「人間が存在しなかったときのウナギの数は、各加盟国の研究者がきちんと推計し、そしてその四〇パーセントを計算してくれると私は固く信じている」と、彼は述べている。

服装から判断するに研究者であろうか、参加者の一人がそれでもあえて疑問を投げかけた。

「その推計は非常に難しいだろう。だから、結局はEU指令が発令され、毎月一日から一五日の間は禁漁となるだろう」

「ところで、月の動きは考慮に入れてあるのか?」と、彼はさらに質問をした。

パッテションは欧州委員会の漁業・海事総局で長年勤務しながらさまざまな質問に答えてきたのであろうが、この質問にはさすがに驚いた様子で身を固めてしまった。

「月を?」

「そうだ。手帳のカレンダーを今見ているところだが、EU指令が今年発効したとすれば、今年は満月がだいたい毎月末にやって来るからウナギ漁はまったく影響を受けない。一方、二〇〇六年は満月が月の始めにやって来るから、ウナギはまったく獲れないことになる」と、研究者は言った。

パッテションは困惑した様子で見つめている。

「ウナギ漁が満月と密接に関連しているなんて誰でも知っていることだ」と、このスウェーデン人研究者は指摘する。会場に集まった専門家のなかで異論を挟むものは誰一人いなかった。

パッテションはそれでも平静を装いながら、「地理的条件が異なればウナギ漁の条件も異なってくる」と述べるのだが、その会場にいたフランス人やオランダ人の専門家の賛同を受けることはなかった。月の動きは明らかに見落とされていたのだ。しかし、誰一人として驚いた様子ではなかった。

会場では、満月の議論の代わりに数字を交えた議論がはじまった。このような場におけるスウェーデン人の得意技だ。漁業をめぐる議論に参加したければ、行政担当者や研究者、漁業関係者などをはじめとするありとあらゆる立場の人々から数字攻めにされることを覚悟しておかなければならない。それだけ、大きな経済的利益がかかっているということだ。なかには、論点をすり替えたり、議論の焦点を絶滅の危機に瀕したウナギから、たとえば地域経済の活性化の問題に移そうとする人もいた。

スウェーデンではウナギ漁が小規模な沿岸漁業の大部分を占めており、沿岸部の集落の活性化に重要な意味をもっていると言われている。しかし、二〇〇六年におけるウナギの水揚げ総額は、必要経費を引く前の額でもわずか四〇〇〇万クローナ［五億二四〇〇万円］にすぎない。必要経費を引いたあとの収益はもちろんこれを下回ることになる。これまでに行われた数少ない所得調査を見ると、漁師の所得は基本的に非常に低いことが分かる。ウナギ漁からもたらされる所得の総額はストックホルムにある中型の分譲住宅の四つか五つ分に相当する程度でしかない。それにもかかわらず、このわずかな額の所得が沿岸地域の集落の将来に重要な意味をもっていると言われ、そのためには一つの種の魚を犠牲にしても仕方がないと主張されているのだ。

それに比べてヨーロッパにおけるシラスウナギ漁は、非常に大きな経済的な価値を生み出しているようだ。

スウェーデン水産庁の長官は、ウナギの生息数が減少しているなかで、「シラスウナギの価格は今後どのように変化する見込みか」と「グラスイールズ・リミティッド」のピーター・ウッドに尋ねた。彼は答えにくそうにしながらも、「上昇していくだろう」と答えた。二〇〇五年に一キロ当たり八七〇ユーロ［一一万三五〇〇円］だったものが、ここ数年のうちに一三〇〇から一四〇〇ユーロ［一八万円～二〇万円］に達する見込みだという。

次第に明らかになってきたのは、現状がいかに危機的であろうと、ウナギ漁の存続を主張することが非常に大きな経済的な利益につながるということだ。シラスウナギがこれだけ高値で売れるのだ。絶滅の危機にある種として分類されている魚の稚魚が、こうして完全に合法的に取引されている。

今後、あと数年の間、「人間がいなかったとしたら……」というような哲学的な議論をつづけたり、生物学的な事実をわざと見過ごしたりしていれば、ウナギはもはや過去のものになってしまうであろう。それがいつ起きてもおかしくない、と警鐘を鳴らしている研究者もいる。

サルガッソー海は非常に大きい。その表面積は、実際のところEUの加盟国すべてを合わせたものよりも大きい。そのうえ、海の中は三次元だ。ウナギがこの水中の広大な空間のなかでお互いを見つけて産卵するためにはある水準以上の個体数が必要になると考えられるが、ウナギの個体数はすでにその水準を下回っているかもしれない。

今しかない、と私は感じた。水産庁からの記者発表を私が手にしたのは二年前のことだった。そして今、行動を起こす機会がついにやって来たのだと私は身震いをした。シンポジウムの最後はパネルディスカッションだ。オランダ人の専門家ウィレム・デッカー（Willem Dekker）、フランス人の専門家セドリック・ブリアン（Cedric Briand）、イギリスの「グラスイールズ・リミティッド」からピーター・ウッド、そして欧州委員会の漁業・海事総局からケネット・パッテションが一列になって私の眼前に座っている。

議論は非常に白熱し、会場はそのために酸欠状態になるかのようだ。スウェーデン漁師全国連合会（SFR）[19]の代表者は、予期せずも議論の流れを完全に我がものにし、さらに自分たちの見解を図表や統計にまとめた分厚い書類をEU官僚であるパッテションに差し出した。データの詳細をつつき合う、気だるい議論となってきた。会場にはすでにシンポジウムのあとに出されるコーヒーの香りが漂いはじめ、参加者の表情には疲れが見られるようになった。

今しかない。今日のシンポジウムで誰も投げかけなかった疑問が一つある。それは、私が知るかぎり、今まで誰も公の場で投げかけたことがなく、またここ二年間にわたって私の頭に取りついて離れなかった疑問だ。それを、私がこれからぶつけようとしている。

私は手を挙げた。EUのパッテッションが頷いた。ガチャガチャと音を立てながら、マイクが私のもとに回されてきた。

「私の理解が正しいのなら、ウナギは絶滅の危機に瀕しているということになる。このことを念頭に置くならば、いくらそのほかの対策をあれこれ考えたところで、ウナギ漁の全面的禁止のほかに取りうる手段があるとは思えない。それなのに、なぜウナギ漁を直ちに禁止しないのか？」

私のうしろに座る環境党の政策秘書が鼻でクスクスと笑っている。パネルディスカッションの席に座る外国の専門家らは、まるで目に見えない口かせでも付けられているかのようにお揃いの無表情を保っ

(19)（Sveriges fiskarnas riksförbund：SFR）漁業に従事する漁師を代表する団体。

ている。

　質問に答えたのはパッテションだった。彼は私の目を見ることなく、ありきたりの言葉を長々とつづけた。

「そのような措置はバランス感覚を欠いたものだ。環境汚染や地球温暖化の影響、環境ホルモン、ウナギの病気といった要因を排除することはできない。だとすれば、対策はさまざまな側面から行っていく必要がある。すべてを漁業関係者の責任にするのは、バランス感覚をまったく欠いているとしか言いようがない」

「バランス感覚をまったく欠いている」と、私は反射的にメモを取った。すると「グラスイールズ・リミティッド」のピーター・ウッドは、パッテションの言葉に補足が必要だと感じたらしい。上品なマリンブルーのスーツを着た彼は立ち上がり、手にした書類を振りかざしながら長めの咳払いをした。

「忘れないで欲しい」、彼は本心の知れない神経質な笑みを浮かべてこう言い、私を指さした。

「イサベラさん、私が言ったことを忘れないで欲しい。これはあなたの責任であり、私たち全員の責任なのだということを」

第2章 警告

二〇〇一年夏

カナダ・ニューファンドランド島の沖合いに生息していた、地球上で最大のタラの個体群は一九九二年に崩壊した。ここでは長年にわたってタラ漁が盛んに行われ、専門家はタラが枯渇する恐れがあると警鐘を鳴らしていた。漁獲量が減っていくにつれて漁師たちは、より効率よくタラを獲るために政府の助成金を得て漁船の近代化を行った。そして、効率が上がった漁業のおかげで魚の数がさらに減り、漁獲量が落ち込むと漁師たちは漁船のさらなる近代化を死に物狂いで行った。借金を背負ってまでも漁船に最新技術を取り付け、最後の最後までタラを獲ろうとした。そしてある日、本当の終わりがやって来たのだ。

この伝説的なタラの好漁場は、大航海時代にカナダを発見したジョン・カボット(1)が、「この海にはタラがあまりに豊富にいるから、籠を海に一つ沈めるだけで体長一メートルにもなる大きなタラが獲れる」と記録していたほどだった。そんな好漁場も、数十年にわたって盛んに行われた底曳きトロール漁(巻末の「付録3」を参照）のおかげできれいに消し去られてしまった。そんなことになるまでにどうして手を打たなかったのかを、うまく説明できる人は誰もいない。

では、大西洋の反対側にいる私たちはこの出来事から何を学んだのだろうか。非常に奇妙なことに、何も学んでいないのだ。

環境党の女性国会議員であるマリア・ヴェッテルシュトランド(2)（現・環境党党首）は、二〇〇一年夏に世界自然保護基金（WWF）スウェーデン支部の環境保全部長を当時務めていたレンナート・ニューマン(3)に電話をかけたときのことを覚えている。背が高くて痩せており、白い顎ひげを生やしたニューマンは、ストックホルム郊外のウリクスダール城のなかにあるWWFのオフィスで仕事をしていたが、ヴェッテルシュトランドからの電話に隠すことなく次のように認めたという。

「ああ、欧州委員会の『EUの共通漁業政策の将来に関するグリーンペーパー(4)』は今年の三月に公表されて私も目にしたけれど、時間がなくて残念ながら詳しく読んではいないよ」

この当時、水産資源枯渇の問題はスウェーデンでは話題にすらされておらず、漁業そのものがスウェーデン近海に生息する魚にとって脅威となりうるなんてスウェーデンでは誰も考えもしなかっただろう。しかし、環境党のマリア・ヴェッテルシュトランドはこのグリーンペーパーをたまたま手にし、一章、また一章と読んでいくうちに非常に驚いてしまったのだ。

（1）（John Cabot, 1450頃～1498頃）イタリア人の冒険家。1497年に北アメリカ大陸を発見した。

（2）（Maria Wetterstrand, 1973～）女性。高校生の頃から環境党の青年部会に関わり始め、1969年から1999年までその代表を務める。ヨーテボリ大学で淡水生物学を専攻しながら、1998年から2000年まではヨーテボリ市議会議員としても活動する。2001年から環境党の国会議員となり、2002年以降、ペーテル・エリクソン（Peter Eriksson）と共に環境党の党首を務める。

（3）（Lennart Nyman, 1940～）男性。略歴は本文中で紹介。

彼女が推測するに、このグリーンペーパーが作成される過程では、数え切れない数のEU官僚の手が加わり、さらにさまざまな利益団体も原稿に目を通したうえで、漁業を批判していると受け取られる言葉の一つ一つがさまざまな角度から吟味され、天秤にかけられ、表現が丸くされたのちに一般に公表されたのだろうという。それにもかかわらず、この無味乾燥な文書の早くも一ページ目では、EUの共通漁業政策が策定されるようになってからの二〇年間を振り返りながら、「水産資源の持続可能な活用は行われておらず」、「多くの魚の生息数は、個体群の存続のために生物学的に必要とされる水準を下回っており」、「とくに懸念されるのは、タラやメルルーサ（タラの一種）、ホワイティング（タラの一種）といった海底に生息する魚の状況だ」と明言していた。さらに「その原因は環境汚染ではなく漁業だ」とつづけ「EU全体で見た漁船の漁獲能力は、持続可能な漁業を行うのに見合った漁獲能力を大幅に上回っている」と述べていた。しかも、「政治家は長年にわたって専門家の声に耳を傾けてこなかった」とも明記されていた。

「欧州委員会が科学的なアドバイスに基づいて魚の漁獲可能量（TAC）(5)を決定しても、一部の魚については、閣僚理事会(6)がそれを上回る漁獲枠を設定することが日常茶飯事に行われてきた」

ヴェッテルシュトランドは、当時を振り返りながら次のように語った。

「これは何かとても重大なことで、今まで誰も詳しく調べてこなかった政策領域な

（4）（European Commission, “Green Paper on the future of the common fisheries policy”）グリーンペーパーとは、ある特定のトピックについて改革に向けた議論を起こすことを目的とした答申書。このグリーンペーパーを叩き台にしながら議論が行われ、改革の方向性が見えてくると、具体的な提案を盛り込んだホワイトペーパーが作成され、実際の改革へとつながっていく。

（5）（Total Allowable Catch：TAC）ある1年に漁獲が許可された魚の量。魚の種類および個体群ごとに設定される。

（6）欧州議会とともにEUの立法機関の一つ。それぞれの加盟国政府を代表する閣僚で構成される。

のではないか、と私は感じた。その年の冬に、公共テレビで放映されたドキュメンタリー映画『最後のタラ（Den sista torsken）』[7]を観て、その印象がますます強くなった。しかし私は、もっと情報が欲しかったから数人の専門家に連絡を取ってみることにした。ＷＷＦのニューマンもその一人だった」

世界自然保護基金（ＷＷＦ）スウェーデン支部の環境保全部長レンナート・ニューマンは海洋生物の専門家であり、二〇年以上にわたって水産庁で勤務した経験がある。一時期は、水産庁の所轄にある淡水生物試験場の所長も務めていたし、一九六〇年代の終わりから一九七〇年代の初めにかけてはカナダの水産庁で仕事をしていたこともあった。

彼はヴェッテルシュトランドからの電話を受けると、自分が彼女の疑問に答えられる適任者だとすぐに認めた。そして、ＥＵのグリーンペーパーに詳しく目を通し、のちほどコメントすることを約束した。このグリーンペーパーに書かれた内容は果たして本当なのだろうか？　そして、もし本当であれば、それはスウェーデンの漁業にどのような示唆を与えるものなのだろうか？

「幸いにも、その夏には余分な時間があったおかげで、グリーンペーパーの内容をじっくりと吟味することができた。あのグリーンペーパーは信じられないくらいによくできており、内容は明確だった。すべてのことがそこに書かれていた。重要なことは、これ以上にはないと言えるくらいだった。魚の数がどんどん少なくなっているのに、過大な数の漁師に多額の公的助成金が与えられて漁船のさらなる近代化が行われていた。非常に単純な事実だった。それが、あのグリーンペーパーの核心だった」

ニューマンは、それまでの職業人生のほとんどを海洋生物や淡水生物にかかわる仕事に費やしてき

（７）　ペーテル・ローヴグレーン（Peter Löfgren）監督、2001年。第６章で詳しく紹介される。

た。そんな彼ですら、ヨーロッパの海が一九九〇年代にどのように変化してきたのかをきちんと把握していなかったのは不思議だと、彼自身この数年後に認めている。ＥＵのグリーンペーパーが伝えようとしていたのは、まさにその変化だったのだ。

「カナダで起きたことと非常によく似ていた」

ニューマンは、タラの個体群がカナダで崩壊したときの経緯についてヴェッテルシュトランドに語った。カナダ・ニューファンドランド島沖の「グランドバンクス（Grand Banks）」と呼ばれる浅瀬は、かつては世界で最大規模のタラの好漁場として知られ、一九六〇年代末には年間八〇万トンもの水揚げがあった。ところが、一九八〇年代になると年間二五万トンに減少し、一九九二年にはわずか二〇〇〇トンにまで落ち込むこととなった。個体群が崩壊してしまったのだ。

それ以降は、タラ漁の完全禁止という措置が取られたものの、個体群は一〇年経っても回復することはなかった。グランドバンクスでは、今でも漁が再開されていない。ここでのタラの減少は非常に長い時間をかけて徐々に進行したものであったため、スウェーデンのメディアはこの事件をとくに取り上げることはせず、スウェーデンで紹介されることはなかった。

「このために、カナダでは四万人の雇用が失われた。そして、カナダ政府は失業保険の支払いといった形で数十億カナダ・ドル［数千億円］の費用を負担することになった」

同じことがこの数年後、アメリカのケープ・コッド（「タラの岬」の意）沖合いの好漁場であるジョージス・バンク（Georges Bank）でも起きた。ここでは、数年にわたる禁漁のあとはタラの数がわずかながら回復したものの、以前とは比べものにならない。海の生態系がバランスを失ってしまったからだ。

「スウェーデンでも同じことが起こりうる。タラがいなくなると、商業的に見てあまり価値のない魚介類が威勢を奮うようになる。北米の東海岸でエビ類が増えたように、バルト海ではスプラット（ニシン科の小魚）が増えることになる」

二〇〇〇年代初めといえば、漁業政策の担当者も、生態系における生物間の複雑な相互関係についてようやく関心をもちはじめたばかりだった。それ以前の数十年間は、個々の魚があたかもほかの魚とまったく関係なく生息しているという前提のもとで漁獲可能量や漁獲枠が計算されていた。つまり、その魚が餌とする魚や、逆にその魚を捕えて食べる魚（「捕食者」と呼ばれる）との関係はまったく考慮されていなかったのだ。この考え方に基づくならば、ある魚の乱獲がもたらす最悪のことといえば、その魚が絶滅することだけだった。その魚がいなくなることによって生態系内のほかの魚が受ける影響については計算されていなかったのだ。

ストックホルム大学のストゥーレ・ハンソン教授[8]は、システム生態学を専門としている。システム生態学の見方によると、現在設定されている過大な漁獲枠によって「たった」一種の魚が枯渇してしまうだけでなく、ほかの種にも幅広い影響がもたらされるという。

ハンソンは、この点をスウェーデンで頑固に主張してきた数少ない専門家の一人だ。彼は二〇〇〇年代初めのころからタラの枯渇がもたらしうる影響についてさらに恐ろしい説を形にしはじめた。バルト海では近年水質が悪化して植物プランクトンの大量発生が大きな問題となっているが、これもタラの枯渇が原因ではないかと彼は主張しているのだ。

タラが記録的に獲れた一九八〇年代の年間漁獲量は六万トンだった。それが、二〇〇〇年代初めに

（8）（Sture Hansson, 1953～）男性。動物学博士。2004年以降、ストックホルム大学システム生態学部教授。

バルト海では近年、夏の暖かい時期に植物プランクトンによるアオコの大量発生が頻発するようになった。アオコの中には神経に障害を与える有毒物質を生成するものもあるため、海水浴場がしばしば閉鎖され、大きな問題となっている。（撮影：スウェーデン沿岸警備隊［Kustbevakningen］）

は一万五〇〇〇トン前後にまで減少した。バルト海のデリケートな生態系のなかでは、タラが枯渇したためにスプラット（ニシン科の小魚）がこれまでにないほど爆発的に増えている。そしてこれは、スプラットが餌とする動物プランクトンの急激な減少につながっている。このことはさらに、動物プランクトンが餌としている植物プランクトンの大繁殖をもたらしているのはないか、というわけだ。

バルト海の南沿岸部では、カワカマス（ノーザンパイク）やパーチ、ローチ（コイ科の小魚）の稚魚が育たないという奇妙な現象が確認されてきたが、それから数年たった二〇〇四年夏、この現象の背景にもタラの枯渇が関係している可能性が高いと主張されるようになった。餌となる動物プランクトンが不足し、そのために稚魚が餓死していると考えられるからだ。

大学で淡水生物学を専攻し、現在は環境党の党首を務めるマリア・ヴェッテルシュトランドは、以前、環境党の国会議員グードルン・リンドヴァル(9)の政策秘書を務めていたことがある。リンドヴァルは、スウェーデン議会において漁業問題のすべてを扱う農林水産委員会に環境党の代表として参加していた。この間、ヴェッテルシュトランドは、漁業問題がいかに一方的に扱われているかを何度も目にしてきた。多くの場合、委員会には生物学の専門家は一人も同席せず、その代わり水産業界の代表者だけに発言権が与えられていた。またあるときには、

（９）（Gudrun Lindvall, 1948～）女性政治家（環境党）。1994年から2002年まで国会議員を務める。

発言させてもらったお礼として水産業界の関係者が茹でた海ザリガニを一箱持ち込んだこともあったという。

あるとき、ヴェッテルシュトランドは、忘れ去られていた一つの報告書を発見した。これは財務省が一九九七年に発表した「お魚とイカサマ――水産行政における目標・手段・権力」[10]というタイトルの報告書だった。この報告書が発表された直後は、スウェーデン議会の一部の議員の間で大きな議論が沸き起こったものの、実際の漁業政策を根本的に変えることはなかった。だから、彼女がこの報告書を見つけた二〇〇一年当時の漁業政策も報告書が発表された一九九七年と基本的にほとんど同じだった。この報告書を読み進めるにつれて、彼女は怒りが込み上げてきた。漁業に従事する人の数が減っているにもかかわらず、漁業政策に充てられる国の財政支出は、スウェーデンがEUに加盟した一九九五年以降、三倍にも膨れ上がっていたのだ。しかし、それ以上に彼女が驚いたのは、スウェーデンで水揚げされる魚の何と八割が食用ではなく、養殖魚や動物の飼料となっていることであった。

水産資源に関する問題は、環境党がもっとも得意とする分野だ。しかし、ヴェッテルシュトランドはスウェーデンにおける最新情報をより詳しく知りたいと考えた。そのため、すでに国会議員となっていた彼女は、二〇〇一年秋、数名の専門家をストックホルムの旧市街（ガムラスタン）にある茶黄色の議員会館の会議室に招いた。招かれたのは、世界自然保護基金（ＷＷＦ）スウェーデン支部のレンナート・ニューマンのほか、環境団体グリ

(10)（Finansdepartementet ESO, “Fisk och fusk - Mål, medel och makt i fiskeripolitiken”, Ds 1997: 81）詳しくは第4章で触れる。
(11)（Greenpeace）1971年、カナダで設立された環境保護団体。スウェーデン支部は1983年に設立される。
(12)（Stuart Thomson）男性。海洋生物学の学位をもち、グリーンピースでは主に海洋環境の改善に関するプロジェクトのリーダーを務める。

ーンピースのステュアート・トムソン[11]、スウェーデン環境保護協会[13]のクラース・イェルム[14]、そしてストックホルム大学のシステム生態学部教授のストゥーレ・ハンソンであった。

ヴェッテルシュトランドは、バルト海に生息し、スウェーデンでは「トゥンムラレ」と呼ばれるネズミイルカが危機に瀕していることもよく知っていたため、まずバルト海で使用されている全長二一キロの流し網（巻末「付録３」を参照）について専門家たちに尋ねてみた。流し網はイルカや海鳥を捕え、溺死させるという大きな問題をもっていたからだ（しかし、バルト海では二〇〇八年になるまで使用が完全には禁止されない）。

彼女がこの問題に関心を寄せていた理由は、おそらくその翌年の二〇〇二年秋の総選挙で、溺死するイルカを選挙キャンペーンのポスターに用いて有権者の関心を釘付けにしようという考えがあったからだと思われる。

「しかし、詳しいことが分かるにつれ、イルカという海に生息する哺乳類だけの問題でなく、むしろ漁業そのものが大きな問題をはらんでいることが明らかになった」

議員会館に集まった専門家たちはさまざまな情報を提供してくれた。スウェーデンの近海だけでなく、世界中の海でも恐ろしいことが起きつつあることを教えてくれた。現代の産業的漁業が本格的にはじまった一九五〇年代以降、商業的に漁獲される魚の個体群の多くで、魚の数が九割も減ってしまったというのだ。

「しかし、集まった専門家のなかには、スウェーデンの漁業やスウェーデンの近海について全体像を把握している人はいなかった。お互いに議論を重ねて行くなかで、状況がいか

---

(13)　(Svenska Naturskyddsföreningen：SNF) 1909年に設立、現在は18万人近い会員をもつスウェーデン最大の環境保護団体。環境問題に関する情報提供のほか、国内外の政治家や行政機関に対する働きかけを行っている。また、消費者による商品選択や生産者の意識改革を促す運動も行う。

(14)　(Klas Hjelm) スウェーデン自然保護協会の事務局にて35年にわたって勤務し、スウェーデンやEUにおける環境保全に大きな役割を果たしてきた。

に深刻であるかが次第に明らかになってきた。レジャーフィッシング協会[15]も、その深刻な状況を裏づける情報を提供していた。海の状況の変化を間近で見ているのは、漁師のほかには釣り人くらいしかいない。その彼らも同じ認識をしていることが分かったのだ」

彼らが至った結論は、単純だが斬新的な内容だった。

まず一点目は、スウェーデンの近海における生態系バランスが崩れてしまったのは、環境汚染だけではなく漁業による部分も大きいということだった。食物連鎖のなかで互いに深く依存しあっているさまざまな魚や繁殖適齢期の魚が、漁業のために大量に海から除去されている。これが海の環境や生態系に与える影響は、それまで考えられてきたものとは比較にならないほど大きいのではないか、と彼らは考えたのだ。

そして二点目は、スウェーデンでは環境の意識が非常に高く、ほとんどの環境分野において先進的な法律を制定してきたにもかかわらず、漁業の分野においては他の国々と比べてまったく優れていないどころか、むしろ遅れをとっているということであった。たとえば、EUは飼料の生産だけを目的とした漁[16]を全般的に禁止しているが、スウェーデンは例外措置の適用を受けてきた。そのため、スウェーデンの近海では、海を一すくいするだけで沿岸部の魚の個体群を丸ごと掻き消してしまうような大規模なトロール漁が行われ、一方、人間の食用のために多様な種類の魚を細々と獲るような小規模の沿岸漁業は犠牲にされてきた。

また、EUや国連は全長二・五キロメートル以上の流し網を使う漁を全般的に禁止しているが、スウェーデンはこの禁止にも例外措置の適用を受けてきた。そのため、バルト海では通称「死の網

(15)　(Sveriges Sportfiske- och Fiskevårdsförbund)、通称 Sportfiskarna。釣り愛好家らを代表し、釣り環境の保全や趣味としての釣りの活性化のための活動を行っている。スウェーデン近海で乱獲を行う産業的漁業を強く批判している。

壁」と呼ばれる悪名高い全長二一キロに及ぶ流し網の使用が今でも許可されており、海鳥やイルカ、そして保護すべき野生のサケを死に追いやっている。

スウェーデンは、さらにもう一つ別の例外措置の適用を受けている。ＥＵは脂肪価の高い魚のうち、発がん性の危険性が高まるとされる水準以上のダイオキシンを含む魚の販売を全般的に禁止している。しかし、スウェーデンはこの禁止からも例外措置の適用を受けているため、そのような魚でも自国の国民に対してだけは販売することが許されている（一方、家畜の飼料にすることはスウェーデンでも禁じられている！）。

さらにスウェーデン政府は、生物学専門家のアドバイスを無視した過大な漁獲枠の決定にこれまで何年にもわたって関与してきたし、繁殖適齢期に達していない幼魚の漁獲や産卵場所における漁獲も許可してきた。しかもスウェーデンは世界中の多くの国々とは違い、漁業を全面的に禁止した海洋自然保護区を、効果のありそうな海域に一立方メートルすら設けてこなかったのである。

二〇〇一年夏のこの日、議員会館に集まった世界自然保護基金（ＷＷＦ）の環境保全部長のレンナート・ニューマンやそのほかの専門家たちは、ある点で共通の認識に至った。それは、スウェーデン近海における生態系がバランスを完全に失っている、ということであった。そして、大気汚染や農地から海に流れ込む窒素やリンといった富栄養化成分などといったつかみどころのない要因だけでなく、これまでまったく疑問を投げかけられてこなかった漁業政策も大きな原因であるということであった。

(16)　獲った魚を魚粉に加工して家畜やサケなどの養殖魚の餌としたり、魚を丸ごと養殖マグロの餌とするための漁。

漁業政策という政策領域は、環境省[17]や環境保護庁[18]の管轄下ではなく、昔から農林水産省[19]と水産庁[20]の管轄下に置かれてきた。そして、水産業はあたかも自然や生態系の制約をまったく受けずに成長することが可能だと考えられ、この前提のもとでほかの産業と同等に扱われてきた。

水産庁には三つの試験場があり、水生生物について莫大な知識や情報を蓄えているのにもかかわらず、もっとも単純な事実が政策決定者のもとには届いていなかった。それは、漁船の近代化に助成金を注ぎ込んだり、漁師に対して税の減免措置を行ったりしても、魚の数は増えるどころか、むしろ減少の一途をたどっているという基本的な事実であった。

漁業政策はこれまで、漁船の近代化を促進したり、その費用の一部を税金によって肩代わりしたりすることによって水産資源の枯渇という事実を数十年にわたって隠しつづけてきた。性能のよいソナーや魚群探知機を取り付け、スピードをさらに高めた新しい漁船の購入に助成金をあてたり燃料を非課税にすることで、数が減りつつある魚を少しでも長い時間をかけてトロール船で追うことを経済的に可能にした。また、助成金のおかげで、冷蔵設備を取り付けた漁船は長い間海に出て魚を探すことが可能となった。

さらに、自営業の漁師向けに寛大な失業保険を提供することで、禁漁が発令されている間や悪天候のとき、それから魚の枯渇のために漁に出ても収益が上がらないときなどは失業保険の給付を受けられるようになった。

そのうえ、EUが価格保証制度を設けているおかげで、漁獲枠内で水揚げした魚であれ

(17)（Miljödepartementet）職員数190人。
(18)（Naturvårdsverket）職員数550人。本部はストックホルム。環境省の政策領域のうち、環境保全に関する行政活動を執行する。
(19)（Jordbruksdepartementet）職員数130人。直訳すると「農務省」となるが、林業および水産業に関わる政策も管轄している。この名前からも分かるように、農林水産省の行政活動において水産業に関連する業務が占める割合はわずかなものである。

ばその価格が一定の水準以下には下落しない仕組みになっている。つまり、その水準にまで価格を下げても買い手がつかない魚はEUが漁師から買い取ってゴミ捨て場に送るのだ。たとえ消費者が魚の枯渇問題を意識して危機に瀕した魚は買わないというボイコット運動を行ったところで、この価格保証制度があるために、消費者が買おうが買うまいが漁師は魚を獲りつづけることになる。その結果、ボイコット運動がまったく意味をもたなくなっている。

以上のような政策のほかにもさらに多くの政策的な支援があるおかげで、漁師たちは本来まったく必要のないことに加担させられている。つまり、最後の最後まで魚を獲り尽す、ということである。

EUのグリーンペーパーに書かれた内容は驚くほど率直だった。ヨーロッパに生息するすべての食用魚の死因を調べてみると、ずば抜けて一位だったのは漁業だったのだ。スカーゲラーク海峡やカッテガット海峡のタラやホワイティング（タラの一種）は「枯渇が深刻である」とされ、アイルランド海のタラは「危機的な状況にある」、スコットランドの西側の海に生息するタラとホワイティングも「危機的な状況にある」、北海のニシンは一九九〇年代半ばの時点で「絶滅しかかっている」、バルト海のタラも「危機的な状況にある」と書いていた。

議員会館に集まった専門家たちは、これらの事実を目の当たりにして言葉を失ってしまった。気候的、文化的、経済的、そして生態環境の面でもヨーロッパとよく似たカナダで

(20)　(Fiskeriverket) 職員数300人。本部はヨーテボリ。農林水産省の政策領域のうち、漁業・水産業に関する行政を執行する。三つの漁業試験場を管轄する。海洋漁業試験場(Havsfiskelaboratoriet)はリューセシール(Lysekil)にあり、沿岸漁業試験場(Kustlaboratoriet) はオーレグルンド (Öregrund)、また、淡水漁業試験場 (Sötvattenslaboratoriet) はストックホルム郊外のドロットニングホルム (Drottningholm) にある。

起きたことが、一〇年後には大西洋を隔てたこのヨーロッパで、しかもこのスウェーデンで、数々の行政機関が見守るなか、沈黙のもとに再び繰り返されようとしていたからだ。世界中でもっとも豊かで、環境に対する意識のもっとも高い国の一つであるスウェーデンでも、誰も警告に耳を傾けてこなかったのだ。いや、そもそも警告が鳴らされたのだろうか。

二〇〇二年九月

こんなことが現実だとはとても思えなかった。私が環境ジャーナリストとして活動していた一九九〇年代初めは、バルト海をめぐる環境問題の主なものといえば、農地から海に流れ込む窒素やリンなどの栄養分とそれに伴う富栄養化、そしてそのために酸欠状態となった「死の海底」くらいだった。その後、私は環境問題以外のテーマで記事を書くようになったため、海の問題に関しては、バルト海にしてもカッテガット海峡やスカーゲラーク海峡にしてもほとんど追っていなかった。だから、私の頭のなかにあった海に関する情報といえば、その当時の古いものばかりだった。

二〇〇二年九月の総選挙後、社会民主党は政権を獲得するために環境党の支持を取り付けようと躍起になっていた。このとき、環境党は社会民主党と手を結ぶ条件としてある要求を突きつけたのだ。それは、スウェーデン近海におけるタラ漁を直ちに禁止する、というものだった。そんなニュースに、この日、驚いたスウェーデン人は私だけではなかっただろう。タラが危険な状態にあるなんて話を、それまでに聞いたことがある人がどのくらいいただろうか。それに、そうだとしてもいったい何が原因というのだろうか。私は、タラが危機に瀕しているとすれば、その原因は農地からの排水がもたらす富栄養化と「死の海底」しか考えられないと誓って言えるくらいだった。しかし、ニュースをさらに聞いてみると、その原因は何と漁業による魚の獲りすぎだというではないか。

私が驚いたのはそれだけではない。環境党のこの要求に対して社会民主党は、なんとその数日後にすんなりと受け入れる態度を示したのだ。また、この動きを受けた水産庁は、スウェーデンが一方的にタラ漁の禁止を行うことによる効果をすばやく報告書にまとめて発表した。驚いたことに、水産庁もこの報告書のなかで環境党の主張に同調していたのだ。バルト海だけでなくスウェーデン西海岸においても、タラの生息数は生物学的に個体群を維持するために必要とされる水準を大きく下回っている、というのだ。しかも、西海岸の状況はバルト海よりもさらに深刻だという。

水産庁はさらに、国際海洋探査委員会（ＩＣＥＳ）と同じく、タラの禁漁を実施すればタラの数が大きく回復するだろうという見解を示した。その効果は、とりわけカッテガット海峡（一七パーセント増）とバルト海東部（八パーセント増）、そしてバルト海西部（六パーセント増）で大きいという。唯一の例外はスカーゲラーク海峡であり、ここではタラ漁を禁止したとしてもタラの数の回復は一パーセントほどしか期待できないという。沿岸部に生息していたタラの個体群がすでにほぼ絶滅してしまったためだ。ちなみに、水産庁だけでなく環境保護庁も突然、目覚めたようにタラの深刻な状況を訴えはじめていた。

水産庁という大きな行政機関から発表されたこの端的な情報を耳にしながら、私は頭が混乱してしまった。水産庁は港町リューセシール（Lysekil）に海洋漁業試験場をもち、そこで調査・研究を行っている専門家たちは国際海洋探査委員会の専門家委員会の一部を構成している。そんな水産庁がまったく意思を失った一つの装置と化し、政治サイドから直接質問されて初めて、これまで一般には知られていなかった生態系の大惨事を事実上認めるような見解を発表したのだ。

私の不安はますます高まるばかりであった。サケ漁も禁止する必要があるのだろうか。オヒョウ（カレイの一種）やアンコウも漁から保護する必要があるのだろうか。釣りの餌に使うようなローチ（コイ科の小魚）までもが、もしかしたら絶滅の危機にあるのだろうか。疑問は尽きることがない。漁業政策に詳しい三〇〇人の行政職員と研究者を抱えるこの大きな行政機関は、このような疑問を投げかけられたら今度は何と答えるのだろうか。

同じくらいに奇妙だったのは、それまで誰も一言も口にしなかったことだ。スカーゲラーク海峡の沿岸部に生息していたタラはほぼ絶滅してしまったって？　このような重大な事態がまったく予期せずに一夜にして起こったということはあるまい。警告はいつ発令されていたのか。社会的な議論はいつ行われたのか。環境保護庁や環境省はいったい何をしていたのか。

私は参考情報を手に入れようと、行政機関から発表された過去の記者発表や行政機関のホームページを調べてみたが、目ぼしい収獲はほとんどなかった。むしろ、規模の大きな環境団体がさまざまな情報を発してきたことが分かった。私は夢中に

---

(21)（Rachel Carson, “Silent Spring”）1962年に出版。殺虫剤や化学物質による自然環境の破壊について警鐘を鳴らした。邦訳、青樹簗一訳、新潮社、1964年、1974年。

(22)（Björn Gillberg, 1943〜）男性の作家、環境評論家。大学で微生物遺伝学と法学を学んだ後、日常生活における環境問題や健康被害の危険性を一般社会に訴えたり、1970年代に起きた化学物質による公害事件では、企業を相手取って訴訟を起こすなどの活動を行う。

(23)（Marit Paulsen, 1939〜）オスロ生まれの女性。工場労働者、評論家、政治家（社会民主党、のちに自由党）。若い時にスウェーデンへ移住。小説を書くかたわら、環境問題や動物虐待に対する啓蒙活動を行う。1999年から欧州議会の議員を務める。

なって読みふけったが、。読めば読むほど目を丸くしてしまった。こんなことが現実なのだろうか。環境問題にこれだけ意識の高いスウェーデンにおいて、そしてレイチェル・カーソンの著作『沈黙の春』(21)から四〇年も経ち、ビョーン・ジィルベリ(22)やマーリット・ポールセン(23)が環境意識の啓蒙をスウェーデンではじめてから三〇年も経ったこの二〇〇〇年代において、こんなことがありうるのだろうか。

それとも、私は「鏡写しの世界（Bizarro World）(24)」にたどり着いてしまったのだろうか。「鏡写しの世界」は、見かけのうえでは私たちの世界とまったく一緒なのだが、その中身だけはなぜかまったく逆さまだという世界だ。

そう、私はそんな世界にたどり着いてしまったのかもしれない。そうでなければ、環境に対する意識がここまで高い私たち普通のスウェーデン人が、ジャムの空き瓶をきちんと洗ってリサイクルステーションで分別するようになった一九九〇年代と時を同じくして、私たちが日ごろ食べてきた一般的な食用魚であるタラだけでなく、オヒョウやモンツキダラ（ハドック）、アブラツノザメ、ネズミイルカ、ウバザメ(26)といった魚までもが国際自然保護連合（IUCN）(25)が作成しているレッドリストに載ってしまったという事実の説明がつかないではないか。

しかも、スウェーデンの動植物データバンク(27)にあるレッドリストには、スウェーデンの野生サケやメガネカスベ（エイの一種）、ガンギエイ、チョウザメ、ネズミザメ、トラザメをはじめとする多くの種が加えられている。二〇〇二年の時点でま

---

(24)　アメリカのコミック「スーパーマン」などに登場する空想の世界。

(25)　(International Union for Conservation of Nature and Natural Resources：IUCN) 1948年に設立された国、政府機関、NGO からなる国際的な自然保護機関。本部はスイスのグラン（Gland)。84の国々、111の政府機関、874の NGO、35の団体が加盟する。

(26)　絶滅のおそれのある生物種リスト（Red List of Threatened Species)

(27)　スウェーデン農業大学（Sveriges lantbruksuniversitet）が作成している動植物の多様性に関するデータバンク。それぞれの種の存続の危険性を判断し、絶滅のおそれがある動植物を独自のレッドリストにまとめ、環境保護庁に提出している。

だこのレッドリストに載っていない魚でも、数の急激な減少が報告されて水産資源管理の対象となっているものもたくさんある。たとえば、ウナギやメルルーサ（タラの一種）、ポロック（タラ科）、ホワイティング（タラの一種）、クロジマナガダラ、ターボット（イシビラメ）、アンコウ、オオカミウオなどの魚のほか、バルト海ではカワカマス（ノーザンパイク）、パーチ、それにローチ（コイ科の小魚）までもが危機に瀕していると記録されている。

私たちの記憶にほとんど残っていない種もある。ネズミイルカはごくわずかしか残っていないし、美しいクロマグロにしても、一九六〇年代初めには釣り愛好家がスウェーデンで毎年数百トンも釣っていたのに今ではまったくいなくなってしまった。

手に入れた情報を読み進むにつれ、私の頭のなかには疑問符が次々と浮かび上がってきた。そして、獲られた魚の多くが海に投棄されていることも分かった。これは「混獲魚」と呼ばれるが、獲るつもりのなかった魚や漁獲が許されていない幼魚、またはすでに漁獲枠がいっぱいであるために陸揚げできない魚が海上で投棄されている（スウェーデンでは、網にかかったタラの二〇パーセント、海ザリガニの半分、そしてホワイティングの八五パーセントが海上投棄されている）。ノルウェーやアイスランドとは対照的に、このような水産資源の無意味な浪費がスウェーデンではまったく合法的に行われているのだ。

また、ＥＵは飼料の生産だけを目的とした漁を禁止しているものの、スウェーデンとフィンランドは例外措置の適用を受けて今でも大々的に行っていることも分かった（脂肪分に含まれるダイオキシンを取り除いたあとで、養殖魚や家畜の飼料として使われる）。

さらに、スウェーデンは流し網の国際的な規制からも例外措置の適用を受けていることも明らかになった。

また、漁師に対しては数々の公的資金が、漁船の建造に対する助成金、悪天候や魚の枯渇のために漁が行えないときの所得保障、漁船のスクラップに対する助成金、稚魚放流の費用負担などといった形で支払われていることも分かった。そのうえ、漁船が使う軽油は、税金が免除されているおかげでたった一キロの海ザリガニを獲るのに八リットルもの軽油を使うことが経済的に可能であるという実態も明らかになった。

端的に言えば、私たちの社会は魚を獲り尽し（しかも、私たちに食用にするわけでもなく）、生態系を急激に変化させ、さまざまな種の存続を危機に追いやっていたのだ。なぜ、こんなことが経済的に可能なのだろうか。自然環境に配慮せず、汚染物質を垂れ流すような産業活動は、ほかの産業であればすでに一九七〇年代で終わったはずだ。

漁業という一つの産業が、社会全体からこれだけ多くの経済的支援を受けながらこのような活動をこれまでずっとつづけられたということは、漁業が私たちの社会にとってそれだけ重要だからであろう。

しかし、私は統計を調べてみたがまったくの期待外れだった。スウェーデンの漁師の数は公式統計によるとたったの二〇〇〇人前後だが、水産庁からの情報によると、実際の数はそれよりもさらに少ないという。一年を通して漁業で生計を立てている漁師は、通常、漁師だけを対象とした失業保険組合に加入しているが、二〇〇四年の加入者数はわずか一四〇〇人にすぎないからだ（この数は毎年減っており、二〇〇七年には一一〇〇人にまで減少している）。

数少ない漁師の所得統計によると、漁師の所得は非常にわずかだということが分かる。水産庁が二〇〇〇年に発表した最新の統計によると、漁師が漁業によって得ている年間所得の平均は五万八〇〇〇クローナ［七六万円］だ（課税年一九九七年の数字）。海での漁による水揚げ総額は約一〇億クローナ［一三一億円］だ。国民経済計算によると、漁業の「付加価値」総額は五億八五〇〇万クローナ［七七億円］であり（二〇〇六年）、スウェーデンの国内総生産（ＧＤＰ）二五兆クローナ［三三八兆円］のわずか〇・〇二パーセントにすぎない。

これらの数字はほかのどのような産業に相当するのだろうか。二〇〇六年における農業の付加価値総額は八七億クローナ［一一四〇億円］だ。農林水産省の調査によると、馬の育成だけでも年間一八〇億クローナ［二三五八億円］の売り上げがあるという。ペット産業の業界団体が独自に行った推計によると、猫やハムスター、熱帯魚、餌の皿、ペット保険、犬のリハビリなど、ペット産業の売り上げは二〇〇三年で六五億クローナ［八五〇億円］だったという。狩猟愛好家協会（Svenska Jägarförbundet）からの情報によると、狩猟で得られたヘラジカ（ムース）の肉だけでも年間一〇億クローナ［一三一億円］の価値があるという。

ここまで来ると、私の頭のなかは疑問符だらけになってしまい、限界に達してしまった感じがする。なぜ、合理的な思考がここまでないがしろにされてきたのだろうか。どうして、スウェーデンのこの広大な海の管理を、スウェーデンの経済全体からすればほんの小さな漁業という産業に多かれ少なかれ勝手に任せるようになってしまったのだろうか。

一見すると、まったく理解できないこの現象の裏には何か深い理由でもあるのだろうか。もしかしたら、海や魚の状況は専門家たちが言っているほど深刻ではないのかもしれない。私たち人間は野生サケを獲り尽くして、代わりに養殖サケを食べたり、ウバザメやチョウザメといった珍しい魚を絶滅させたり、ニシンを海から掃除機のよう吸い取ったりしているが、そのほうが私たちの社会には都合がよいからそうしているのだろうか。これらはすべて、賢明な政治家たちが私たち凡人には理解できないような賢い判断を行った結果なのだろうか。

「鏡映しの世界」を訪れる人は、みんな自分の目を疑ってしまうという。現に、私も自分の理解力に問題があるのではないかと考えはじめていた。私は何か基本的なことを見逃しているにちがいない。海がすべての人の共有物であるなんて考えるのは、そもそもまちがいなのではないか。私たち一般市民は、海で何が起きようが口を出す権利などもってはいないのではないか。

漁師たちを組織しているのはスウェーデン漁師全国連合会（ＳＦＲ）(28)だが、海の活用の仕方に関しては、このような団体が実質的な決定権を握っており、税金によって給料をもらっている行政官僚や政治家たちのうしろ盾のもとで私たち一般市民のためになるように海を管理してくれているにちがいない（ちなみに、この団体は二〇〇二年にメディア関連新聞〈レジュメー（Resumé）〉から「今年のロビイスト賞」を授与されている）。

全長二一キロの流し網の使用は絶滅の危機に瀕している魚を捕えてしまうと批判されているし、バルト海の魚はダイオキシンを含むために人間の母乳に影響を与えることが危惧されているが、こういった問題も実は大きな声で騒ぐほどのことではないのだ。そういうことなんだよね？

環境党の閣外協力のもとに政権を獲得した社会民主党は、バルト海でのタラ漁の禁止を二〇〇二年秋に政府として提案した。しかし、その提案を実行すればその費用は非常に高くつくことになる、と警告する人々がこのとき相次いで現れた。

まず最初に声を上げたのは、社会民主党の当時の農林水産大臣マルガレータ・ヴィーンベリ(29)の政務次官であったパー＝ヨーラン・オーイェハイム（Per-Göran Öjeheim）だった。彼は、

(28)（Sveriges fiskarnas riksförbund：SFR、通称 Yrkesfiskarna）漁業に従事する漁師を代表する利益団体。漁業の置かれた状況の改善や水産資源の保全、国際交渉などについて、漁師の立場から意見を表明している。スウェーデン政府や行政機関、EU などに対してロビー活動も行っている。

その費用は一〇億クローナ［一三一億円］になると二〇〇二年一〇月一一日に発表した。その一週間後には、社会民主党の国会議員グループの漁業問題担当スポークスマンであるヤン＝オロフ・ラーション[30]が、費用は二〇億クローナ［二六二億円］になると発表した。社会民主党の別の国会議員カイ・ラーション[31]は新聞のオピニオン記事のなかで、タラ漁を禁止してしまえばスウェーデンの漁師に計り知れない大打撃を与えることになるだろう、と訴えた（彼はこの一年後に、スウェーデン漁師全国連合会に専属職員として雇用されている）。

以前は中央党に所属し、水産行政担当の政策秘書として農林水産省で勤務した経験をもち、このときは漁師全国連合会の副代表を務めていたヒューゴ・アンデション[32]は、抗議行動として二七隻のトロール漁船を連ねてストックホルムに繰り出し、多数の県知事の署名が入った抗議文書を農林水産省に手わたした。抗議文書には、タラの禁漁によって沿岸自治体の雇用の大部分が危機に瀕することになると書かれていた。

水産庁も独自の報告書を相次いで発表した。最初の報告書によると、関係者がこうむる被害の総額は六億クローナ［七七億円］になるという。しかし、それから間もなくして別の報告書が発表され、被害総額は実は七億クローナ［九二億円］になると訂正されていた。ただし、これはタラを獲ることを目的とした漁だけでなくタラが混獲物となるすべての漁が禁じられた場合の推計値であって、そのような漁が今後ともつづけられるならば被害総額は五億クローナ［六六億円］にとどまるとされていた。

このような報告書を発表した行政機関や団体のなかで、唯一の例外は環境保護庁だった。

(29)（Margaretha Winberg, 1947～）女性。教員、政治家（社会民主党）。1981年から2003年まで国会議員。農林水産大臣および労働市場大臣を務めるかたわら、社会民主党内の女性部会の代表をしたり、男女平等大臣を兼任するなど、女性運動にも積極的に関わる。2002年から2003年にかけて副首相を務め、その後は2007年まで在ブラジル大使。

タラの禁漁によって漁業関係者がこうむる被害だけを考えるのではなく、タラが絶滅することによって私たちの社会が負うことになる費用も考慮に入れるべきだと、環境保護庁だけが指摘したのだ。

このようにスウェーデン国内で抗議の声が相次ぐなか、ＥＵの欧州委員会は不可解な理由を挙げて、スウェーデン政府が提案していたタラの禁漁を却下してしまった。ブリュッセルにある欧州委員会は、二〇〇三年一月、突如として「スウェーデンが一方的にタラ漁の禁止を決定することはできない」と伝えてきたのだ。たとえ沿岸から一二海里以内のスウェーデン領海であっても、そこでの漁業のあり方についてはスウェーデン政府は決定権をもたず、原則としてＥＵの共通漁業政策の管轄下にあるというのだ。

なるほど。ＥＵの共通漁業政策といえば、ＥＵがそのわずか数か月前に発表した例のグリーンペーパーのなかで自己批判を行っていた、あの漁業政策だ。

与党であった社会民主党は、この欧州委員会の判断に対してむしろホッと胸をなで下ろしたようであった。水産庁の反応も似たようなものであった。与党・社会民主党との間に閣外協力関係を築いていた環境党は驚きを隠せず、不満をあらわにしていた。一方、タラが実は絶滅の危機に瀕していることをようやく理解しはじめていた一般市民は、完全に混乱させられてしまった。

私は、もう我慢ができなくなった。そこで、水産庁に勤務する研究者で、タラに詳しいヘンリク・スヴェードエング[33]に電話で疑問を投げかけてみた。

---

(30)　(Jan-Olof Larsson, 1951～) 男性。製造業労働者、政治家（社会民主党）。地方議会の議員を務めた後、2002年から国会議員となる。

(31)　(Kaj Larsson, 1938～) 男性。製造業労働者、政治家（社会民主党）。1985年から2002年まで国会議員。

(32)　(Hugo Andersson, 1950～) 男性。政治家（中央党）。1988年から1991年まで国会議員。

「タラのことについて聞きたいのだけど、本当に危機的な状況なの？」

受話器はしばらく沈黙した。私は、自分の疑問について彼に詳しく説明した。そして、次のように彼に告げた。

「まったくもって理解できない。これだけたくさんの行政機関が漁業にかかわってきながらタラが絶滅しかかっているなんて、どう考えても理解できない。一方で、国会議員やＥＵや漁師たちは禁漁に反対していた。タラが深刻な状況にあるなんて本当なのだろうか。本当だとしたら、どうしてタラを漁から保護しないの？」

スヴェードエングは冷ややかに笑った。

「そうだね……。ご存知の通り、私は研究者にすぎないが……、もし私に決定権があったならタラ漁はとっくの昔に禁止していただろうよ」

今度は、私が沈黙してしまう番だった。そして、ますます混乱してしまった。私が受話器を通して話をしているのは、水産庁で働いている研究者だ。そんな彼が、「私に決定権があったなら」なんて言っている。では、政治家が漁業政策を決定するときに根拠とする科学的情報は誰が提供しているのか。研究者として水産庁に勤務する彼らではないのか。

彼は再び冷ややかに笑った。

「そんなことは政治家たちに聞いてほしい。私たちの役割は事実を提供することだ。私たちが知っていることといえば、スウェーデン西海岸の沿岸部に生息していたタラはほとんど絶滅してしまい、またバルト海でもボーンホルム島の東側に生息するタラの個体群が、生物学的に個体群を維持するのに必要と

(33)（Henrik Svedäng, 1959～）男性。海洋生物学専門家。水産庁勤務。

される生息数を下回っていることくらいだ。バルト海のタラも、今後数年にわたって繁殖がうまくいかなければカナダ沖のタラと同じように絶滅してしまうだろう。そして、その可能性は非常に高いと見られている。なぜなら、孵化したタラの稚魚が生き残れるかどうかは、酸素を豊富に含む海水が北海からバルト海に流れ込んでくるかどうかという不確実な要素に大きく依存しているからだ」

私が投げかけた質問に対して明確な答えは返ってこなかった。その代わりに返ってきたのは、遠慮がちで乾いた笑いだった。まるで私が一九八〇年代に東ドイツを訪れたときに耳にした、シニカルな笑いだった。冷戦の鉄のカーテンの反対側にあるスウェーデンで、私が絶対に聞きたくないと思っていた笑いだった。私はこの一年ほどあとに数人の専門家にインタビューを行ったが、彼らのほとんどが同じようなシニカルな笑いをしていた。

「どうして、今まで何も行動を起こさなかったの？」

「何とでも批判すればいいさ」

「この深刻な状況を、どれくらい前から知っていたの？」

「ずっと前から」

「誰の責任なの？」

彼は黙ってしまった。あの冷ややかな笑いが今度は返ってこなかった。

「政治家だ」と、彼はまず答えた。しかし、すぐに訂正した。

「いや、私たちみんなに責任がある。この状況を知っていた、私たち全員に」

参考情報

バルト海に生息する繁殖適齢期に達したタラの総量は、二〇〇七年の時点で八万トンだと推計されている。専門家の試算によると、バルト海における生態系バランスを回復させ、タラが食物連鎖の頂点で再び勢力を取り戻すためには繁殖適齢期のタラが二四万トンは存在しなければならないという。バルト海周辺の国々は、ここ数年、約六万トンの漁獲枠で合意している。これは、成長したタラの六割から七割がバルト海から毎年水揚げされることを意味する。

もし、バルト海のタラ漁を禁止したならば、繁殖適齢期に達したタラの総量は三年から四年のうちに二四万トンに達すると考えられている。しかしこの水準は、生物学的に個体群を維持するために必要とされる、警戒原則に基づく最低水準にすぎない。タラの生息数が最盛期であった一九八〇年代半ばの七〇万トン弱という水準に比べれば、はるかに低いことが分かる。

スウェーデンにおけるタラの水揚げ量は、もっとも多かった一九八四年の五万九五〇〇トンから二〇〇六年には一万一四三七トンに減少している。この年にスウェーデンに配分されたタラの漁獲枠は一万四〇〇〇トンであったが、それを満たすことができなかったのだ。この漁獲量は、第二次世界大戦中の一九四〇年以来、最低となるものだ。

タラの価格が近年上昇したおかげで、タラはいまだにスウェーデンにおける水揚げ総額の五分の一を占めている。ちなみに、生息数が最盛期だった一九八〇年代にはタラが三分の一を占めて

(34) (Boris Worm) 男性。海洋生物学者。カナダ・ダルハウジー大学助教授。海洋生態系および水産資源の保全に関する研究に携わる。ランサム・マイヤーズの教え子であり、現在はマイヤーズの研究室を引き継いでいる。

いた。

一九四五年には、二万人の漁師が年間一五万トンという水揚げ量で生計を立てていた。二〇〇六年には二〇〇〇人弱の漁師が、以前よりもはるかに多い年間約二六万トンという水揚げ量で生計を立てている。

漁獲される魚の約二五パーセントは海に投棄されている。その理由は、魚が小さすぎる、もしくは利益にならない、またはその魚の漁獲枠がすでに満たされているから、といったものだ。言い換えれば、スウェーデンでは毎年六万トンから七万トンの魚が海上で投棄されているということである。ほとんどの魚は、船上での作業の過程で死んでしまう。

一九九五年から二〇〇〇年のEU行政プログラム期間にEUとスウェーデンは約七五〇〇万クローナ［一〇億円］の公的資金を注ぎ込んで、スウェーデン漁船の新規建造や近代化を行った。この期間に建造された漁船は五五隻であり、このうちの多くは現在スウェーデンに存在する一番大型の漁船である。

学術雑誌〈ネイチャー（Nature）〉の二〇〇三年五月号に掲載された論文によると、商業的に漁獲対象とされる魚の数は、一九五〇年代に漁業の産業化がはじまって以降、世界全体で七割から九割も減少したという。この論文の作成にかかわったのは、著名な海洋生物学専門家であるボリス・ヴォルム(34)（ドイツ・キールのクリスチャン・アルブレフト大学）とランサム・マイヤーズ(35)（カナダ・ノヴァスコシアのダールハウジー大学）である。

国際海洋探査委員会（ＩＣＥＳ）によると、ヨーロッパの近海に生息する個体群の八割が乱獲

(35)　（Ransom Myers, 1952～2007）男性。海洋生物学者。1997年からダルハウジー大学教授。大西洋のタラや南半球のクロマグロ、そしてサメなどの水産資源の乱獲に対して警鐘を鳴らした。

図4　繁殖適齢期のタラの生息数

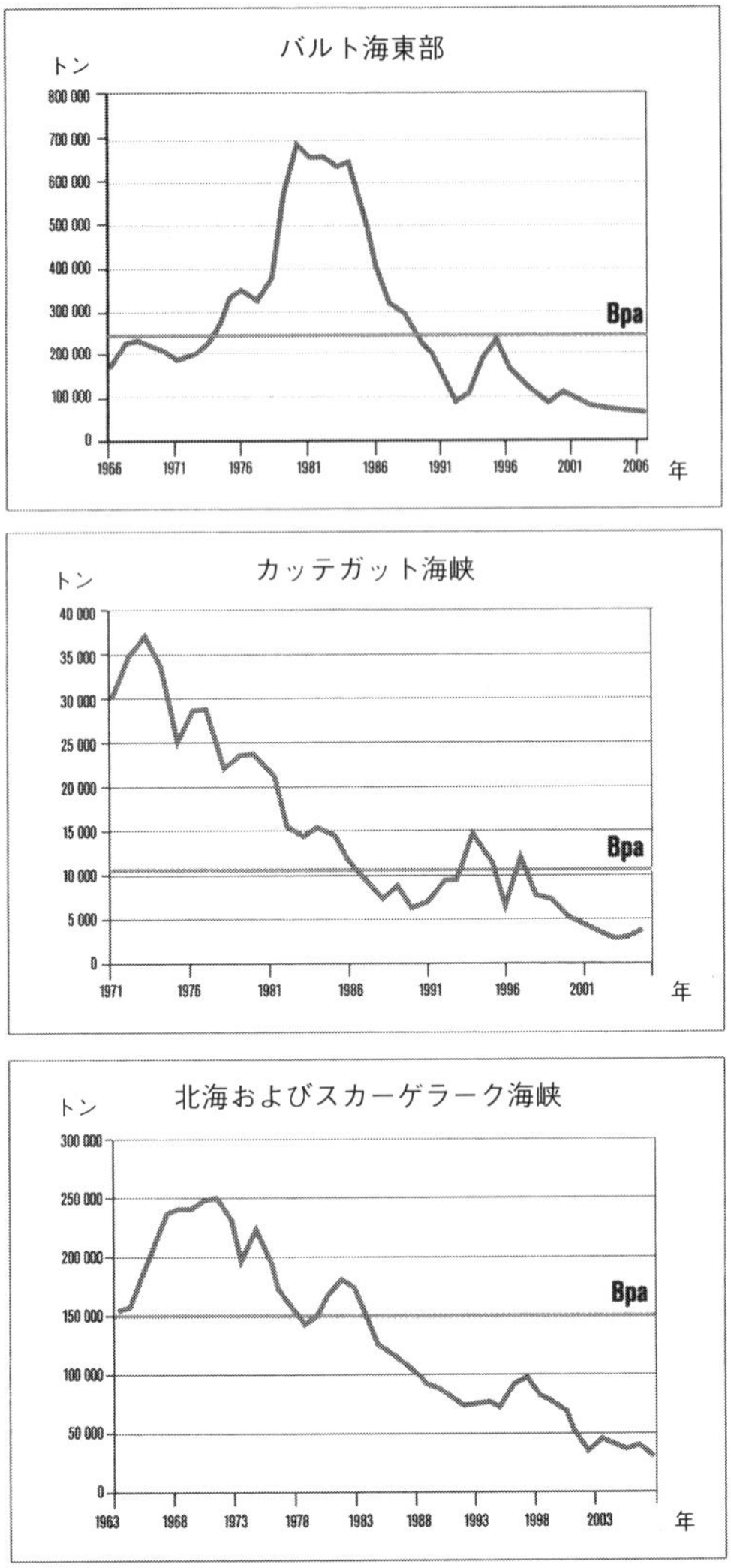

バルト海やスウェーデン西海岸に生息するタラの個体群は、生物学的に種を維持するために必要とされる、警戒原則に基づく最低水準（Bpa）を大きく下回っている。海洋生物学の専門家はこれらの個体群が崩壊の危険にあると判断している。国際海洋探査委員会（ICES）は毎年のように、バルト海東部およびスウェーデン西海岸でのタラ漁を見合わせるよう推奨してきた。一方、バルト海西部のタラの状態はそこまで深刻ではないものの、2007年の漁獲枠を前年の半分にすることを推奨している。

されているという。現在の水揚げ量は、持続可能な漁業という観点から望ましいとされる量の五倍に達している。国際海洋探査委員会は、いくつかの魚種や個体群の全面的な漁獲禁止を推奨している。

二〇〇三年六月一〇日には、オロフ・リンデーン（Olof Lindén）、ハンス・アッケルフォッシュ（Hans Ackerfors）、ルートゲル・ローセンベリ（Rutger Rosenberg）、スタファン・ウルフストランド（Staffan Ulfstrand）、ラーシュ＝オーヴェ・エリクソン（Lars-Ove Eriksson）、レンナート・パーション（Lennart Persson）の六名のスウェーデン人教授と、当時は准教授で現在は教授であるストゥーレ・ハンソン（Sture Hansson）（以上七名は、それぞれストックホルム大学、ヨーテボリ大学、ウプサラ大学、ウメオ大学、カルマル大学、およびスウェーデン・マルメにある世界海事大学に属する）が、日刊紙〈ダーゲンス・ニューヘーテル（Dagens Nyheter）〉に意見記事を掲載した。彼らはこの記事のなかで、「科学的根拠に基づく専門家の意見を一切無視してきた、漁業政策の担当者の責任を追及すべきだ」と書いている。

第3章 鳴らされない警鐘

物音に気づいて私は目を覚ました。真っ暗闇のなかにいる。自分がどこにいるのかを把握するまでに数秒が過ぎていく。意外な物音が聞こえてくる。どうやら私は、心のどこかでゴトゴトと不規則に音を立てるエンジンとカモメの鳴き声で目を覚ますのを期待していたようだ。しかし、聞こえてくるのはバスのように一定のリズムで音を立てながら回転しているエンジン音だけだ。

私の周りにはゴム長靴が置かれ、床には埃っぽい絨毯が一面に敷かれている。私はふと気がついた。私が今いるのは、スウェーデン水産庁の調査船アンキュルス号（U/F Ancylus）の上だ。時刻は六時を回ったところだろうか、ちょうどグロンメン漁港（Glommen）から海へ出るところのようだ。季節は三月の初め、窓のない狭い船室には小さな電気ヒーターがあるが、室内はかなり寒い。私は壁の向こうの狭い廊下から聞こえてくる物音に耳を澄ましながら、カバーのなかで乱れてしまった合成繊維の掛け布団を直そうとしている。

コーヒーの香りが漂ってきて、人の話し声がわずかに聞こえてくる。ほかの人はみんなもう起きているようだ。私のいる船室は音がよく聞こえる。壁は無地の茶色のプラスチック製で、ベニヤ板のように薄い。アンキュルス号は全長二四メートル、幅六メートルで、一九七〇年代初めに建造されたかなり大きな船だ。内装は、建造当時のままのようだ。名前は、バルト海が一万年前には陸に囲まれた巨大な湖であり「アンキュルス湖」と呼ばれることに由来している。

船内には四つの実験室と作業室、談話室、調理場、炊事場、シャワー室、トイレ、そして六つの寝室がある。モーターは一〇〇〇馬力で、一時間に三五リットルの軽油を使うのだとどこかで読んだことがある。船内には、油の匂いがわずかに漂っている。

私はタラの試験トロール漁を見学しようと、アンキュルス号への乗船をお願いした。試験トロール漁はタラの産卵場所を特定するために行われており、枯渇しかかっているタラの個体群を保護する一連の研究プロジェクトの一つである。私たちが向かっている最初の試験漁の場所は、港から一～二時間ほど海に出た所にあるリッラ・ミッデルグルンド（Lilla Middelgrund）という浅瀬だ。調査チームのリーダー、アンデシュ・スヴェンソン[1]は口ひげを生やした痩せた男性で、ヘリー・ハンセン[2]の長いジャージを着ている。彼は、昨晩、眠そうな顔で私を船に迎え入れてくれたが、「試験漁を行う海域に到達するまでは面白そうなことは何もないから朝七時までは起きる必要はない」と念を押していた。

私は、これまで読んできたタラの悲惨な状況を自分の目で確かめようと、今この船の上にいる。漁業とあまりかかわりがない者にとっては理解できないことばかりだ。スウェーデンの行政機関が漁業を管理してきたにもかかわらず状況がここまで深刻になり、タラが今まさに絶滅しようとしているのはなぜだろうか。いや、むしろ管理してこなかったからかもしれない。

この調査船が不可解な発見をしたのは二〇〇〇年のことだった。当時は、アンデシュ・スヴェンソンの同僚であるヘンリク・スヴェードエングが調査チームのリーダーだった。調査チームは、ボーフ

（1）（Anders Svenson）男性、海洋生物学専門家。水産庁勤務。
（2）ノルウェーのアパレルブランド。

図5　スウェーデン南部および西海岸の地図

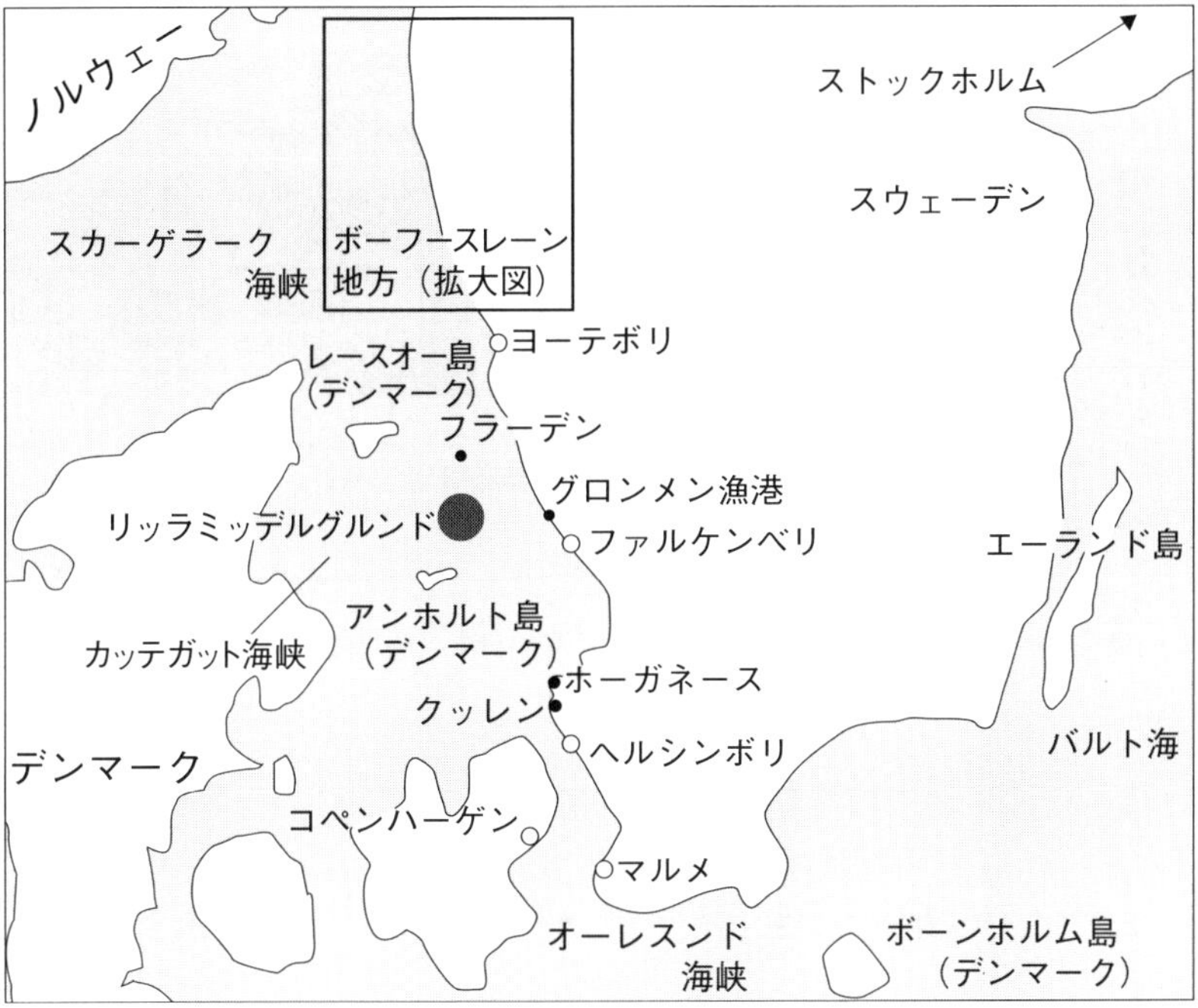

図6　ボーフースレーン地方の地図

ースレーン地方（Bohuslän）の港町リューセシール（Lysekil）北部にあるブローフィヨルデン（Brofjorden）という入り江で、一連の試験トロール漁を行った。この場所では、一九二三年以来定期的な試験トロール漁が行われてきたが、水産庁はどういうわけか一九八〇年を最後にこれを中止してしまった。

港町リューセシールには水産庁の海洋漁業試験場がある。当時ここで、仕事をはじめたばかりだったスヴェードエングは、スウェーデン西海岸の沿岸全域でタラが釣れなくなったという話を、それ以前から一〇年以上にわたって釣りの愛好家などから耳にしていた。そのため、それが本当のことなのかを確認してみる必要があると彼は考えた。

ボーフースレーン地方の港町リューセシールにある海洋漁業試験場（撮影：佐藤吉宗）

しかし、水産庁は必ずしもその考えに賛同しなかった。海洋漁業試験場はあくまで海洋に関する調査をすべきであり、沿岸のことならばオーレグルンド（Öregrund）にある沿岸漁業試験場がすべきことだ、という意見があった。一方、沿岸漁業試験場は別の考えをもっており、この調査には乗り気でなかった。スヴェードエングが独自の調査をはじめるためには上司の許可が必要だったが、彼らはヨーテボリ（Göteborg）にある水産庁の本部にオフィスを構えていたため現場からの声はなかなか届かなかった。しかし、スヴェードエングの頑固さが功を奏し、ついに許可が下りたのだった。

二〇〇〇年二月一四日の昼、アンキュルス号はブローフィヨルデンにやって来て、トロール網を海に投げ入れた（巻末の「付録3」を参照）。網は三角コーンの形をなして大きく広がり、船に引かれながら海底を四五分間さらい取る。この方法だと、幅三五メートルのトロール網の入り口から入ってくる魚は基本的にすべて捕らえられることになる。ただし、網の目は七センチなので小さな魚はすり抜けていく。

アンキュルス号は、エンジン音を響かせながら二・五ノットの速さで三・五キロの距離を進んだ。網を引き揚げてみると、緑色の巨大なトロール網はいかにも軽そうに見えた。そして、網の中身が甲板上の仕分け台に移された瞬間、乗組員はほとんど腰を抜かしてしまった。タラがたったの四匹、一匹あたりの重さは三〇グラムから一四〇グラム。この場所では、一九八〇年には同様の試験トロール漁でタラが一時間に平均二〇〇キロ以上も捕獲されていたし、一九七四年には大きなタラがその倍の四〇〇キロ以上も捕獲できていたのだ。

スヴェードエングと彼の調査チームが自分の目を疑ったのも当然だ。そして、再び試験漁を行ってみると、この非現実感がさらに強められることになった。この日は、合計四回の試験漁がこのブローフィヨルデンの入り江のあちこちで行われた。その晩、一時間当たりの漁獲量を計算してみると〇・四キロで、タラの数でいえば平均六匹であった。

その週を通して、グルマシュフィヨルデン（Gullmarsfjorden）や少し沖合いのトロール漁の許可海域でも試験漁は行われた。しかし、どれもほとんど似たような悲惨な結果であった。

結局、スヴェードエングは調査を中断し、使っているトロール網を港町スモーゲン（Smögen）にある漁網会社に見てもらうことにした。漁の道具に問題があるためではないか、と考えたからだ。正確な調査をするためには、すべての要因を綿密に考慮して、考えられうるエラー変数はすべて除外しなければならない。しかし、トロール網には一つも問題が見つからなかった。そのほかの漁具も最善の状態だった。問題があったのは、タラのほうだったのだ。

スヴェードエングの率いる調査チームは、調査海域をスウェーデン西海岸の沿岸部全域にすぐさま拡大し、二〇〇〇年と二〇〇一年にわたって調査をつづけた。その結果は「タラの調査プロジェクト・ステップⅠ—Ⅲ」[3]にまとめられているが、非常に意気消沈させられる内容である。北はコステル群島（Kosteröarna）から南はクッレン（Kullen）までの沿岸海域において、タラがほとんど姿を消したことが明らかになったのだ。しかも、タラだけでなく、ポロック（タラ科）、ホワイティング、モンツキダラ（ハドック）、シロイトダラ（セイス）、メルルーサ（タラの一種）、ツノカレイなどの重要な食用魚もほとんどいなくなっていた。

試験漁で捕獲されたタラは非常に若い魚であり、スウェーデン沿岸にもともと生息する個体群に属するものではなかった。おそらく、北海に生息する成長過程のタラがその個体群からはぐれて、エサを求めてスウェーデン沿岸にやって来たものだと推測された。スウェーデン沿岸に本来「定住」しているタラはそれとは遺伝的に異なり、一生涯を沿岸で過ごすのだが、どうやらこの個体群は完全に絶滅してしまったようだった。

この調査報告には、これまで注目を浴びてこなかった非常に恐ろしいデータも掲載されている。「トロール漁一時間当たり」の平均漁獲量が、一九八二年と比べると九〇パーセントも減少したというのだ。しかし、スウェーデンの漁船の水揚げ量を見ると、そこまで極端な減少は見られない。ということは、見方を変えればトロール網を一回曳くたびに獲れる魚の量が減ったために、漁師は網を曳く回数を増やしたり、漁の効率性を高めたり、トロール漁船の数を増

（3） Havsfiskelaboratoriet, “Torskprojektet steg I-III”, 2002

（4） （Leif Pihl, 1951～） 男性。海洋生物学教授。スウェーデン沿岸の生態系について30年にわたって研究を続け、様々な新しい調査手法を考案してきた。

やしたりすることで単位時間当たりの漁獲量の減少を補ってきたということになる。そうでもなければ、水揚げ量はもっと大きく減少していたはずだ。今では、一つの漁船が同時に二つのトロール網を曳くこともできるし、二つの漁船がペアになってより大きなトロール網を曳くことも可能となっている。

タラをはじめとする食用魚の激減は、実は一九八八年にレイフ・ピール（Leif Pihl）[4]によってすでに明らかにされていた。彼は現在、クリスティーネベリ海洋研究センター[5]にある海洋生物学研究所の教授であるが、当時は水産庁の海洋漁業試験場に勤務する研究員だった。しかし、レイフ・ピールによる調査は水産庁の内部で大きな波紋を呼ぶこととなり、水産庁は最終的にその調査報告書の公表を拒否した。それはどうしてか？　これは、私が答えを得たいと思っていた疑問の一つだ。

彼の調査研究は、漁師が自分で記録した漁業日誌などをもとにスウェーデン西海岸に生息する沿岸のタラについて調べたものだった。そして、この報告書はすったもんだの末、結局、ヨーテボリ県とボーフースレーン県の県行政事務所（Länstyrelsen）から公表されることとなった。水産庁から当初公表されるはずだったこの報告書は、水産庁が公表を拒否した段階ではすでに印刷作業がすべて終わっていた。レジャーフィッシング協会で釣り環境・資源保全のアドバイザーを務めるホーカン・カールストランド（Håkan Carlstrand）のもとにこの報告書が一冊ある。彼は、本棚から取り出して私に見せてくれた。表紙に印刷された水産庁のロゴマークは白いテープで隠されていた。

（5）（Kristinebergs marina forskningsstation）ボーフースレーン（Bohuslän）地方、フィスケベックスシール（Fiskebäckskil）に1877年に設立された、世界で最も古い海洋研究センター。海洋研究に携わる研究機関としてはスウェーデンで最大。スウェーデン王立科学アカデミーが運営していたが、2008年からヨーテボリ大学の一部となる。

スウェーデン第二の都市ヨーテボリに本部が置かれた水産庁では約300人の職員が勤務する。
（撮影：佐藤吉宗）

水産庁がこの報告書の公表を拒否した理由は、その調査が漁師の漁業日誌をもとにしたものであり、そのことに漁師らが激しく反発したためだった。彼らは調査に自主的に協力し、漁業日誌を研究員のピールに公開していたため、その情報を彼らの不利になるような形で用いるのは礼儀に反する、と水産庁は判断したのだった。つまり、漁師と研究者の間の自主的な協力関係が崩れてしまうことを恐れたのだ。

では、せっかく協力関係を築いても、得られる情報をうまく活用できなければ何のための協力だというのだろうか。それに、水揚げ量の減少が示す以上に魚が激減している事実を漁師自らが隠蔽することが、長期的に見た場合、彼らの得になるのかどうかはとても大きな謎だ。あふれるほどある疑問――しかし、今のところ明確な答えは得られていない。

漁師と水産庁と政治家の間には奇妙なシンビオシス（相互依存関係）が形成され、「鉄のトライアングル」と長い間にわって呼ばれてきた。私は船室にある自分の寝台で横になり、こんなことを思いながら、そろそろ船酔い止めの錠剤を飲んだほうがいいかもしれないと考えていた。調査チームのリーダーであるアンデシュ・スヴェンソンは、「飲んだほうがいい」と言うが、どうも私は気が進まなかった。

ベッドはゆっくりとした波の動きに合わせて、体にはあまり感じられない速さで左右に揺れはじめている。今のところは快適とさえ思えるほどだ。私は自分の五感を存分に使って現実を観察し、理解したいがためにやっとのことでこの船に乗船したのだ。酔い止め薬で感覚を鈍らせてはいけない。薬の紙箱に描かれた赤い三角マークが、私にそう警告しているように感じた。

漁業という一つの産業が行政機関や政策決定者に対して大きな影響力をもち、そのために何かとてつもなく奇妙なことが起きている。二〇〇四年初めから春にかけて、私は漁業をめぐる政治をできるだけ間近で観察していたが、そのわずか数か月でもそのことが理解できた。突然の、奇妙な政策転換を三回も目の当たりにすることになったのだ。

まずは、スウェーデン西海岸におけるトロール漁・巻き網漁の許可海域の縮小だ。これは、水産庁が二〇〇三年秋に鳴り物入りで決定を下したものだ。西海岸のうち、スカーゲラーク海峡（Skagerrak）では、許可海域を岸からさらに二海里（一海里は一・八キロ）遠ざけることで沿岸部のニシンを狙ったトロール漁や大規模な巻き網漁を禁止して、一緒に網にかかってしまいやすい沿岸部にわずかに残っているタラの個体群の回復を助けようとした。

同じく、西海岸のカッテガット海峡（Kattegatt）でも、許可海域がスカーゲラーク海峡ほどではないものの岸から遠ざけられた。水産庁の研究員であるホーカン・ヴェステルベリ（Håkan Westerberg）は、この決定について二〇〇三年八月一三日、TT通信社[6]に対して次のように述べている。

「沿岸に近い海域では、ニシンのトロール漁を原則として許可しない。底曳きトロール漁や巻き網漁も禁止するし、タラやモンツキダラ、ポロックなどの漁も毎年一月から三月の間は全面的に禁止する」

トロール漁・巻き網漁の許可海域を岸から二海里遠ざけるというこの決定は、実は本来の漁業政策へ戻されただけなのだ。一九八〇年代に同じ距離だけ岸辺に近づけられたからである。しかし、漁師

（6）（Tidningarnas Telegrambyrå）スウェーデン全国を網羅する通信社。主要日刊紙や地方紙に国内外のニュースを配信している。

たちは「とんでもない」と抗議を行った。まず、許可海域の境界が岸から遠ざけられると、そんなに遠くまで行けない小さな漁船をもつ沿岸の漁師に打撃を与えることになる。また、沿岸部には保護するほどのタラが残されていない。彼らは、こう主張したのだ。

この第二の点、つまり「この決定は、もはや存在しないと誰もが認めている魚を保護しようとするものだ」という主張は、社会民主党の国会議員グループにおいて漁業問題のスポークスマンを務めるヤン＝オロフ・ラーション[7]が二〇〇三年九月一五日付のヨーテボリの地方紙〈ヨーテボシュ・ポステン（Göteborgsposten）〉のオピニオン記事のなかでも述べている。彼は、この新しい決定がまったく無意味なものである証拠として、この点を指摘したのである。

他方、スウェーデン漁師全国連合会は、決定が下されるにあたって自分たちとの協議が不十分であったと非難した。彼らにとって、この点はかなりデリケートな問題であったようだ。しかし、それ以上に彼らが問題視したのは以下のような点であった。

- 決定の際の根拠とされた事実確認が不十分である。
- タラやその他の魚の混獲についてもっと調査すべきである。
- 漁獲された魚の構成比もきちんと考慮に入れるべきである。
- 漁獲に含まれるニシンの幼魚の割合を計算すべきである。
- さまざまな個体群の分布の全体像を把握すべきである。
- 沿岸のさまざまな海域で環境影響評価を行うべきである。
- 水産業に与える経済効果をきちんと調査すべきである。

（7） 第2章の訳注(30)を参照。

●海底の地形をより詳細に把握すべきである。
●ニシンの産卵場所や産卵期、さらにはそのライフサイクルをもっと分析すべきである。
●ザリガニを対象としたトロール漁に近々法律で義務付けられる選別格子（大きな魚がトロール網に入ってくるのを防ぐための格子）の効果を大規模な実験によってより詳細に分析すべきである。

彼らはこう指摘したのだ。言い換えれば、最低でもあと数年は調査を行ってから決定を下すべきだった、ということなのだ。

これらの批判を受けた水産庁は、許可海域から沿岸にかけての部分に非常に大きな「ニシンの流入海域」を設定し、トロール漁が本来は禁止されることとなったこの海域でもその後もトロール漁でニシンを獲ることを認めるという妥協案を提示した。しかし、漁師の側はそれではまだ不十分だとした。水産庁は「いくつかの修正案」を提示したものの、それでも漁師らは納得しなかった。社会民主党の国会議員であり、水産庁の理事会役員であるクリステル・スコーグ[(8)]は、日刊紙〈ダーゲンス・ニューヘーテル〉（二〇〇三年八月八日付）の記事のなかでこの修正案に触れている。許可海域の縮小に批判的であった彼は、この修正案も不十分であり、「ボーフースレーン地方の沿岸漁業に打撃を与えることは必至だ」と述べている。

漁師らは対決の構えを見せた。彼らの対抗策は、水産庁の職員が自分たちの漁船に乗り込むことを無期限で拒否することであった。

トロール漁・巻き網漁の許可海域の縮小は、それでも二〇〇四年一月一日から実施された。しかし、

（8）（Christer Skoog, 1945～）男性。工場労働者、政治家（社会民主党）。1988年から2006年まで国会議員。2006年からはブレーキンゲ県議会議員。

奇妙なことにその数日後には三〇隻を超える漁船が例外措置の適用を受け、トロール漁・巻き網が禁止されることになった海域でも以前と同じようにニシン漁をつづけられるようになっていた。たとえば、ヨーテボリ港を拠点とする漁船のなかでも最大級の漁船数隻が例外措置の適用を受けていた。これらの漁船は集魚灯でニシンをおびき寄せて一五メートルもの深さまで達する巻き網で漁を行ってきたが、この例外措置のおかげで、二〇〇四年一月一日以降もこの漁をつづけられるようになった。

例外措置適用の理由は何だろうか。

レジャーフィッシング協会は水産庁に対して、一連の例外措置適用の根拠を問う公開質問状を送付した。彼らの調べたかぎりでは、根拠となりうる唯一の規定は水産庁の庁令にある「水産資源の保護の観点から見て正当とされる理由や、そのほかの理由が存在する場合」という項目だけであった。そもそも許可海域を沿岸から遠ざけた理由は、沿岸海域や群島周辺でのニシンを狙ったトロール漁や巻き網漁ではホワイティング、タラ、ポロック、シロイトダラ（セイス）などの混獲魚が非常に多い、と調査結果が示していたからであった。だとすれば、例外措置を正当化し、しかも水産資源保護の観点からもそれを認めるような何か新しい事実が突然明らかになったのであろうか。

これに対して、水産庁の当時の長官であったカール＝オーロヴ・オステル（Karl-Olov Öster）[9]はメディアを通じて驚くべき回答を行った。例外適用の決定は、新たな科学的事実が明らかになったからではなく、水産庁の庁令に書かれた「そのほかの理由」を根拠としているというのだ。具体的に言えば、「スウェーデン国内の水産加工業が原材料として必要とする魚介類を確保することが主な目的だ」と彼は述べている。

（9）（Karl-Olov Öster, 1940～）男性。大学で法学の学位を所得した後、地方裁判所の裁判官研修を経て1968年から農林水産省の職員。1998年から2005年まで水産庁長官。

つまり、現実には、水産加工業への原材料供給のほうが水産資源の保護よりも優先されるということだ。水産加工業が魚フライの冷凍食品を生産するために魚を必要とするかぎり、タラを漁から守って個体群の成長を助けることは後回しにされる、ということなのだ。

これはまさに、「あちらが立てばこちらが立たず」というものだ。しかし、水産庁に届いた例外措置適用の申請書を見てみると、申請した漁師自身は例外措置の適用を受けるためにどのような理由を提示する必要があるのかをまったく知らなかったことが明らかになった。例外措置の適用を受けた三六のケースのうち、水産加工業への原材料供給を理由として挙げていたものはたったの一件であった。

一方、挙げられていた理由で一番多かったのは、「その海域でこれまでずっと漁業を営んできたから」というものだった。逆に、理由がまったく挙げられていない申請書もあった。また、却下を受けた申請者のほとんどは、以前にその海域で漁を行ったことがない漁師だった。却下を通知する文書に繰り返し見受けられるのは、「水産庁は、特別な例外措置を適用する理由がないものと判断する。申請者は過去数年の間、この海域において漁を行っていないからである」という文面であった。

新しい規制では、網の目が一六ミリの網の使用も禁止されることとなった（一六ミリがどのくらいのものか親指と人差し指で測ってみよう！）。しかし、その使用がそのあとも可能となるように例外措置を適用されたケースでは、その理由がなんと申請書にも決定書にもまったく記されていない。そのうえ、ほとんどの決定には同じ文章が機械的にコピーされているだけだった。例外措置（dispens）を「dispans」、境界の内側（innanför）を「inannför」と、スペルミスまでまったく一緒であった。申請者のすべてが、二〇〇四年一月一日から同年一二月三〇日まで例外措置の適用を受けることになった二つ目の急な政策転換は、水産資源保護の観点から見ればおそらく一つ目よりも深刻なものであった。しかし、「公開質問状」が送られることはなかったし、そもそも全国メディアにおいて大きな議論が展開されることすらなかった。

二〇〇四年二月二四日、私は疲れ果てて帰宅し、ソファーにどっしりと腰を下ろしてテレビをつけた。アナウンサーが何か重大なことを喋っている。私が子どもたちに「静かに！」と言う前に、彼はニュースを読み終えてしまった。私は耳を疑った。しかし、テレビの文字放送でニュースを確認してみると、やはり私が耳にした通りだった。

「バルト海における二〇〇四年のタラの漁獲枠は、すでに決定された水準から上方修正されることが特別会議において決定された」

私が聞きまちがえかと思った理由は、すでにその前の会合において、国際海洋探査委員会（ICES）の科学的アドバイスに反した決定がなされていたからだ。国際海洋探査委員会は、バルト海の現在の生態系のバランスが非常に不安定なものであるため、タラ漁は全面的に見合わせたほうがよいというアドバイスを行っていた。にもかかわらず、スウェーデンを含むバルト海沿岸諸国は、漁獲枠を二〇〇三年の七五〇〇〇トンから六一六〇〇トンへとわずかに減少させることで合意に至った。

この決定は二〇〇三年一〇月にリトアニアの首都ヴィルニウスでなされたのだが、スウェーデンの農林水産大臣であったアン＝クリスティン・ニュークヴィスト(10)は、その翌日、落胆の意をメディアで伝えた。「スウェーデンとしては国際海洋探査委員会の生物学専門家のアドバイスに従

(10)（Ann-Christin Nykvist, 1948～）女性。官僚、国会議員（社会民主党）。ストックホルム商科大学で経営学を学ぶ。産業省と文化省の政務次官を経て、1999年から2002年まで公正取引庁長官、2002年から2006年まで農林水産大臣、現在は年金庁長官。

いたかったが、ほかの国々はタラの深刻な状況に対してあまり関心をもっていなかった」と、彼女は述べた。

しかし、希望もまだ残されていると言う。国際海洋探査委員会は新たな科学的調査結果を提出することになっており、その調査結果をめぐって協議を行うため、二〇〇四年の早いうちに特別会合が開催されることが決まっていた。新たな科学的事実が明らかになれば、その特別会合で漁獲枠をさらに減らせるかもしれないという話だった。

レジャーフィッシング協会の代表であるヨアキム・オレーン(11)は、合意に至った漁獲枠の水準が高すぎることを非難したうえで、特別会合が開かれるとはいえ、二〇〇四年に入って「その年の漁獲枠の一部をすでに使ってしまった」状態では、その漁獲枠の削減をほかの国々に受け入れさせるのは難しいだろう、と予想していた。

興味深いことに、漁業関係者側は前回の会合の結果をまったく逆に解釈してコメントをしていた。スウェーデン漁師全国連合会（ＳＦＲ）の副代表であるバッティル・アードルフソン（Bertil Adolfsson）は、今回決定された漁獲枠は漁師にとって「厳しい」ものとなるだろう、とメディアに対して述べた。そのうえで、国際海洋探査委員会がこれから提出することになっている新たな科学的調査結果について、まるで予言者のようなコメントを付け加えていた。

「バルト海には、生物学専門家が考えている以上にたくさんのタラが存在していることが明らかになるであろう」

非常に不可解な発言である。というのも、国際海洋探査委員会は生物学専門家から構成されて

(11)　(Joakim Ollén) 男性。マルメ市の市議会議員（保守党所属）やスウェーデン自治体連合会の代表を務めた後、現在はレジャーフィッシング協会の代表。

いるからだ。アードルフソンは生物学専門家がまちがっていると言うが、彼らと異なる見解を国際海洋探査委員会が表明するとは考えにくい。しかし、その四か月後にはアードルフソンのほうが正しいことが明らかになった。特別会合の結果、何とタラの漁獲枠が一万三〇〇〇トン引き上げられ、二〇〇三年の水準である七万五〇〇〇トンに引き戻されたからだ。

ということは、タラの数が回復しているという新たな事実でも明らかになったのか。いや、そんなことはまったくなかった。国際海洋探査委員会のアドバイスは以前と同じだった。

「バルト海におけるタラ漁は今年は見送るべきだ。漁をもし行うとしても、ボーンホルム島（Bornholm）の東側の個体群を全体で一万三〇〇〇トン獲るのが限度だ」

このアドバイスは、昨年一〇月の段階とまったく同じであった。

ただし、国際海洋探査委員会は新たに発表したアドバイスのなかで、不確定要因が数多く存在するためにバルト海に生息するタラの「生物量」を正確に測定するのが不可能だと明確に強調していた。「報告されていない水揚げ量」（つまり、違法操業による漁獲のこと）や漁獲した魚の海上投棄が憂慮される問題だが、その推計が非常に困難だというのだ。実はこの点が、二〇〇四年二月の特別会合に国際海洋探査委員会が提出した新たなアドバイスのなかで唯一変更された点であった。そして、理由をまったく明らかにすることなく、バルト海全体における海上投棄と違法な漁獲の推計量を、当初の五万二六〇〇トンから何と一万四六〇〇トンへと実に七〇パーセントも引き下げたのだ。

私は、スウェーデン農林水産省の漁業問題における交渉担当主任であるロビン・ローセンクランツ（Robin Rosenkrantz）に電話をかけ、事の成り行きを聞いてみた。彼は、非常に難しい回答を迫られていたであろう。

なぜなら、スウェーデンとして漁獲枠の削減交渉に失敗したことを残念がらなければならないし、同時に、妥協を受け入れた立場としては今回引き上げられた漁獲枠は十分合理的なもので、タラの個体群を脅かすものではないことを説明する必要があったからだ。

彼は、「これは、単にタラの回復が早いか遅いかの問題だ」と答えた。つまり、国際海洋探査委員会が「科学的」判断をもとに訴えているタラ漁の全面的中止は、タラの個体群を可能なかぎり早く回復させるための最適な手段にすぎないということだ（ちなみに、バルト海に生息するタラの個体群は、一六万トンを下回ると深刻な危機に瀕していると見なされる。また、いわゆる警戒原則に基づくならば、二四万トンが許容できる最低水準であるといわれる。しかし、現状は一六万トンという基準すら下回っている）。

ローセンクランツは次のように説明してくれた。

「国際海洋探査委員会は生物学的な側面しか考慮していない。専門家である彼らが示しているのは、タラの生物量が一定基準を下回っており、この状態が長くつづけばつづくほどタラが絶滅する危険性が高くなる、ということだ」

「しかし」と、彼は説明をつづけた。

「交渉における各国政府の立場が生物学専門家の立場とは違うことは、容易に想像がつくだろう。政治家は『行政管理』の担当者であり、政策決定においては彼らなりの優先順位をもっている。『社会経済的な』側面をも考慮しなければならない。その結果として、国際海洋探査委員会のアドバイスとは異なる決定を下すことになったのだ」

「私たちは、国際海洋探査委員会の新たな推計をもとにしながら、タラの生物量が安全な水準に達するまで生物量を毎年三〇パーセントずつ回復させるという政策的目標を固辞していく」とも、彼は説明した。

私は、彼の話についていけない。彼の話している新しい生物量推計とは何のことなのか。新しい推計なんて、私は聞いたことがない。

「つまり」と彼は説明する。

「違法な漁獲や海上投棄の推計量が引き下げられたため、その分のタラ三万八〇〇〇トンは海のなかを泳いで繁殖を行っているという前提のもとで議論をしなければならない。繁殖を行うタラの数が増えれば、生まれてくるタラの数も増える。だから、漁獲枠が今回引き上げられたとはいえ、タラの数はすでに数年内には警戒原則に基づく水準にまで回復するだろう。これが、バルト海沿岸諸国やスウェーデンが掲げている政策的目標なのだ」

ローセンクランツは満足している様子だった。「決められた政策的目標や合意事項の枠組み内で、すべてがうまくいっている」と、彼は落ち着いた様子で述べた。

タラの回復も時間の問題なのらしい……。なるほど。

その後、私は国際海洋探査委員会の内部をよく知る人物と話をし、どのような経緯で違法な漁獲や海上投棄の推計量が削減されることになったのかを聞いてみた。新しいデータを本当に集めた結果なのだろうか。答えは「ノー」だった。違法操業で漁獲される魚の推計量は沿岸警備隊やある特定の買受人からの情報を根拠にしていたが、情報源はみんな匿名であり、客観的に証明することが難しい。一方、海上投棄の推計量はより確かな情報源を頼りにしてはいるものの、こちらの数字も客観的な証明が困難であることには変わりはない。特別会合に出席した国際海洋探査委員会の代表者はバルト海沿岸諸国の代表者らに厳しく問いただされ、交渉のテーブルにおいて推計量を三万八〇〇〇トン、つまり七〇パーセント以上も下方修正することになったのだという。

バルト海のタラは、特異な遺伝的特徴をもち、汽水域でも生息できる唯一の個体群だ。生息数が不明なこの魚の運命は、こうして紙の上のわずかな数字の書き換えによって劇的に変化することとなった。海底部でも酸素が豊富にあり、タラの卵が生き延びることができる産卵場所は今では一か所しか残っていない。この個体群が存続できるかどうかは、秋の嵐によって酸素を豊富に含む海水がオーレスンド海峡からバルト海に流れ込み、稚魚が生き延びるかどうか、腹を空かせたスプラット（ニシン科）がタラの卵を食べてしまわないかどうか、稚魚の餌となる動物プランクトンが豊富に存在するかどうか、そしてサケを襲ったM74[12]のような奇妙な病気が突然蔓延しないかどうかなどといった数々の偶発的な要因にかかっているのだ。

朝の弱い太陽の光が薄雲の向こうから照らしている。海は単調で鉄のような灰色をしており、私の記憶にある夏休みの楽しいボート旅行とはまったく似つかない。アンキュルス号は、エンジン音を響かせながら沖合いに向かって順調に進んでいる。もうすぐトロール漁の許可海域の内側に入り、スウェーデンとデンマークが共有しているEUの管理海域に達する。

船の乗組員は全部で五人。全員男性で、うち二人は研究員だ。私は、「おはよう」と朝の挨拶を交わす。海の景色はあまり見る気がしない。狭くて急な階段を再び苦労しながら下りていく。炊事場はパッとしない茶色で、戸棚には黄色い引き扉がつき、コンロの周りには鍋が横に滑らないように安全装置が取り付けられている。天井から吊り下がった棚にはテレビが置かれ、朝のトークショーが流れている。

---

(12)　ビタミンB１（ティアミン）の不足が原因だと考えられているサケの病気。

2004年、水産庁の研究員であるアンデシュ・スヴェンソンは、調査船「アンキュルス号」の調査リーダーを務めた。好漁場であるリッラ・ミッデルグルンドという浅瀬ではかつては試験トロール漁で100キロを超すタラを捕獲することができたが、この時の試験トロール漁で獲れたのはタラがわずか16キロであり、その他はカレイなどの混獲魚であった。（原書より）

物置と冷蔵庫には食料がしっかり準備されており、私は紅茶とサンドイッチという朝食の用意をする。

テレビでは、髪をきちんと整えた出演者らが何やら議論をしている。何の話をしているのかしばらく見ていたが、すべてがどこか遠い世界のことのように感じられ、気がまったく乗らない。ほんの数海里だけ船で沖に出ただけなのに、まるで別の世界にたどり着いてしまったかのような気さえする。

ジャカランダの木材をまねた素材でできたテーブルは、ボルトで床に固定されており、無地の表面にはワックスがかかっている。私は、そのテーブルの横に置かれた椅子に腰を下しながら、額に入った船の絵が飾られた壁をじっと見つめる。

海は今なお穏やかだ。炊事場の隅には、擦り切れた雑誌〈イラストで見る科学（Illustrerad vetenskap）〉が山積みにされている。調査リーダーのアンデシュ・スヴェンソンがやって来た。ナイロン製の防水つなぎを着て、マリンブルー色の毛糸帽を耳が隠れるまで下げている。彼は納得した様子で頷いている。どうやら、私は天気に恵まれたらしく、「船酔いになる心配はなさそうだ」と彼は言う。

このアンキュルス号は、私が乗船するまでにすでに三日間海に出ていた。ホーガネース（Höganäs）を起点に、カッテガット海峡（Kattegatt）をジグザクに北上してきた。そして、金曜日にはヨーテボリに達する予定だ。今日は、これまでで海が一番穏やかな日だと言う。

アンデシュは、これまでの行程で得た成果を話してくれる。試験トロール漁を行ったいくつかの海域は、タラの産卵場所である可能性が高いことが明らかになった。網には生殖器が発達して繁殖適齢期にあるタラがかかったものの、大変奇妙なことに、体長がたったの二五センチしかなかったという。タラは、成長すると体長が二メートル以上に達する。繁殖が可能になるのは、だいたい四〇センチに成長したころからだ。ちなみに、繁殖適齢期に達する大きさは個体群によってばらつきがあるので話が複雑になる。

バルト海のタラは、すでに述べたように独特の遺伝的特徴をもっており、繁殖が可能になるのはだいたい四〇センチに成長するころだ（生後約三年）。一方、スウェーデン西海岸に生息するタラは通常それよりも大きくて四五センチほどになってからだし、またアイスランド周辺のタラやバレンツ海のタラ、カナダ沿岸のタラはそれ以上に大きくなってから繁殖を行っている。この違いを知っておくことは水産資源管理の観点から非常に重要なことだ。というのも、繁殖をまだ行っていない魚を獲ることはできるだけ避けなければならないからである。人間にたとえるならば、まだ繁殖能力を得ておらず「家庭をもって」いない「未成年」の魚を殺してしまうことは、魚を意図的に絶滅に追いやるようなものなのだ。

だからこそ、タラ漁では水揚げが許される大きさの最低基準が設定されている。バルト海のタラは三八センチで、西海岸では三〇センチだ。ただし、この最低基準も、タラが実際に繁殖適齢期に達する大きさをかなり下回っている。レジャーフィッシング協会は、過去数十年にわたってこの最低基準があまりに低すぎると非難してきたが、改善はなされなかった。レジャーフィッシング協会は、タラが四五〜五〇センチ以下の場合には海に戻すという自主ルールを定めて会員の釣り人たちに推奨している。

話がさらにややこしくなるが、専門家のなかには、重要なのはこのような最低基準の設定よりも歳をとったメスを保護することだと主張する人もいる。繁殖力が一番強く、毎年たくさんの卵を産み落とすのは歳をとったメスであるため、そのようなメスの保護に力を注ぐべきだというのだ。しかし、よく考えてみると、体長二五センチでタラがすでに繁殖適齢期に達するのであればむしろよいことではないか。これは、タラにとって救いではないかと私はふと考えた。アンデシュは、非常に懐疑的な顔をしている。

「そんなことはない。まだ体が小さいうちから繁殖適齢期に達してしまうのは異常であって、決して嬉しいニュースではない」と彼は答えた。

カナダでタラの個体群が崩壊したときにも、その直前に同じ現象が確認されたという。彼が捕らえた魚がたまたま特別変異の矮小タラでないかぎり、そのような現象はこの個体群が絶滅の淵で焦りを感じている深刻な証拠だ、と彼は説明した。この異常なほどの早熟は、おそらく自然界に備わった自衛手段であろう。しかし、個体数が回復する見込みは、漁業活動が劇的に抑制されないかぎり非常にわずかだ。もしかしたら、タラ漁を完全に禁止してももう手遅れかもしれない。カナダの例がそれを示していると、彼は指摘する。

私はイギリスのある図鑑で、生後一年のタラは成魚に連れられて産卵場所まで行き、繁殖を学ぶという話を読んだことがある。これは本当なのか、私はアンデシュに尋ねてみた。彼は非

---

(13) ノルウェー沖の北海での石油資源の発見に伴い、ノルウェー政府が1972年に設立した石油採掘企業。スタヴァンゲル（Stavanger）に本社を置く。現在はガソリンスタンドも所有し、北欧では大手の石油販売企業でもある。2001年に株式上場された後もノルウェー政府が株式の大部分を所有している。

常に関心を示し、私がどこでそんな話を聞いたのか知りたがった。

彼は否定はしなかったものの、とにかく「今まで聞いたことがない」と言う。一方、「タラは、北大西洋全域に生息しており、それぞれの個体群が独自の行動様式や生活パターンをもっているのであなたの読んだ話も嘘ではないかもしれない」と答えた。

では、タラのすべての個体群に共通するものは何だろうか。それは実のところ、私たち人間がその生態についてほとんど知らないということだ。

アンキュルス号は、最初の試験漁の場所に近づいてきた。アンデシュは甲板のほうへ姿を消す。人間には、海中の生命よりも火星の生命のほうがよく分かっているのではないかという気さえしてくる。ノルウェーの石油企業である「スタットオイル（Statoil）」[13]がノルウェー北部の沖合いの海底に一三キロ以上にわたってつづく白、赤、オレンジの色の珊瑚礁「ロフェリア・ペルトゥーサ（Lophelia pertusa）」を発見したのは一九九〇年代のことだった。珊瑚礁が北方の冷たい海でも生息することが分かったのは、比較的最近のことである。

シーラカンスは誰もがすでに数百万年前に絶滅したものだと考えていた。しかし、一九三八年、南アフリカの波止場で漁師がいつものように水揚した魚のなかにシーラカンスがまぎれているのを女性の博物館員が発見した。世界でもっとも深いマリアナ海溝は水深一万一〇三四メートルだが、人間が訪れたのは一九六〇年にジャック・ピカール[14]とドン・ワルシュ[15]が到達したときだけだ。海は、地球の表面積の七一パーセントを占めている。しかし、海が三次元である

(14)　(Jacques Piccard, 1922～2008）スイス人の海洋学者、エンジニア。海洋探査のための深海用潜水艇の開発で知られる。トリエステ号にドン・ワルシュと乗り込み、マリアナ海溝で最深度潜行記録をつくった。
(15)　(Don Walsh, 1931～）アメリカ人の海洋学者、エンジニア。

ことを考えれば、それ以上の生命空間を意味している。それにもかかわらず、この地球を取り巻く一四億立方キロメートルもの水のなかをきちんと調査しようという関心はまるでないようだ。

人間は火星上の生命を求めて宇宙船を送ることができるのに、二〇〇四年の今になってさえウナギに発信機を取り付けて、サルガッソー海にあると言われる未知の産卵場所を見つけることすらできないというのはどういうわけか。私は、ウナギの研究をつづけてきたスウェーデン人の海洋生物学専門家にそんな疑問をぶつけたことがある。彼は驚いた様子で、「本当なら、そんなことはできていなければならないのに……」と答えた。しかし、それには費用がかかる。ウナギの研究よりもウナギの漁にお金を調達することのほうが簡単なのだ。これが、彼の説明だった。

彼の答えはおそらく正しい。スウェーデンは一九九〇年代、ウナギの放流に対して毎年二〇〇万から八〇〇万クローナ［二六〇〇万円〜一億円］を費やし、ウナギ漁を存続させようとした。あるときには「水産資源保護のための予算」を用い、スウェーデン西海岸の漁師が捕獲した黄ウナギを買い上げてバルト海に放流し、それが銀ウナギに成長すると別の漁師がそれを捕獲するという形でウナギ漁の漁師を二重に支援したこともあった。

一九九五年から二〇〇四年にかけての期間は、ウナギがヨーロッパ全域で激減した時期と重なるが、スウェーデン政府が認可した漁船建造助成金の内訳を見てみると、まさにこの期間に四隻の新しいウナギ漁船（うち一つは艀《はしけ》）が国庫からの助成金を受けていることが分かる。

奇妙な政策転換の三つ目は、すでに前章で少しだけ触れた流し網に関するものだ。これほど注目に値する環境問題をメディアがほとんど取り上げなかったことは、スウェーデンでは珍しいことだ。みなさんは、国連がすでに一九九一年以降、各国に自粛を要請している流し網漁という漁法（巻末の「付録３」を参照）をスウェーデンが今でもバルト海で行っていることをご存知だろうか。そして、バルト海で使用されている流し網の長さが二一キロメートルもあることをご存知だろうか。流し網漁は、どんな生き物も無差別に捕らえてしまう漁法だ。バルト海南部にほんのわずかに残る最後のネズミイルカの個体群に危害を加える恐れがあるため、ＥＵはこの漁法によるサケ漁を中止するように長年スウェーデンに求めているが、このことを知っているスウェーデン人はほとんどいないだろう。

二〇〇三年、ＥＵは一つの提案を行った。流し網の長さをこれまでの二一キロメートルから二・五キロメートルに制限する措置を二〇〇四年七月一日から実施し、二〇〇七年一月一日には流し網漁を完全に禁止する、というものだった。しかし、スウェーデン政府は二〇〇四年の春にこの提案に反対を表明した。水産庁の研究員であるホーカン・ヴェステルベリによれば、その理由は、五〇隻から一〇〇隻の漁船と漁師が影響を受けることになるため、彼らが漁の仕方や生計の立て方を転換するのにもっと長い猶予期間が必要だからというものだった。

そこで、二〇〇四年三月の交渉を経て新たな決定がなされた。当初の提案の代わりに、流し網漁をその後五年間にわたって一定の割合ずつ段階的に減少させていくこととなった。言い換えれば、二一キロメートルの流し網をバルト海で使用しつづけることが二〇〇八年一月一日まで実質的に可能となったのだ。二〇〇八年と言えば、国連が流し網漁に対する国際的な禁止措置を実施してから一六年、ＥＵが流し網漁の禁止を実施してから六年、そしてＥＵの欧州委員会がこれまで猶予が認められてきたバルト海の流し網漁を禁止する提案をしてから五年ということになる。

これだけ長い猶予期間が必要なのは理解に苦しむ。というのも、研究者や専門家は、流し網を使わず、サケだけに対象を絞った漁を行うことは十分に可能であると長い間にわたって指摘してきたからだ。たとえば、河川に放流されたサケが戻ってくるのを河口部分で待ち構えてサケ漁をすればよい（水力発電ダムを所有する電力会社は、漁業補償として人工孵化させたサケを毎年放流している）。そうすれば、流し網にかかる海鳥の数も劇的に減少させることができる（ある調査によると、ウミガラスの足に目印を付けて放したところ、その三四パーセントが流し網に引っかかっているのが確認された）。そのうえ、絶滅の危機にある種としてレッドリストに加えられた野生サケを保護することにもつながるし、クジラの仲間では体長がもっとも小さなネズミイルカを脅かすこともなくなる。

流し網漁の禁止がこれだけ長く先延ばしされたにもかかわらず、スウェーデン漁師全国連合会は機関紙の〈イュルケス・フィスカレン（Yrkesfiskaren）〉(16)のなかで、サケ漁の将来に対する落胆をあらわにしている。「流し網漁への死の宣告」という見出しのもと、サケ漁が「絶対的な終わり」を迎え「絶滅する」と書いている。

一方、ほかの漁の手段を考えている漁師もいるようだ、と水産庁の職員が教えてくれた。流し網をやめて、餌のついた針による延縄《はえなわ》（巻末の「付録3」を参照）を使用しようというのだ。しかし、この漁法も、実は獲物を無差別に捕らえてしまうために世界中で非難を浴びている漁法だ。延縄《はえなわ》を使うと、基準以下の小さな魚も捕らえてしまうだけでなく、流し網以上に海鳥を寄せつけて殺してしまうことになる。

(16)　直訳すると「職業漁師」という意味になる。

アンデシュと乗組員のペーテルは、一回目の試験漁を行うためにトロール網を海に入れはじめた。まず、「開口板」と呼ばれる二つの重い金属板を船尾から海に沈めていく。この金属板は、その構造のおかげで海底を鋤《す》きながら左右に広がっていき、網の入り口が最大に開くようになっている。入り口の上部は浮きのおかげで浮き上がろうとする一方で、下部には重りが付けられている。そして、でこぼこした海底をできるだけ滑らかに進めるように、衝撃を吸収しながら回転するローラーが付いている。網の「袋の部分」は長さが約二五メートル、入り口は直径一〇メートルから一二メートルだ。

私は、トロール網で魚が捕らえられる様子を水中カメラで撮影した映像を見たことがある。海底の魚は、大きな金属板に驚いて逃げようとする。ヒラメやカレイのような平べったい魚は数メートルもしないうちに力尽きて、網に呑まれてしまう。それよりも体が大きなタラはしばらく逃げようとするが、なぜか追ってくる網の入り口の横のほうには決して逃げようとせず、常に前へ前へと逃げようとしている。おそらく、開口板によって生まれる音や巻き上げられる泥、海水の振動などによって混乱状態に陥っているのだろう。

網はどんどん近づいてくる。軟らかく白い身をもつタラは長距離ランナーではなく、ほかの肉食魚と同じく短距離ランナーなのだ。最初は勢いよく泳ぎ、もてるエネルギーを一気に出し切るが、しばらくすると完全に力尽きて網のなかに容赦なく吸い込まれていく。バルト海で使用されるトロール網は、いわゆる「BACOMA網」(17)と呼ばれるもであり、三八センチ以下のタラのための逃げ道が用意されている。しかし、タラのなかには、あまりに泳ぎ疲れたために逃げ道を探す力すら残っていないものもいる。

(17)　欧州委員会が資金を提供している「バルト海タラ管理プロジェクト（Baltic Cod Management project）」の一環で考案された漁網。

体長三八センチ以下の小さなタラがこの段階でトロール網から逃げることができなければ、残念ながら、生き残る可能性はほとんどない。網の中で切り傷や擦り傷を負い、それが感染症へと発展して死んでしまうケースもある。しかし、それ以上に一般的なのは、タラが人間のダイバーと同じ減圧症[18]に似た状態に陥ってしまうことだ。あまりの短時間に海面へ引き揚げられるためにタラは体内の浮き袋の圧力を調節する暇がない。その結果、浮き袋が膨張して胃袋が口の外へ押し出されてしまうのだ。この光景は、甲板に水揚げされた魚によく見られる。

しかも、たとえ水揚げの際に何の損傷も負わなかったとしても難関はまだある。漁師が幼い魚を海に投棄するときに海鳥の大群が漁船の上空で待ち構えおり、ピンポイントの正確なダイビングで魚を捕らえてしまうのだ。

すでに触れたように、海上で投棄される魚の死亡率は九〇パーセントから一〇〇パーセントと推計されている。水揚げされるトロール網には、本来は獲るはずでなかった小さなタラが大量に含まれている。シャーンオー海洋生物試験場[19]のシャシュティン・ヨハネソン教授[20]の推計によると、スウェーデン西海岸で漁獲される一七〇〇万匹のタラのうち、実際に売り物になるのはわずか一〇〇万匹にすぎないという。ということは、残りの一六〇〇万匹のタラは、本来ならば大きく成長したであろうにあえなくカモメの餌となって生涯を終えたことになるのだ。

---

(18)　水圧の高い環境にいたダイバーが水面へ急浮上すると、それまで血液に溶けていた気体が体内で気化して気泡を発生し、血管を閉塞して障害を起こす症状のことを指す。

(19)　(Tjärnö marinbiologiska laboratorium) ボーフースレーン地方の北部、ノルウェー国境に近いストロームスタード (Strömstad) 郊外に1963年に設立される。海洋生物学専攻の大学生や研究者のフィールドワークの場として主に利用される。2008年からクリスティーネベリ海洋研究センターと共にヨーテボリ大学の一部となる。

アンデシュは、トロール網を三〇分かけて引き揚げる、と私に告げた。魚にむやみに傷を与えないことが一つの理由だ。私たちが今いるのは、デンマーク領であるアンホルト島（Anholt）とレースオー島（Läsö）の間の浅瀬である。ここは、昔から絶好の漁場として知られている。それなのに、漁船がまったく見当たらない。

「まだ三月の初めなのに、今年認められたタラの漁獲枠の六六パーセントはすでに漁獲されてしまったんだ」と、アンデシュは話してくれた。

私は、あたりを見わたしてみる。セメントのように灰色をしていた海は、いまや光輝くマリンブルーに様変わりしている。太陽が雲から顔を出している。風が強いために、目からは涙がこぼれてくる。港から二時間ほど沖合いに出ただけなのに、岸はどこにも見あたらない。こうして眺めていると、宇宙飛行士が「宇宙から見た地球はまったくの青色だった」と驚きを交えながら優しい口調でよく口にするコメントが実感できる。

地球のことを、スウェーデン語では「jorden」、英語では「the earth」、フランス語では「la terra」と呼ぶ。どれも「大地」を意味している。私たち人間は、得意とする人間中心的な見方でもって地球を「大地」とさまざまな言語で呼んでいる。しかし、よく考えてみれば「海」と呼ぶのがふさわしいのではないだろうか。

地球の表面は、実に四分の三近くが水に覆われている。地球上のほとんどの地点では、まさに私が今いる場所と同じように、周りを見わたしてもどこにも陸が見えない。目に映るのは青い海ばかりだ。一キロ立方メートル、そしてまた一キロ立方メートルと果てしな

---

(20)　(Kerstin Johannesson, 1955～）女性。ヨーテボリ大学海洋生態系学部の教授。2000年から2007年までシャーンオー島海洋生物試験場の所長も務める。

くつづく海水の表面だけが見える。ここは、数億、数兆と数えてみてもかぎりがないほどの水生生物の棲み処《か》となっている。

それに、生命が最初に誕生したのもこの青い海なのだ。大昔に有機化学物質の水溜りが形成され、ある瞬間、そのなかから生命が突如として誕生したのもこの海だ。数十億トンの植物プランクトンが、地上の熱帯雨林よりももっとたくさんの酸素を生成しているのもこの海だ。シーラカンスが自らの足を発達させて、陸に上がることができるようになったのもまさにこの海だ。そして、海におけるこの進化の記憶は私たちのなかにも受け継がれている。私たちの細胞のなかにある食塩水がそれなのだ。

私は、二〇〇三年五月に学術雑誌〈ネイチャー〉に掲載された論文を思い出した。二人の著名な海洋生物学者ボリス・ウォーム（Boris Worm）とランサム・マイヤーズ（Ransom Myers）が、商業的に取引される主要な魚が過去五〇年間においてどのように変化したかを、入手可能なあらゆるデータを用いてまとめたものだった(21)。

彼らの推計によると、商用魚のすべてが七〇パーセントから九〇パーセントも減少している。そして、その原因は漁船にさまざまな設備が取り付けられ、漁業が過度に効率化したためだという。魚群探知機、衛星ナビゲーション、流し網、ソナー、電動巻き上げ機、冷蔵装置、そして、航空機を使った空からの魚群探査……。数百万年もかけて築かれた自然界のバランスを、人類はわずか五〇年の間に根本から変えてしまったのだ。これが長期的にどのような影響をもたらすのか、私たちが知っているのはほんのわずかでしかない。

局所的に見た場合、現段階で少なくとも観察できるのは、食物連鎖が全体的に変化したことによっ

(21)　第2章終わりの「参考情報」を参照のこと。

て枯渇した魚の代わりに別の魚が増殖したり、以前は澄んでいた水域に藻やアオコが大量発生したり、甲殻類や貝類の数が爆発的に増えたりしていることだ。カナダ・ニューファンドランド島沖合いのグランドバンクスでは、クラゲの大量発生が確認されている。

これらの現象に共通するのは、食物連鎖の頂点に立っていたタラやクジラ、イルカ、サメ、マグロ、チョウザメなどの肉食の「捕食者」が人間によって獲り尽されてしまったために別の魚が増えてしまったことだ。そのような魚のことを、生物学の専門家は通称「日和見主義者（オポチュニスト）」(22)と呼んでいる。陸上生物にたとえて言うならば、オオカミやクマ、キツネがいなくなったためにシカやウサギ、ネズミが大繁殖するということだ。この陸上生物のたとえをそのまま続けて言うならば、人間はすでにこのシカ、ウサギ、ネズミに相当する魚までもとてつもない勢いで獲りつづけている。つまり、専門家の言葉を使えば「食物連鎖の下方に向かって」魚を獲っているのだ。

食物連鎖のあまりに下のほうまで獲りすぎてしまうと、天敵を失ったエビやプランクトンが海のなかで大量発生するという危険がある。さらに考えられうるのは、自然界のバランスが崩れた結果、ニシンやスプラットなどの「日和見主義者」が威勢を振るい、動物プランクトンを食べて尽くしてしまうという危険だ。こうなると、天敵がいなくなった植物プランクトンが大量発生することになる。しかし、どこまで魚を獲りつづければそのような現象が起こりはじめるのか……。専門家が知るところはいまだにごくわずかだ。

しかし、明らかに言えることとは、今日のバルト海では動物プランクトンが異常なほど少ないことだ。タラを獲りすぎたためにスプラットやニシンが盛んに増えつづけている。おそらくこれが、動物プラ

(22)　餌となる生物がたまたま増えたり天敵が減少したことによって、一時的な全盛を極めている生物。

ンクトンの枯渇の原因ではないかと考えられる。動物プランクトンを餌とするニシンとスプラットの競争は非常に激しいものとなっている。その証拠として、スプラットの平均体重がこの一〇年あまりの間に四〇パーセントも減少しているのだ。また、ニシンの脂肪量も劇的に減少している。

研究者がそれ以上に危惧しているのは、痩せ細ったニシンやスプラットを餌とするサケや海鳥に影響が出るのではないか、ということだ。因果関係はまだ明らかにはなっていないが、サケを襲う奇妙な病気M74の原因はこれまで考えられてきた環境ホルモンやウイルスなどではなく、実はビタミンBの不足かもしれないと専門家は顔をしかめている。しかしながら、なぜビタミンBの不足が起きているのかは不明である。M74に侵されたサケの養殖場でビタミンB1（ティアミン）の栄養剤を投与してみたところ、サケが病気から回復したという。研究者は目を丸くしてしまい、それまでの研究は一からやり直しとなった。

また、海鳥の奇妙な大量死も相次ぎ、一部の個体群では死亡率が八割に達しているが、国立獣医学試験場(23)は二〇〇四年の夏、この原因も実は最初に考えられた環境ホルモンやウイルスではなく、ビタミンB不足ではないかと疑いはじめている。さらなる問題は、ここ数年スウェーデン東海岸において見られるカワカマス（ノーザンパイク）やパーチ（スズキの一種）の繁殖状況の悪化である。これも、稚魚の餌と関係があることが明らかになっている。バルト海の沿岸部では動物プランクトンが枯渇したため、生まれた仔魚は腹に付いた卵黄（栄養分を供給する、へその緒のようなもの）を使い切ったあとに餌を見つけることができず死んでしまうのだ。

(23)　(Statens veterinärmedicinska anstalt) 農林水産省に所属する研究機関。陸上動物・海洋生物の伝染病の調査を行っている。所在地はウプサラ (Uppsala)。

私は、試験トロール漁の対象がもっぱらタラだとばかり考えていたが、三〇分かけて網を引き揚げてみると、なかにはいろいろな魚が混じっていたので非常に驚いた。全部で五〇キロはあるだろうか。ニシマガレイ、バ
バガレイ、メルルーサ（タラの一種）、ホワイティング、シシャモ、ホウボウ、それにトゲミシマも一匹！

「気をつけて！　それは毒をもっているから」と、アンデシュが注意する。

ギラギラと光り、カエルに似たこの小さな魚は竜のような独特のヒレをもっており、運が悪いと刺されてしまうこともある。毒の強さは、スズメバチと毒ヘビの中間くらいだ。

タラも獲れていた。かなりたくさんだ、と私はとっさに思ったが、トロール漁では「通常」どのくらい獲れるのか私はまったく見当がつかない。全部で一六キロ、数にして三〇匹前後だった。「たくさん獲れた」と、
私は素直な感想を口にする。

その場に居合わせた研究員のハンス・ハルベック（Hans Hallbäck）は、暗い顔をして首を横に振った。

「俺たちが今いるのは有名な好漁場で、しかも今は産卵期。本来なら、タラの成魚が一〇〇キロは獲れてもおかしくない。今獲れたのは生後わずか一年の幼魚ばかりだ。魚の個体群が健全であればさまざまな年齢のタラが獲れるはずなのに……。それだけ状況が深刻だってことだ」

アンデシュとペーテルは獲れた魚を種類ごとに仕分けし、重さを量って記録していく。その後、タラ以外のいわゆる「混獲魚」を海に戻していく。カモメがすかさず魚雷のように海に頭を突っ込んでくる。小さなヒラメが鳥の嘴《くちばし》に挟まれてバタバタと動いている。サバやホワイティングもキラキラと光を反射させながらもがいている。大きな魚は海鳥が嘴に挟んだままどこかへ持っていってしまう。仲間たちの怒りの叫び声や獲物の奪い合いから早く離脱しようと必死だ。私の見るかぎり、海鳥から無事逃れられた魚は一匹もいないようだ。

試験トロール漁で捕獲されたタラは一匹ずつ計測される。試験漁は毎年同じ場所で、同じ漁法を使って行われている。漁師が時々、大量のタラを漁獲することがあるが、それはタラの群れを探しながら漁を行っているからである。そのため、水揚げ量の統計を見るだけでは、タラの生息数についての情報は得られない。水揚げ量は、漁に費やした時間や漁船の大きさ、魚群探知の設備といった「漁撈努力」に大きく左右されるからである。世界中の魚の生息量は減少しているにもかかわらず、漁撈努力は上昇する一方である。

唯一の例外はトゲミシマ。カモメのもつ認識力は驚くべきものだ。

「網の引き揚げをはじめる前はカモメは一匹もいなかっただろう？　けれど、網が上がるやいなや奴らはやって来るんだ。いったい全体、何を頼りにやってくるのか、俺はいつも不思議で仕方がないよ」

元漁師で気の優しい船長ボッセは、あっけにとられた顔をしながらそう呟いた。

捕らえたタラの分析がはじまる。大きさを記録すると、乗組員のペーテルがすばやく魚の腹を開いて生殖器を取り出し、ステンレスの秤に載せて重さを量る。その重さを記録し、この魚が繁殖適齢期に達しているかどうかを判断する。

今回捕らえたタラは、ほとんどが繁殖適齢期に達する以前の幼魚だった。「タラの産卵場所のはずなのに、そうとはまるで思えないよ」と、アンデシュが言った。

彼はタラの交尾の様子を説明してくれる。まず、オスが海底に数平方メートルの縄張りをつくってメスがやって来るのを待つ。あるメスがこのオスを気に入ると、オスのもとへやって来てダンスに誘う。二匹は寄り添って上向きに螺旋《らせん》を描きながらダンスをし、腹と腹を合わせる。そして、ある瞬間に卵と精子が噴出される。これまでの研究によると、歳をとり、産卵経験をたくさん積んだタラほど繁殖能力が高いことが明らかになっている。歳をとったタラは、一度に数百万の卵を産むことができる。若いタラなどはとても及ばない。そのため、タラを保護するうえでは歳をとったメスがとくに重要となる。

ここまでの段階ですべてがうまくいけば、受精卵は適度の塩分濃度をもつ塩分躍層(24)のなかで浮遊する。この塩分濃度が卵にとって重要となる。卵は、残念ながらほかの魚の餌ともなる。タラの数があまりに減ってしまうとニシンなどの魚の数が増え、タラの卵や仔魚を食べてしまう。カナダではタラ漁が禁止されたのにもかかわらずタラの数が一向に回復しないが、その理由の一つはこれなのだ。

卵から孵化した稚魚は沿岸まで無事たどり着いて湾部に隠れることができれば、その後、生き残る可能性が高くなる。ここで餌を食べて成長しながら、海に出てからの危険に備える。しかし、沿岸部にも危険は待ち構えている。集魚灯を照しながらニシン漁をする巻き網漁船が夜中にやって来ると、ニシンと同じくらい好奇心旺盛なタラの幼魚は何の光かと思って集まってくる。トロール漁や巻き網漁の許可海域をさらに沖へと移動する決定がなされたのは、まさにこの成長過程にある沿岸部のタラ

(24)　塩分濃度の違いによる成層構造。海水と淡水の接する水域では、表層と底層の間で混合が起こりにくくなることがあり、塩分躍層が形成される。

を保護するのが目的だった。

すでに触れたように、沿岸部ではより広い範囲でトロール漁や巻き網漁が禁止されることとなったものの、水産庁は特定の漁船に対して例外措置を認めた。アンデシュは、これに対して驚きを隠せない。「科学的な根拠に基づく専門家のアドバイスに反している」と、コメントをした。「とはいうものの……」、彼は肩をすくませながら真剣な面持ちで苦笑いをしてみせた。

海洋漁業試験場の職員は、自分たちの調査結果が自らの雇い主である水産庁にさえも真面目に受け止めてもらえないことに半ば慣れているようだ。水産庁は彼ら専門家の調査結果を絶対的な事実だとは見なさず、むしろ何かの利益を守ろうとする一つの主張にすぎず、ほかの利害関係と天秤にかける余地があると考えているという。

二〇〇四年の初め、まさにこのことを裏付ける組織改編が行われた。海洋漁業試験場はヨーテボリに本部がある水産庁の水産資源管理部の所轄に置かれることになったが、その部署は生物学専門の技官ではなく行政官によって構成されることになった。つまり、行政官は技官の調査結果をほかの利害関係、つまり漁業の「社会経済的な側面」と天秤にかける役割を担っているのだ。

この社会経済的な側面というのは、もちろん例外措置の決定に大きく関係している。例外措置を受けたニシン漁船は、その後も、トロール漁や巻き網漁が禁止されることになった沿岸部の海域で漁をつづけられるようになった。しかし、喜ばしいことに、タラの幼魚などの混獲魚は研究者が予測していたよりもずっと少なかったという。そのことについて、ヨーテボリの地元紙〈ヨーテボシュ・ポステン〉は大きな記事を書いている。

インタビューを受けた漁師の一人は、「これだけ純粋にニシンだけが獲れたことは今までにない。古き良き

図7　ブローフィヨルデンにおけるタラの試験漁（1968～1982, 2000～2001年）

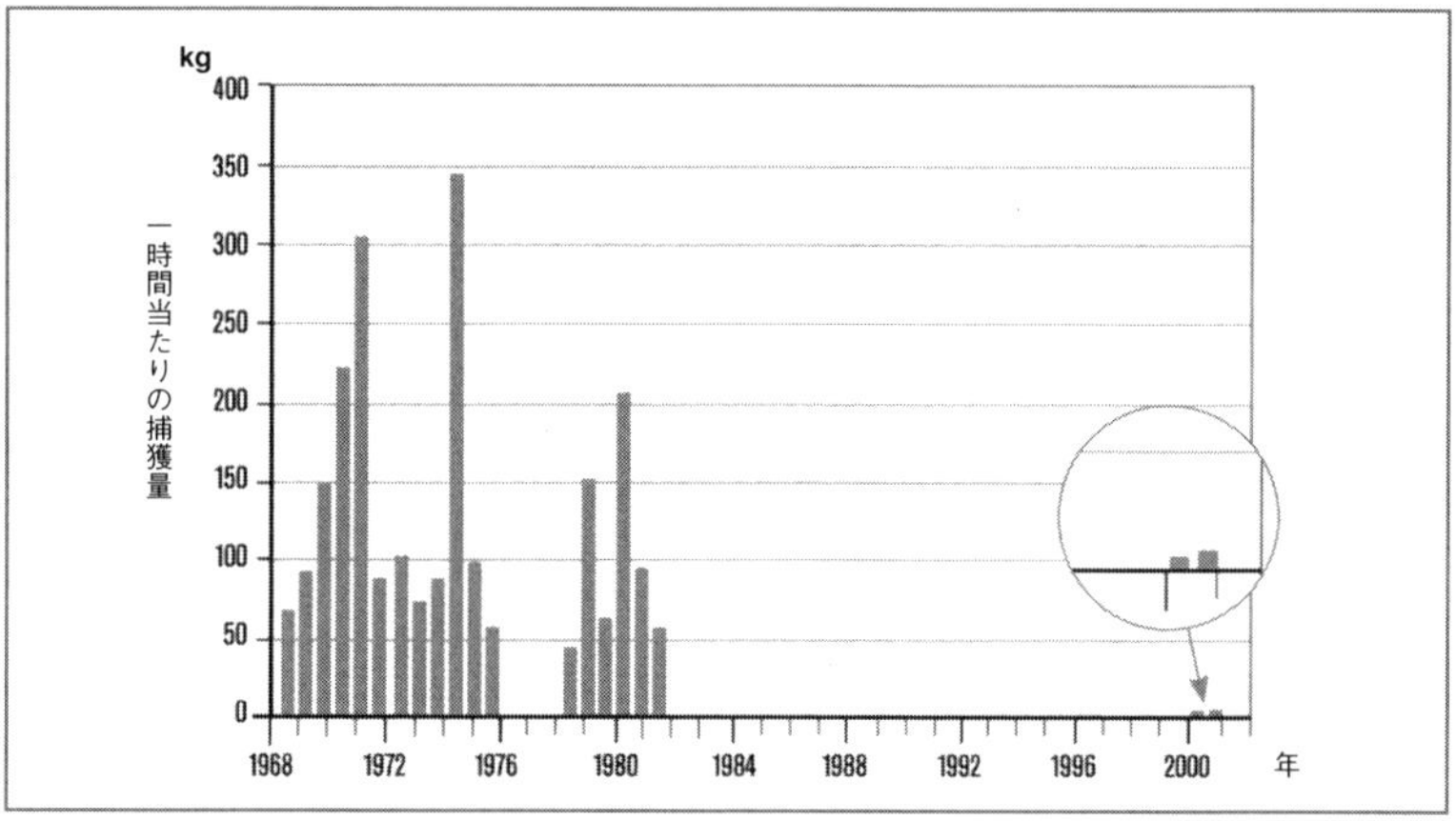

水産庁は20年の間、スウェーデンの西海岸においてタラの試験トロール漁を行わなかった。2000年に再開したとき、研究員たちは自分の目を疑ってしまった。1970年代には1時間当たり平均350キロのタラが獲れていた場所で、たったの0.4キロしか獲れなかったのだ。　（出典：ヘンリク・スヴェードエング、水産庁）

図8　オーレスンド海峡、スカーゲラーク海峡、カッテガット海峡における2005年の試験漁

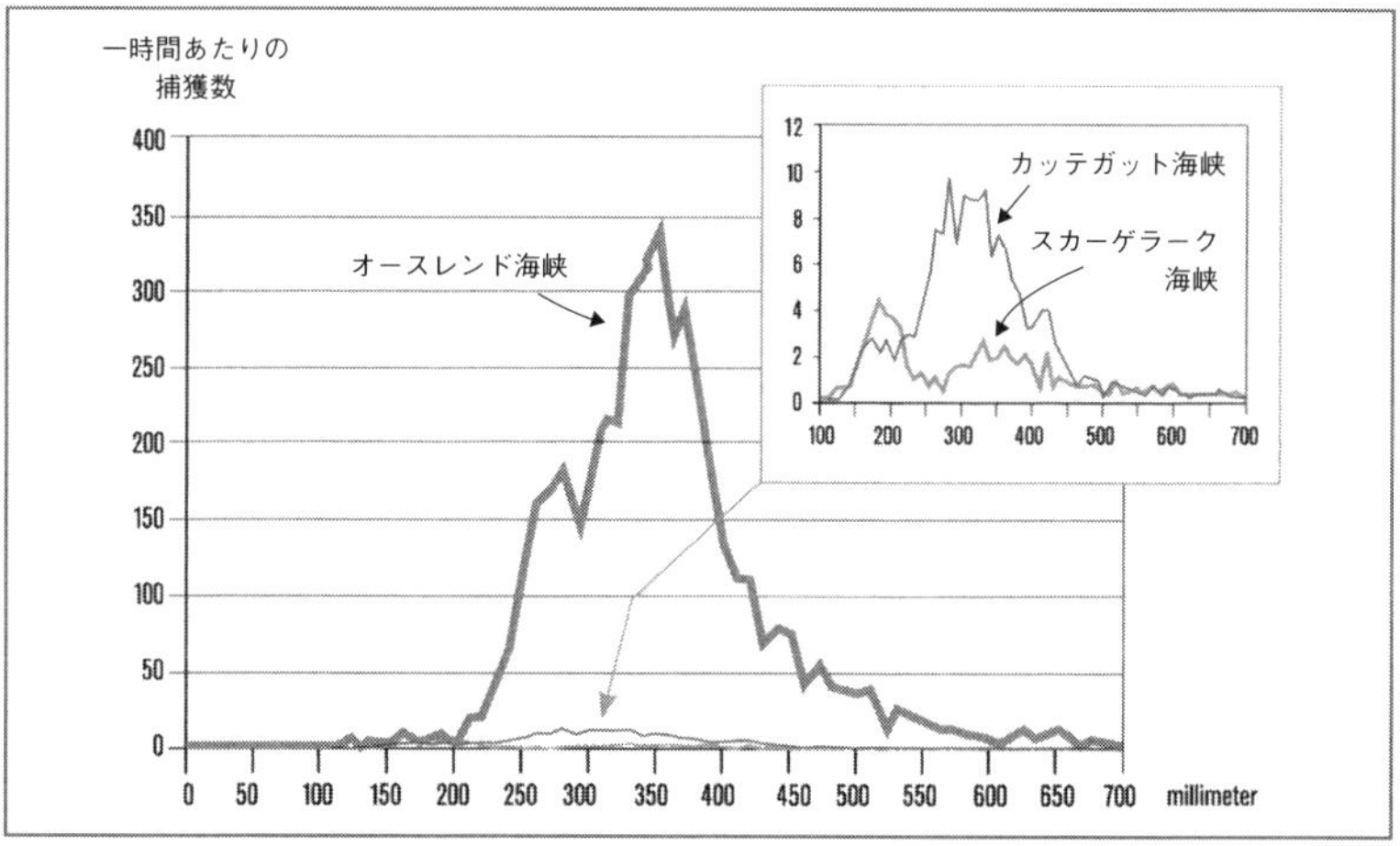

オーレスンド海峡は、スウェーデン西海岸のカッテガット海峡やスカーゲラーク海峡と比べるとタラの数がはるかに多いことが分かる。専門家は、オーレスンド海峡で1932年以降トロール漁が禁止されてきたことが、この大きな違いをもたらしたのだと確信している。　（出典：ヘンリク・スヴェードエング、水産庁）

時代のように太ったニシンが網いっぱいに獲れた」と答え、「タラの混獲を懸念していた研究者たちは今回もまちがっていた」と付け加えている。アンデシュは怒っている。

「タラの混獲がほとんど見られないのは、タラがもうじき一匹もいなくなろうとしているからだ！」

毛糸帽を深くかぶった彼は、首を振りながら作業台に付いた血を洗い流している。現在の状況を次のようにまとめた。

「最後の最後には、稚魚や仔魚まで獲ってしまうだろうよ」


スウェーデン近海の将来はあまり明るくないが、わずかな希望もある。オーレスンド海峡（Öresund）だ。スウェーデンとデンマークに挟まれたこの海峡周辺は、スカンジナビアのなかでも人口密度がもっとも高い地域の一つだ。ヘルシンボリ（Helsingborg）とヘルシンゴー（Helsingör）の間にはフェリーが盛んに行き来し、マルメ（Malmö）とコペンハーゲンの間には議論を呼んだ海峡大橋が架けられた。バーシェベック原子力発電所(25)からは温排水が流れ出し、さらにスウェーデンとデンマーク両国の豊かな農地からは養分を豊富に含む排水が流れ込んでいる。この海峡を行き来する船の数は、ほかの海域よりもずっと多い。そのうえ、スウェーデンとデンマークでは水揚げが許される魚の大きさや禁漁期間が違うため、この海峡では両国の漁師が異なる規制のもとで漁を行っている。そんな海峡にもかかわらず、不思議なことにタラをはじめとする水産資源の状況はかなり良好なのだ。

トロール漁一時間当たりのタラの漁獲量は、カッテガット海峡よりも少なくとも一〇倍はある。魚の大きさの分布もまったく異なっている。カッテガット海峡では体長二〇センチ以下の小さな魚がほ

(25)（Barsebäck）２基の原子炉が1970年代半ばに建設されたものの、原発の段階的廃棄を目指す政治決定により1999年と2005年にそれぞれ閉鎖された。

とんどなのに対して、オーレスンド海峡ではほとんどのタラが二倍は大きく、体長が六〇センチから八〇センチの魚やそれ以上の魚も一般的に見られる。カッテガット海峡では、そのような大きな魚はまったくない。つまり、オーレスンド海峡ではタラの大きさの分布がかなり正常なのだ。

タラの枯渇の原因は、漁師の乱獲ではなく、むしろ農業排水による富栄養化や海上交通、環境汚染なのだと主張したい人々にとっては、オーレスンド海峡の事例は説明が非常に厄介となる。オーレスンド海峡にはそういった問題がすべて存在し、その程度もスウェーデン西海岸のカッテガット海峡や南海岸、それに東海岸よりもはるかに大きいのだ。だとすれば、このような不思議なことがどうして起こるのか。答えは、まさにこの人間活動の密度の高さが魚を守っているということになる。実は、この海域では海上交通に危険を与えかねない漁法がすべて、早くも一九三二年から全面的に禁止されている。禁止されている漁法には、トロール漁や巨大な網を使う巻き網漁（巻末の「付録3」を参照）が含まれている。

その代わり、この海域では刺し網漁や手釣り漁、袋網を使った漁が盛んに行われている。また、違法なトロール漁がとくにデンマーク側で行われていることが知られている。それにもかかわらず、オーレスンド海峡はタラやポロック、モンツキダラ、ホワイティング、ヒラメ、カレイをはじめとする底生魚にとっては庇護地となっている。おそらく、考えられる理由としては、刺し網（巻末の「付録3」を参照）を使うとある一定の大きさの魚だけを獲ることが可能だということだ。小さな魚は網の目を通り抜けることができるし、大きな魚は網に弾き返される。だから、あらゆる大きさの魚を捕らえてしまうトロール漁よりも非常に賢い漁法なのだ。すでに説明したように、歳をとった大きな魚ほど繁殖能力が高いため、そのような個体を守ることができれば金の卵を産むガチョウを手にしたのも同然なのだ。

答えは、このように実に簡単なのだ。しかし、カッテガット海峡のタラの大きさの分布が異常に偏っているのを見れば分かるように、漁師にしても水産庁の水産資源管理部にしても、オーレスンド海峡の例からは真剣に学ぼうとしていない。

このアンキュルス号の上甲板の掲示板には、「指名手配中」と書かれたチラシが貼られている。このチラシは、スウェーデン国内のすべての漁師にも配布されている。指名手配を受けているのは、ヒレに「水産庁」と書かれた灰ベージュ色のシリンダーとラベルが付けられたタラである。これは、タラの回遊を調査する研究プロジェクトの一環として行われているものだ。

タラは、ごく最近まで非常に長い距離を回遊すると考えられてきたため、ある特定の海域だけで漁を禁止しても基本的に意味がないと言われてきた。しかし現在では、タラのなかには回遊せずに同じ場所に留まる個体群もいるという説が有力になっている。そして、オーレスンド海峡のタラもその一つである可能性が高まっている。

また、スウェーデン西海岸からタラが姿を消したのは、沿岸部に生息していたタラの個体群のいくつかが絶滅したという強力な証拠ではないかと研究者は考えるようになっている。西海岸では、小さなタラがわずかに獲れる程度だが、このタラにしても、スウェーデン沿岸に生息する固有の個体群ではなく、北海に生息する個体群が成長の過程ではるばる回遊してきたものではないかと考えられている。

ラベルとシリンダーをヒレにつけたタラを捕え、捕獲場所などの情報とともに水産庁へ送ると八〇〇クローナ［一万円］が報奨金として支払われることになっている。アンデシュは苦笑いしながら、「トロール漁や巻き網漁の許可海域を縮小したために俺たちと漁師が対立している今、そうでもしなければ漁師たちは絶対に協力してくれないよ」と説明する。

シリンダーを付けたタラは、すでにたくさん送られてきている。ここ西海岸に生息するタラは、長い距離を回遊する個体群ではないということだ。

「シリンダーは必ず戻ってくるさ。最短記録は放流の二日後だった」と、彼は言っている。

ペーテルは、漁師との対立について笑いながらこう言った。

「そうさ。許可海域の縮小をめぐる議論があってからというもの、俺たちは嫌われ者さ。漁師と話をしたければ、まず『俺は水産庁のほかの職員とは違って、あなた方漁師の考えをしっかりと理解しているよ』と言わなければ口も利いてもらえない。漁業関係者の近くを通りすぎるときだって、『水産庁』と背中に書かれたジャケットを着ているだけで気が引けるよ」

漁師たちが、水産庁の職員の立ち入りを拒否するボイコット運動をはじめてから二か月以上が経つ。水産庁が漁師との協力のもとで行ってきた混獲魚や海上投棄の実態調査、そして選択的漁法の試験もこのおかげで中断している。

しかし、漁師はどうしてボイコットができるのかと私は不思議に思う。新たな決定を下して、行政機関の職員の立ち入りを強制すればいいだけの話ではないか。農家の人だって、行政機関の調査員が家畜舎に立ち入るのを拒否できないだろうに。

「いや、ちょっと違うよ」という答えが返ってきた。法による強制力をもつ監視や立ち入り検査を行うのは沿岸警備隊である。一方、水産庁が行うのは研究調査であって、これは自発的な協力関係のうえに成り立っている。なるほど。

「おまけに、歓迎されない船には誰も乗りたくない。そんなもんさ」と、誰かが口を挟んだ。

そのうち、会話は漁船上で違法行為を発見した場合にどうするかという話題に移っていった。

「ある漁師はシシャモを獲ったのだが、シシャモの漁獲枠はすでにいっぱいだったから、漁業日誌には代わりにアブラツノザメと記録していた。それから、別の漁師は釣り上げた海ザリガニが漁獲が許可されている基準以下の大きさだったにもかかわらず、海に放さず自分のものにしてしまった……」

「そんな違法行為が水産庁の職員の目の前で平然と行われているなんて！」と、私は驚いて聞き返した。すると、「そうさ」という返事が返ってきた。その後の会話では、水産庁の職員として違法行為を発見した場合に通報すべきかどうか、乗組員の間でも意見が分かれた。

「とは言うけれど、俺たちが漁船に立ち入るのは違法行為の摘発が目的じゃない」と、誰かが言った。

「そんな言い訳は通用しない。もし、お前が警察官で、個人のパーティーに参加したとしよう。パーティーの場で、自宅でつくられた違法の蒸留酒が振る舞われているのを目撃したらどうする？　そんなとき、自分は勤務中じゃないから見逃したという言い訳をしても、捕まればお前も有罪だぞ」と、別の誰かが言った。

「でも、目にしたことをすべて通報してしまえば俺たちは二度と漁船に乗せてもらえなくなる」と、さらに別の誰かが言った。

私は、自分の耳を疑ってしまうほどだった。思わず、議論に割って入った。

「そもそも、規則を決めているのはあなたたちでしょ」

「とはいっても漁船は漁師の船であり、彼ら個人の所有物だよ」

私は怒りが込み上げてきてさらに疑問をぶつけようかと思ったが、じっと耐えることにした。それは、私の頭のなかを何度も駆けめぐっていた疑問だった。

「そもそも、魚は誰のものなのか。海は誰のものなのか」

私は風にあたりながら甲板に立ち、乗組員の作業を観察した。あちこちに置かれた桶やバケツに魚が投げ入れられる光景を眺めながら、魚に同情しないように努力していた。どの魚も明らかに生きている。仕分け台のあちこちで魚がバタバタしている。小さなタラはヒゲを動かし、ヌマガレイは痙攣《けいれん》を起こしながら丸まっている。私は、甲板の上でバケツの外に投げ出された一匹のタラを持ち上げ、両側をおそるおそる押さえてみた。言われる通り、たしかに柔らかく、身にしまりがなく、冷たくて少しヌメリがある。口の奥には、赤く透けた胃袋が押し上げられているのが見える。眼は丸く驚くほど美しく、中央が真っ黒で、その周りの虹彩は金属のような金色をして輝いている。

私は魚をバケツに入れ、しゃがみこみながら体の両側についた濃い緑色の模様をしばらく観察した。もしかしたら、この魚も私を見ているのではないかという考えに浸ってみた。魚は大きな視野をもち、目の構造も人間の目とほとんど同じだとどこかで読んだことがあった。

ディズニー映画『ファインディング・ニモ（Finding Nemo）』を思い出した。小さなカクレクマノミが、過保護のお父さんと離れ離れになってしまう映画だ。この映画の一つの重要な点は、海中生物をできるだけ現実に即して描こうとした点だ。カクレクマノミの父親は、現実でも子どもの面倒をよくみるし、提灯をともした深海魚も実際に存在している。アニメの製作者は、魚の体の構造や動きをできるだけ本物らしく描こうと海洋生物学の専門家の協力を得たのである。

しかし、ただ一つ現実に即していない点があるのだ。それは、実際の魚にはまぶたがないことだ。しかし、ディズニーにはそこまで要求できない。まぶたがないと、大変なことがニモの身に起きてしまうからだ。ニモが可愛くなくなってしまうのだ。つまり、魂が抜けてしまうのだ。

アンデシュとペーテルは再び魚の腹を開き、生殖器を取り出して重さを量っている。私はそんな光景を見ながら、「もし、魚にまぶたがあったなら、私たち人間はもっと違う扱い方をしていたのではないか」と思わずにはいられなかった。魚は目の表面に水分を供給する必要がないため、まぶたをもたない。魚が哺乳類ではないことは事実なのだが、それ以上に人間が魚を「単に」魚としてしか見なさないのは、もしかしたら魚の身体的な特徴が影響しているのかもしれない。

クジラやイルカは常に人間の共感を受けてきた。彼らは瞬きをすることができる。撫でられながら気持ちよさそうに瞬きをするイルカを私は目にしたことがある。他方で、電灯がともると餌をもらえると知っていて、盛んに集まってくる魚も私は見たことがある。タラの養殖試験所のある研究員は、餌を与えるときのタラの学習能力について「だいたい犬と同じくらい」と説明してくれたことがある。


波が高くなってきた。私の目の前では魚の解剖が行われているが、もう少し漠然としたことに思いを馳せなければ船酔いをしてしまいそうだ。アンデシュに、この調査の目的について尋ねてみた。タラの産卵場所を特定したら、そこでの漁を禁止するつもりなのか。

「まさか。そんな考えはまったくないよ」と、彼は答えた。私は驚いた。とてもよい考えだと思うのに……。

「そうだけれど、まったく非現実的な話だ。まず第一に、そもそも俺たちが今いるのはスウェーデンの領海ではない。岸から一二海里以上離れたら、そこでの取り決めはスウェーデンではなくＥＵが決めている。それから、デンマークはタラ漁について俺たちと同じ見方をしているわけではない。だから、この場所での禁漁はありえない」と、彼は説明した。

この日は、理解に苦しむ不可解な話をたくさん耳にした。そんな情報を頭のなかで理解しようと努力しながら、それでも一般的で無難だと思われる質問を投げかけてみることにした。

「今、試験漁を行っているこの場所はどうやって見つけたの？　ここが産卵場所だと予想したから？」

私は、科学的調査の結果や、水温や海底の状況から判断したからとか、タラに探知機を付けて追跡したらここが産卵場所だと分かったからとか、稚魚がここでたくさん見つかったから、というような答えが返ってくるのを期待したが、その期待はまったく外れてしまった。

「いや、漁師たちの漁業日誌によく登場する漁場を選んでいるんだよ」

私は呆気に取られたまま、タラのメスから取り出されたばかりのくすんだオレンジ色をした大きな卵巣とそれに付いている赤っぽい線状の物体を見つめた。アンデシュは重さを量っている。船酔いが限界に達してきた。

「つまり、産卵場所で漁をするのは当たり前ということなの？」

「そう、もちろんさ」と彼は言い、次のように付け加えた。

「魚たちが集まってくるのは産卵の時期である今なんだ。そうじゃなきゃ、ここでトロール漁をする意味がないだろ？」

船酔いは、もうどうにもならない。アンデシュは、船酔いに襲われている私を案ずる目つきをしながらこう言った。

「横になっていればたいていはよくなるさ。炊事場のソファーで横になったらいい。あそこが一番だ」

私は手遅れになる前に小さなトイレに駆け込んだ。そして、自分自身に腹を立てた。当然ながら、酔い止めの錠剤を飲んでおくべきだった。何て愚かだったのだろう。


私は炊事場で横になり、誰かがやって来たときに顔を隠すために雑誌〈イラストで見る科学〉を手にしている。現状は、私にはどうしようもないことだらけだ。この船は止まることができない。いや、止まったところで今と同じくらい揺れるだろうから何の助けにはならない。酔い止めの錠剤を飲むこともできない。遅すぎる。今飲めばすぐに吐き出してしまうだろう。今できることと言えば、ここで横になって波に身を任せ、波が一つ、また一つと私を捕らえていくのを感じることくらいだ。

自分の無力さを実感し、意識が自分の体から引き離されていく気がする。眠りたいと思って目を閉じるが、魚の姿がまぶたの裏に次々と浮かんでくる。口を大きく開き、尾びれをバタバタさせている。そして、そのすべてが、無数の報告書の断片や奇妙な行政用語、漁業専門用語によって掻き消されていく。底生魚、経済水域、漁撈努力、初夏禁漁、生物量、春に産卵するルーゲン島のニシン、そして基準以下の小さな魚。私が猛勉強して詰め込んだ専門用語だ。

それにしても、とんでもないテーマに足を踏み入れてしまったものだ。グチャグチャにほつれた糸の塊をほどくことに似た難しいテーマだ。そもそも、理解が可能なのだろうか。それに、たとえ可能だとしても理解する価値があるのだろうか。テレビ番組に登場したある漁師の口調を思い出した。彼は、専門家が漁師たちに向けた批判に対して「研究者は自分が何を喋っているのかまったく分かっていない」と言ってすべてを跳ね返していた。彼の口調は非常に激しいものだった。

水産庁の元長官パー・ヴラムネル(26)は、殺人の脅迫を受けたと話してくれたことがあった。ヨーテボリ地方裁判所で漁業に関する犯罪を基本的に一人で調査している検察官のジェームス・ヴァン・レイス（James van Reis）は、「漁師たちのいる群島へ行って姿をさらすのはもはやごめんだ」と半ば冗談まじりに電話で話してくれたことがある。また、テレビカメラマンであり公共テレビのニュース番組の制作に携わるペーテル・ローヴグレーン（Peter Löfgren）は、『最後のタラ（Den sista torsken）』という一時間に及ぶドキュメンタリー映画を製作してテレビで放映したあとにスウェーデン西海岸で公開討論に参加したことがある。それは、彼がこれまでに身を投じたことのなかで最悪のものだったと言っていた。彼は、それ以前に何年にもわたって紛争のつづく中東の特派員をしていたのであるが……。

私は、なすすべなく波の揺れに身を任せながら、これからやろうとしていることすべてが不必要なことだと誰かが私に証明してくれたらいいのにと、そんなことばかりを願っていた。今起きている愚かなことも、そのうち自然に終わる。私もジャーナリストとしてこんなテーマを扱うのはやめて、もっと無難なテーマで記事を書けばいい。癒しの庭園とか、文学とか、芸能人のスキャンダルとか。

そのような考えに心地よさを感じながら私は眠ってしまった。目が覚めたとき、ボッセが私のすぐ側で、フライパンを手に恐る恐る音を立てながら何かをしていた。彼は冷蔵庫を開け、取り出したバターで何かを焼いていた。香りがたちまち充満した。彼は、タラを焼いていたのだ。

---

(26)（Per Wramner, 1943～）男性。生物学博士。1989年から1998年まで水産庁長官。第4章で詳しく解説する。

数時間後、どうやら酔い止めの薬が効いてきたようだ。談話室に置かれた、茶色の合成樹脂のカバーがかかったソファーにゆったりと腰を下した。船酔いの最中にはとてもそんなことはできなかったから、今は大きな喜びを感じる。そして、乗組員から、魚群探知機やプロッター（作図装置）、ソナーの扱い方について教えてもらった。

最後に挙げたソナーという装置は、そもそも第二次世界大戦中に潜水艦を探知する目的で開発されたものだが、今では魚の群れの居場所を特定するために使われている。ソナーには、数キロメートル先の水中まで「見わたせる」のだ。私の前にある台の上には魚群探知機が置かれている。この装置は、海底の地形を、その硬さに応じて赤・黄・青の色でモニターに示している。魚の群れが現れるとモニターにも表示される。しかし、この日は珍しく何も魚は映らない。数時間の間観察していても、ほんのわずかな点すらモニターに現れない。

「ニシンは、今、岸辺に近い所にいる。だからこそ、漁師は巻き網漁の例外措置を申請したんだよ」と、アンデシュが説明した。

漁師という職業が厳しいものになっていることを否定する者は、アンキュルス号の乗組員のなかにはいない。漁船の基地の一つであるスモーゲン漁港では漁船が次々とスクラップにされていき、今ではたったの六隻しか残っていない。そのうえ、今ではノルウェーで獲れた安いエビがスウェーデンに輸入されるようになった。そのためスウェーデンの漁師はこの春、獲ったエビを全部売りさばくことができず、茹でエビの数十トンがこれまでにゴミとして処分されるか魚粉にされることとなった（二〇〇四年の上半期で合計五五トン）。

スウェーデンの漁師は、処分したエビに対して補償を受け取っている。ＥＵがエビの最低価格をキロ当たり四二クローナ［五五〇円］と設定しているからだ。漁師は価格をそれ以下にダンピングする必要がなく、それでも売り切れないエビは、処分すればEUが補償金を支払ってくれるという仕組みだ。とはいえ、以前ならばエビ一キロ当たり八〇クローナ［一〇五〇円］の収益を得ることができた。

「エビが余っている基本的な理由は、エビが増えたからだ。タラがいなくなると別の種が爆発的に増えるんだ」と、アンデシュが説明した。

同じように、ニシンの大量発生も、とくにバルト海において問題となっている。しかし、バルト海のニシンはダイオキシンの含有量が多いから、ほかのEU諸国には輸出が禁止されている。

「一時期は、冷凍して航空便でニュージーランドへ送ったこともあった。養殖マグロの餌にするためだが、ダイオキシンのことが話題になって誰も買わなくなってしまった。ロシアやバルト海諸国でニシンの需要が高まることも期待したが、あまりうまくいっていない。EUの助成金を使ってスウェーデン東海岸のヴェステルヴィーク（Västervik）に食用向けの加工工場を造ったものの、ご覧の通り、その製品を欲しがる市場がない」と、アンデシュが語った。

バルト海のタラを守るために、スウェーデンの消費者が消費ボイコット運動を行っていることが話題に上った。

「完全に馬鹿げている。ボイコットしたところでタラはいずれにしろ漁獲され、ゴミ捨て場に行くか国外に輸出されるからだ」と、アンデシュは説明した。イタリアが主な輸出先らしい。

「そして今、冷凍食品大手のフィンドゥス社（Findus）[27]が環境に優しい魚として冷凍したホキ（タラの一種）の切り身を販売するようになったが、これはニュージーランドから地球を半周も輸送されてやって来ているんだ。それで、『環境に優しい』なんて言っている」と、彼は笑みを浮かべて言う。

---

(27)　スウェーデン南部のビューヴ（Bjuv）に本社を置く、冷凍食品製造の大手。

私は、もはや笑いを堪えることができなくなった。ここまで馬鹿げたことがあるだろうか。あたりを見わたすと、ほかの乗組員も首を振りながら苦笑したり肩をすくめたりしている。私もこの船から降りるころには、彼らと同じようにそんな馬鹿げたことにも動じることなく、冷ややかに笑えるようになるのだろうか。それ以外に、反応の仕方があるのだろうか。

「いずれにしろ、私の船酔いはもう治まったみたい」と私は言い、話題を少しでも明るいものに変えようとした。私の気分がずいぶんよくなったと聞いて、乗組員たちはにこやかに笑ってくれた。

「君が初めてではないよ。例外なく、みんな君と同じように『自分は大丈夫、乗り切ってみせる』と言うんだけど、船酔いがいざ襲ってきたときにはもう手の施しようがないんだ」と慰めてくれた。

「そう言えば、イタリア人の海洋生物学の研究者が乗ったこともあったが、『酔い止め薬を飲んだほうがいい』と俺たちがすすめると、かなり気分を害したようだった。だけど……。おい、覚えているか？　あの赤毛のイタリア人。彼は、顔が真っ青になっていたよな！　地中海とは波が全然違うんだ。ここの海はかなり荒い」

私は、「ほかに誰がアンキュルス号に同乗したのか」と尋ねてみた。閣僚？　水産庁の長官や部長級の職員？　それとも行政職員？　乗組員たちは黙ってしまい、しばらくの間じっくりと数え上げようとしている。どうやら、そう頻繁にあることではないようだ。しかし、長年この船に乗ってきたハンス・ハルベックが、突然、何か思い出したようだ。

「彼がいた。あのマッツ・ヘルストローム。(28)一九八〇年代の終わりに農林水産大臣だった彼、あの人も乗ったことが一度だけあるよ。でも、彼は下の炊事場に座ってうたた寝ばかりしていたのを覚えている。誰かが何かを口にするたびにハッと目を覚まして、『ああ、それは興味深い、興味深い』と言ったかと思うと、またすぐに眠ってしまうという人だった」

最後の試験漁を行ったのは、フラーデン（Fladen）という浅瀬である。海上天気予報によく登場する好漁場だが、ここでちょっとしたことが起きた。それまで海から上がってきた一番興味深いものといえば、中くらいの大きさのエイや、真っ白な鋭い歯をもつ黒くて小さなオオカミウオだった。アンデシュはこれらの魚を見て、感傷に浸っていたようだ。

しかし、最後の試験漁ではもっと面白いものが獲れた。トロール網を引き揚げてみると、巨大なタラのメスが一匹、網の一番上にかかっていたのだ。体長は七〇センチで腹は膨れており、どうやら卵をもっているようだ。アンデシュはすぐに手に取り、腹を注意深く押さえてみる。すると、生殖器の入り口から透明な液体が出てきた。

「このメスは卵を持っているぞ。海に戻そう」と、彼はすばやくこう言った。

その前にまず重さを量る。六キロ近くある。私は、このメスの口から膜状の胃袋が飛び出ていないかと心配しながら確認した。幸い、出てはいない。アンデシュはこのメスを腕に抱えると、すばやく持ち上げて頭を前にして海に離した。問題がないかどうか、彼は数秒の間水面を見つめていた。大丈夫、腹を上に向けて浮かんだりはしていない。アンデシュは満足そうに頷きながら、まもなくその場を立ち去った。

私は、しばらくの間、船べりに立っていた。タラのメスも頭を海面に出しながら、しばらく海面近

---

(28)（Mats Hellström, 1942～）男性。社会民主党の国会議員。1986年から1991年まで農林水産大臣。

くを泳いでいる。アンキュルス号がその場を少しずつ離れていく。私はあることに気がついた。もし、私が似たような表現をベテランの釣り愛好家から聞いたことがなければ、私のほんのわずかな経験からは想像もつかなかったであろう表現をここであえて使いたい。このタラのメスは「私を見つめている」のだ。私ではなくて船を見ているのかもしれないが、とにかくこのメスは本当に見つめているのだ。丸くて黒い目で、口を大きく開けながら。

おまけに、このタラは、まぶたのあるなしにかかわらず驚いているように見える。波の上をしばらく漂いながら、尾びれをゆっくりと動かしている。まるで自分の体の調子を確かめているようだ。あるいは、自分がたった今どんな目に遭ったのかを理解しようとしているのかもしれない。そしてその後、頭を水のなかに沈めて方向を変え、姿を消していった。

第4章　共有地の悲劇

まず初めに祝辞を述べさせていただきたい。

「おめでとう！　何と、あなたは漁業水域の所有者なのです！」

これほど単純で、それでいて革命的な事実は、漁業政策のあり方を考えるときの大前提となるべきだ。魚はあなたのもの。そして、私のものであり、私の子どもたちや近所の子どもたちのものである。魚はみんなの財産であり、ムール貝も小エビも、ヒトデもプランクトンもクジラもイルカもみんなのもの、海はみんなの財産なのだ。つまり、誰かの私有物ではないということだ。だから、最初に書いたように「おめでとう」。

ただし、これには例外もある。淡水域とスウェーデン東海岸の南部の海域には個人が所有する漁業水域がある。しかし、それ以外のほとんどの水域は誰でも自由に利用できる。歴史を通じて常にそうであったし、世界中を見わたしても同じことが言える。この原則は、どの漁業文化においても基本中の基本なのだ。

しかし、残念ながら、この原則は必ずしも「あなた」に有利となるような形で解釈されるとはかぎらない。海の資源を「利用しない」者が、ほかの人の利用の仕方についてとやかく言う権利をもつという解釈はされていないからだ。この原則の解釈はそうではなく、この自由な海を「利用したい」者は誰でもその権利をもつということだ。これは、すべての漁業における基本だ。そして、この地球は果てしなく、海の資源は枯渇することがないと考えられていた大航海時代や海賊の時代からつづく、壮大で民主的な思想的財産なのだ。

しかし、陸上においては自然は「誰のものでもない」という考え方が次第に廃れていった。手つかずの大地や天然資源は、開拓者や金鉱者、入植者の手によって少しずつ個人の財産へと変わっていった。そして、バラバラになって残された手つかずの自然は、人々が自然保護の意識を強くするにつれて国立公園に指定されて保護されることとなった。それに対して、「海はすべての人のものである」、言い換えれば「誰のものでもない」という考え方は基本的に変化することがなかった。いわゆる「共有地の悲劇」と呼ばれる現象が起こる原因は、まさにここにある。

カリフォルニア大学ロサンゼルス校（ＵＣＬＡ）において人間環境学の教授であったガーレット・ハーディン(1)は、一九六八年、学術雑誌〈サイエンス（Science）〉に掲載された有名な論文のなかで「共有地の悲劇（the tragedy of the commons）」という概念を提唱した。この概念は、もともと人口爆発の問題などを考えるうえで用いられていた。しかし、水産資源の枯渇問題を分かりやすく説明する理論として、その後何度も取り上げられることとなった。そもそも、漁師は水産資源に完全に依存している。それなのになぜ、魚の個体群が崩壊するかしないかの限界まで、またはそれを越えてまで魚を獲ろうとするのだろうか。そして、すべての漁師にとって利益が最大となる、経済的にもっとも有利な「産卵親魚量」（繁殖適齢期に達した成魚の数）をはるかに下回るまで漁獲をつづけるのはなぜだろうか。

この問いに対するハーディンの答えの本質は、かぎりある資源が誰にでも自由に利用可能である場合、

（１）（Garrett Hardin, 1915～2003）アメリカ人生態学者。

その資源を利用する人々の間で協力が欠如するために悲惨な結果が生まれてしまう、というものだ。

彼は、ある村を想定した。この村は、村人なら誰もが利用できる牧草が豊かに茂った共有地に隣接していた。この共有牧草地は村人にとって費用が一切かからない天然資源であり、村人はここで家畜を飼っていた。そして、何事もうまくいっていた。しかし、あるとき、一人の村人があることに気づいたのだ。

「ほかの村人よりもさらに多くの家畜を飼えば、俺の儲けは大きくなるぞ」

家畜の数を一頭増やすごとに彼の収益は増えていく。一方で、共有地の牧草はその分少なくなるが、この損失は家畜をもつ村人全員で分担することになるから彼自身の負担分はわずかなものとなる。さらに、彼はこう考えるかもしれない。

「もし、俺がそうしなくてもほかの人が同じことをするかもしれない。そうすると、俺の儲けは増えないどころか、損失分ばかりを分担させられることになる」

頭のなかでこんな結論に達した村人が一人でも出てきて家畜の数を増やしていったならば、そのうち牧草地には緑の草は一本も残らなくなる、とハーディンは説明する。共有地の悲劇は、こうして現実のものとなる。

ハーディンがこの有名な論文を発表してからもうすぐ四〇年が経とうとしているが、世界中の水産行政は、今でも共有地の悲劇の理論がぴったりと当てはまる絶好例となっている。巷《ちまた》の議論では「もし、俺たちがやらなくてもほかの誰かがやるだろう」という声が常に聞かれ、それがあたかも考慮に値する主張として扱われている。

二〇〇二年にスウェーデンでタラ漁の禁止が議論されていたころ、これに反対する人たちは、スウェーデンが一方的にタラ漁をやめることによってタラの数が回復したとしても、バルト三国やロシア、フィンランド、ポーランド、デンマークがタラ漁をつづけるならばその「利益」の大部分は彼らを潤すだけだ、と主張していた。二〇〇三年にEUの欧州委員会が銀ウナギ漁の禁止を提案したときはスウェーデン漁師全国連合会（SFR）からの圧力を受けたスウェーデン政府が、「銀ウナギの漁だけを禁止してもシラスウナギや黄ウナギなどのほかの成長段階にあるウナギの漁をすべての国がやめなければ意味がない」と主張していた。

このような考え方によってもっとも大きな被害を受けるのは、もちろん国境をまったく無視して泳ぐ魚（つまり、ほとんどの魚）や世界の海をまたに駆けて回遊する魚だ。とくに、マグロやメカジキにとっては最悪だ。北アメリカ人、南アメリカ人、ヨーロッパ人、アジア人が常に口を揃えて「俺たちだけが漁獲量を減らしても、それによって救われた魚が数か月後、数年後に少し肥えた状態でほかの大陸の漁師に獲られてしまうのならまったく意味がない」と主張しているからである。

マグロ類の保全については、政府間組織である大西洋マグロ類保護委員会（ICCAT）(2)のもとで数十年間にわたって関係国間で協力と調整が図られてきたが、あまりうまくいっていない。ちなみに、大西洋マグロ類保護委員会のこれまでの交渉では数々の妥協が繰り返された結果、驚くほど過大な漁獲枠が設定されてきたために、環境団体はこの委員会のことを「マグロを獲り尽くすための国際的陰謀（International Conspiracy to Catch All the Tuna）」というあまり嬉しくないニックネームで呼んでいる。

しかしながら、「共有地の悲劇」の考え方は国境の内側においても当てはまりそうだ。一人ひと

（2）（International Commission for the Conservation of Atlantic Tunas：ICCAT）。1969年に設立された大西洋のマグロ類の管理と保全を行う国際機関。30種に及ぶマグロ類の魚を管理する。現在、日本を含む46か国が加盟している。事務局はマドリード。

りの漁師からも、同じような悲観的な声が聞こえてくるからだ。

「俺がタラの産卵場所で漁をやめたとしても、別の誰かがそこで漁を行うさ」

「俺が漁船の近代化のためのEU助成金を申請しなくたって別の誰かが申請するさ」

「俺が繁殖適齢期に達していない幼魚をちゃんと海に戻しても、別の誰かがそれを獲ってしまうさ」

「EUが発展途上国と結んでいる漁業協定がいかに大きな問題を抱えているとはいっても、たとえ俺が途上国沿岸での漁をやめたところで別の誰かがそこで漁をして利益をもっていくさ」（この点については「第7章　EUと途上国との漁業協定」で詳しく分析する）

そうして行き着くのは、いつも同じ結果だ。つまり、水産資源を保全する考えや将来のことをまじめに考える気がもっともない国や個人が漁のあり方を決めてしまうのだ。一方、自発的に漁を自粛しようとする国や個人は、その努力が何らかの形で報われることがほとんどなく、ほかの誰かが利益をかすめていくのを指をくわえて見ているしかない。

人間が何をしようと海の資源は尽きることがないというのは、二〇世紀に入ってからもしばらくの間、一般的に受け入れられた事実であった。魚は地球上でもっとも寛容な資源の一つだ。育てたり保護したりしなくても、信じられないほどの量の魚を収獲することができる。鉱物や石油とは違って尽きることがなく、人間の手を借りずに常に新しく再生される。

一九世紀後半になると、トロール漁船や蒸気船などの近代技術の登場によって魚の獲りすぎが懸念されるようになった。しかし、動物学者であり科学哲学者であったトーマス＝ヘンリー・ハクスリー(3)は、一八八三年にロンドンで開催された漁業博覧会において次のような明解なコメントを残し

（3）（Thomas Henry Huxley, 1825～1895）イギリス人生物学者。ダーウィンの進化論を支持したことで知られる。

ている。

「タラにしても、おそらくほかの魚にしても尽きることがないと私は思う。私たち人間が何をしようが、魚の数に大きな影響を与えることはない」

ちなみにハクスリーは、神の存在について知るのは不可能だという「不可知論（agnosticism）」の提唱者だ。しかし、タラについては戸惑うことなく、永久に存在すると考えていたようだ。ニューファンドランド島やニューイングランド島の沖合いの浅瀬ではタラがあまりに豊富なため、そのうちタラの背中の上を歩いて足を濡らすことなく大西洋を渡れるようになるさ、というジョークも聞かれたほどだ。一六世紀にカナダを発見したジョン・カボットは、家族に宛てて次のように書いている。

「このあたりの海では、籠に石を一つ入れて沈めるだけでタラを獲ることができる！」

さらにハクスリーは、市場経済のメカニズムが働くおかげで、魚が枯渇するほど漁をつづけることは不可能だとも主張していた。魚が枯渇していけば魚を探すのが難しくなっていき、多大な費用がかかるようになるだろう、と。

「魚を獲りすぎるようになれば、当然ながら魚の数が減っていき、漁師は漁をしても魚が獲れずに利益が上がらなくなる。……そして、魚の絶対的な枯渇が実際に起こるずっと前に漁師たちは魚を獲るのをやめるだろう」

ハクスリーのように先見的な人であれば、魚の加工工場を備え付けた漁船の登場や航空機や衛星を使った魚群の探索、さらにはサッカーグランドと同じくらいの大きさの入り口をもつトロール網を使う現代の効率的な漁業について予見することも可能であっただろう。

（4）（Aldous Huxley, 1894～1963）イギリス人作家。『すばらしい新世界』は1932年刊。初邦訳は三笠書房より1954年に出版（松村達雄・土井治訳）。現在は講談社が出版。

他方で、多額の公的な助成金が漁業につぎ込まれたり、市場介入的な政策が漁業に対して行われたり、漁業がＥＵの六か年計画による詳細な行政管理の対象になるとはさすがの彼も予想できなかっただろう。そして、これらの政策の結果として、たとえばスウェーデンでは、漁師が税の大幅な減免措置を受けたディーゼル油を五〇〇リットルも燃やして数百キロのエビを獲り、それをそのままゴミ処分場に運んでＥＵの価格保証制度から補償金を得るなんてことを日常茶飯事にやっているとは想像すらできなかっただろう。

一方、彼の孫であり、反ユートピア的・科学懐疑的小説として知られる『すばらしい新世界（Brave New World）』を書いたオルダス・ハクスリー(4)は、そのような将来像を問題なく思い描けたにちがいない。

魚は誰のもの？　そして、魚にはいったいどのくらいの価値があるのだろう？

この根本的な疑問は、ストックホルム市技術課の建物で丸一日にわたって開催された、ちょっと不思議な名前のシンポジウム「脂《あぶら》びれのないマス――愚かな漁業資源保護？」で繰り返し取り上げられた。「脂びれの切除」(5)という言葉を私が初めて耳にしたのは、このほんの一か月前のことである。それまでは、魚に脂びれがあるなんてまったく知らなかったし、それに関するシンポジウムに自分が参加するなんて考えてもみなかった。そんな私が、今はワクワクしながら、人間がマスの脂びれを人工的に切除する理由を教えてもらおうとしているのだ。

脂びれの切除に関するこのシンポジウムは、漁業に関するほかのシンポジウムと同じように、日に

（5）　背びれと尾びれの間についた、鰭条をもたないひれ。サケやマスの仲間によく見られる。進化の過程で退化したため、実用的な機能はもたないと考えられている。

焼けて逞しい顔つきをし、ニットのセーターにカーキ色のベストを着た中年男性がよく似合う環境だ。ただ正確に言えば、参加者のなかには女性もかなり多い。そのほとんどが若い女性で、いろいろな点から判断する遺伝学を専攻している研究生だと思われる。

参加者は全部で五〇人ほどで、それぞれの参加者がこのテーマに関してかなりの問題意識や背景知識をもち、さまざまな疑問を自分自身の専門的な視点から投げかけている。参加者は大きく分けて、釣り愛好家の人々、遺伝学専門家、水産行政の関係者だということが私には次第に分かってきた。最後に挙げた水産行政の関係者とは、主に水産庁の職員が多い。背広を着ており、他の人たちよりも顔色が悪そうなのが特徴だ。

唯一の漁師は、スウェーデン西海岸からの参加者だ。彼は脂びれについての議論にはそれほど興味がなく、むしろ海の深刻な現状に対して水産庁や一般世論が無関心であることが気掛かりであるようだ。

「ハトを一羽でも撃とうものなら人目につく分だけ人々は大騒ぎするだろうに、世界中の海の魚を獲り尽くしたところでハト一羽ほどの反応はないだろう」

シンポジウムの論点から外れていたため、ほかの観客は彼が何かを発言するたびに困った顔で沈黙を保っている。

遺伝子学の専門家がこのシンポジウムに出席しているのにはわけがある。ストックホルム県では、一九五七年以降、人工孵化させたマスの稚魚の大量放流が行われてきたが、このために野生マスの遺伝子が影響を受ける恐れがあるからだ。マスは、サケの仲間ではあるもののサケに比べると少し小さく、小太りで顔にシミがあり、サケほど長くは回遊しない。そんなマスは、人工放流による影響をとくに受けやすい。参加者の一人であるニルス・リューマン教授[6]は、マスの置かれた状況はサケよりも深刻だと指摘している。

「サケに関しては、野生種が今でもちゃんと存在することが少なくとも確認されている。しかし、マスについては分かっていない。これは非常に深刻な問題だ」

人工孵化されて放流された魚は病気に敏感だ。生命力の強い個体だけが生き残るという自然淘汰の過程を経ていないため「脆弱」なのだ。そのうえ、かぎられた数の親から採取された卵が孵化し成長するために近親交配の危険が高いという問題点を指摘する声もある。他方、首都のあるストックホルム県には、釣りを趣味の一つとしている人々が五〇万人以上はいると言われている。だから、サケやマスの人工放流はその人々に楽しみを提供しているのだ。

ストックホルム県行政事務所の漁業管理主任であるヘンリク・C・アンデションーン（Henrik C. Andersson）が演台に上った。中年に差し掛かったばかりの彼は、灰色がかった丸い眼鏡をかけ、濃い色をしたジャケットを着ている。この彼が、ストックホルム県の水産資源保護を取り仕切っている。

首都ストックホルムでは、水産行政といっても漁業で生計を立てる漁師が対象ではない。この県にもかつては漁師が数百人は登録されていたが、今ではわずか四〇人ほどしか残っていない。一九八〇年代終わりにタラが消えてしまった。ニシンも痩せ細ってしまい、漁の稼ぎは少なくなった。そして、今ではさらにカワカマス（ノーザンパイク）やパーチまでもが急激に姿を消すようになり、生業《なりわい》となるような漁業はもはや残っていないからだ。その代わり、趣味としての釣りがストックホルム県では重要となっている。

とはいえ、釣りの対象となるのは野生の個体群ではなく人工孵化され放流されたマスやサケだ。全国的に見ると、毎年約二五〇万匹のサケやマスの稚魚が、公費による負担や水力発電所を所有する電力会

（6）（Nils Ryman, 1943～）男性。ストックホルム大学生物学部集団遺伝学科の教授。

社の負担で放流されている。

ヘンリク・アンデションは「L」を強調する少し単調な訛りを交えながら、リューマンの懸念に反論した。まず、首都の中心部を流れる川にサケが生息するのは世界的にも珍しく、これはストックホルムに世界有数の清らかで新鮮な水が流れている証拠だ。そして、その象徴的な価値は金額では計ることができないと彼は指摘した。

「人工放流を止めようとする議員は誰もいない。政治的な自殺行為になるからだ」と、彼は強く主張した。そのうえで、いくらサケやマスが棲む清らかな川とはいえ、自然に棲みつくようになった野生種ではなく人工的に孵化されて放流されたものだという点について彼は、「それは仕方のないことだ」と答えて、次のように言った。

「少し哲学的に言うならば、私の考えの前提は、私たち人間のために自然環境を保全しようということだ。私たちが行っている放流活動は、ストックホルム市民が釣りや充実したアウトドアライフを満喫できるようにするためなのだ」

彼の考え方が、私のものとはまったく異なっていることがこれで明らかになった。魚は人間のために存在するのか。それとも、魚自身のために存在するのか。それに、一体全体、魚は誰の所有物なのだろうか。

漁業についての議論を突き詰めていくと、最終的には水産行政におけるこの本質的な問題にたどり着く。魚とは誰のものか。その資源は、どうやったら一番上手に活用できるのか。その資源の、現時点での価値はどのように評価されるのか。漁師たちが毎年五億クローナ［六六億円］の「付加

（7） 第2章の訳注(15)を参照。

（8） Fiskeriverket och Statistiska Centralbyrån, “Fiske 2005 – En undersökning om svenskars fritidsfiske”, Finfo 2005: 10

価値」を生み出している現在のスウェーデン漁業は、食糧供給という観点や文化的観点、そして経済的観点から見た場合に水産資源の活用の仕方として果たしてもっとも望ましいあり方なのだろうか。仮に「私たち人間のため」という観点に立ったとしても、現在の活用の仕方は最適なのだろうか。

これらの問いに対しては、多くの人々が否定的な答えを述べている。レジャーフィッシング協会(7)がその一つだ。正式には「スウェーデン・レジャーフィッシングおよび釣り環境保全協会」と呼ばれるこの団体は、およそ五万人の活動会員を過去一六年にわたって維持してきた。スウェーデン中央統計局と水産庁の発表した調査報告書「釣り・二〇〇五年――スウェーデン人のレジャーフィッシングに関する調査」(8)によれば、三〇〇万人を超えるスウェーデン人が釣りに大きな関心を示し、うち四三万八〇〇〇人が釣りを主な趣味としているという。

中央統計局の推計によると、これらの人々が釣りに費やすお金（釣り道具、交通費、船、釣り許可証、宿泊費、その他）の総額は、驚いたことに三〇億クローナ［三九三億円］にも上るという。ここには、国外からの釣り客がスウェーデンで支払ったお金は含まれていない。

また、釣りに対する愛好家の「支払い意思額」はこれよりもさらに大きいとの結果が北欧閣僚理事会(9)のもとで行われた調査で明らかになっている。この調査では、もし釣りから得られる満足度が今よりも多かったとすれば、今よりもさらにどのくらいのお金を釣りに費やしても構わないかというインタビューが行われた。そして、潜在的な支払い意思額は一〇億クローナ［一三一億円］に上ると推計された。自然のなかで時を過ごし、サケを一匹、二匹釣り上げて喜びを得ることによって

（9）　1971年に設立された、北欧５か国（スウェーデン、ノルウェー、デンマーク、フィンランド、アイスランド）の政府間の協力機構。EU の閣僚理事会をモデルに創設されたものの、EU および閣僚理事会とは関係がない。

健康状態が改善されたり、日々の生活による燃え尽き症やストレスが解消したりするという形での「レクリエーションの価値」はここには算入されていない。しかし、その推計を行った研究調査もいくつかある。『釣り・二〇〇五年』の調査によれば、愛好家の釣る魚は年間およそ五万八〇〇〇トンである。そのうち半分が海での漁獲であり、また一万一二〇〇トンは最近ますます一般的になってきた「釣って放す」（キャッチ・アンド・リリース）というタイプの釣りによるものだ。スウェーデン政府が議会に提出した「沿岸および湖沼に関する法案（Kust- och insjöproposition）」によると、釣り客が釣った魚の「キロ当たりの価格」を釣り客を相手とする産業の売り上げや釣り客が落としたさまざまな出費を魚の量で割ったものと定義すれば二二五〇クローナ［二万九五〇〇円］になるという。

では、漁師の獲る魚の「キロ当たりの価格」はというと、そのような計算はこれまでに行われていない。しかし、漁師の粗収入を漁獲量と比較して簡単に計算してみることはできる。まず、二〇〇六年に海や湖沼から水揚げされた魚は二六万三六四二トン（うち、二六万二〇〇〇トンが海からの水揚げ）であり、次に卸売りでの売上額はおよそ一一億クローナ［一四四億円］であるから、キロ当たりにすると四クローナ［五二円］あまりということになる。

しかし、魚のようにそもそも「無料で手に入る」天然資源の価値はどうやって計るのだろうか。私は、脂《あぶら》びれのシンポジウムで初めて「トラベルコスト法（travel cost method）」という言葉を耳にした。これは、美しい夕日の景色や珍しいチョウチョウを見たり、イルカを一目見たりするといったつかみどころのない価値に、ドルやセントという金銭的な単位を使って値段をつけるためにアメリカの環境経済学者が用いている手法だ。

この手法は、ある特定の「環境価値」をもつ場所まで行くのに、人々がどれだけの時間とお金を費やす意思があるのかをアンケートによって調査することを基本としている。脂びれのシンポジウムには、ストックホルムにあるベイイェル・エコロジー経済学研究所[10]から二人のスウェーデン人環境経済学研究者であるトーレ・ソーデルクヴィスト（Tore Söderqvist）とオーサ・ソウトゥコルヴァ（Åsa Soutukorva）が参加している。この二人は、愛好家が釣ったパーチの価値を推計した最新の調査結果を発表した。それによると、釣りが好きなストックホルム市民が一時間当たりにパーチをさらに〇・二キロ釣るのに費やしてもよいという支払い意思額を合計してみると毎年一八七〇万クローナ［二億四五〇〇万円］になるという。あまりピンとこない数字だ。

私は、この数字がしばらく頭に残り、考えに耽ってしまった。自然に値札をつけるなんてことが、そもそもいかに馬鹿げているかを示したよい例だと思えたからだ。この調査の根拠となったアンケートでは、パーチが海中に棲みつづけられるように人々は一体どれだけのお金を払う意思があるのか——言い換えれば、パーチが自然界に存在しつづける価値——については問われていない。しかし、たとえ問われたとしても、そのような推計作業そのものにあまり意味がないのではないかと私は感じる。というのも、今日の漁業は明らかに経済的な合理性に基づいて行われているわけではないからだ。少なくとも、経済学で言うところの合理性ではない。

私がこれまで調べてきて分かったのは、今日の水産行政を突き動かしているのが経済的な動機ではなく、政治的、人間的、文化的な、よりつかみどころのない価値観だということだ。たとえば、漁村社会の活性化や漁業文化の伝統、そして漁師のように自然のなかで生きることへの飽くなき共

(10)（The Beijer Institute of Ecological Economics）1977年に設立された環境・エコロジー経済学の研究機関。所在地はストックホルム。スウェーデン王立科学アカデミーが運営している。

感といったものだ。

しかし残念ながら、そのようなライフスタイルは、漁師を保護しようとする政治家の親切心によって長い時間をかけて徐々に破壊されてきた。寛大な助成金のために効率的な漁船がいくつも建造され、それらの船がますます少なくなる魚を獲ろうと争っている。その結果として、漁師という職が危機に瀕してしまったし、健康によい魚を消費者が手ごろな値段で手に入れることも難しくなってしまった。

共有地の悲劇は、おそらく「親切心の悲劇」とも呼べるだろう。政治家が漁師のためを思う親切心から大量の助成金をばら撒いているときに、「私はいらない」と言う漁師がいるだろうか？　政治家の親切心のおかげで、漁に規制がなく海では自由に何でも獲ることが許されているときに、「私は獲らない」と言う漁師がいるだろうか？

一九九八年一月一五日、二二時一〇分

公共テレビ「SVT」のヨーテボリ支局のスタジオには、ディベート番組『生放送で即答（Svar direkt）』のゲストが集まっていた。半円状の会場には、テレビ局の招待を受けてやって来た大勢の漁師が怒りのために顔を赤らませながら座っていた。政治的に物議を醸した大問題が、今からここで議論されようとしている。

---

(11)（ESO Ds 1997：81, ” Fisk och fusk - Mål, medel och makt i fiskeripolitiken”, 1997）「fisk」は「魚」、「fusk」は「インチキ」の意。語呂を合わせている。
(12)（Ylva Hasselberg, 1967～）女性。1988年にウプサラ大学史学部で博士号を取得し、2002年から同大学経済史学部の助教授。
(13)（Per Wramner, 1943～）男性。生物学博士。ヨーテボリ大学の教員や県の環境部長、農林水産省政務次官などを経た後、スウェーデン農業大学の教授に就くかたわら、1985年から1990年までスウェーデン自然保護協会の代表。1989年から1998年まで水産庁長官。2001年からはソーデルトーン大学の教授。

事の発端は、財務省が「お魚とイカサマ――水産行政における目標・手段・権力」[11]というかなり挑発的なタイトルの報告書を発表したことであった。財務省は、この報告書で初めて国内総生産に対する漁業の貢献分や漁師の収入について調査をして分析した。その結果は、憂慮すべきものであった。このディベート番組の予告案内によると、この報告書には「漁師はみんなインチキをしている」と書かれているのだという。

会場に座っている女性はわずか二人だ。研究者のイュルヴァ・ハッセルベリとムンケダール（Munkedal）地域の税務署職員のカーリン・ニカンデル＝オールソン（Carin Nicander-Olsson）である。参加者には、ほかに水産庁の当時の長官パー・ヴラムネル[13]もいる。スーツを着た彼は、前髪を前向きに梳いて眼鏡をかけ、見るからに憂鬱そうな顔をしている。彼の斜め後ろには、白い頭をして、とても苦い表情をしたカイ・ラーション[14]がいる。彼は、社会民主党の国会議員グループのなかで漁業問題のスポークスマンをしている。その隣には、口ひげを生やしたヒューゴ・アンデション[15]が座っている。彼は中央党所属の元国会議員であり、当時はスウェーデン漁師全国連合会（ＳＦＲ）の副代表を務めていた。

番組の司会を務めるシーヴェルト・オーホルム（Siewert Öholm）の近くに、さらにもう一人座っている。痩せた男性で、髪は茶色、そしてスーツを着て丸い眼鏡を掛けている。経済学教授のラーシュ・フルトクランツ[16]だ。

このディベート番組の今夜のテーマは、フルトクランツ教授が財務省の依頼を受け

(14)　(Kaj Larsson, 1938〜）男性。1985年から2002年まで国会議員（社会民主党)。
(15)　(Hugo Andersson, 1950〜）男性。1988年から1991年まで国会議員（中央党)。
(16)　(Lars Hultkrantz, 1952〜）男性。経済学博士。スウェーデン農業大学（SLU）林業経済学部の准教授、ウメオ大学経済学部教授などを経て、2003年からオーレブロー（Örebro）大学経済学部教授。

て作成したこの報告書である。公的機関が発表する報告書としては珍しく、「お魚とイカサマ――水産行政における目標・手段・権力」という衝撃的なタイトルが付けられている。

この公的報告書のタイトルに使われた「イカサマ」という言葉が、漁師たちの強い反感を買ったのは無理もない。その内容が今、国民の目の前で生中継で議論されるようとしている。司会者は、財務省が漁師たちのことを「イカサマと助成金だけで生計を立てている」と非難していることを再度指摘したうえで、会場の参加者に自由に討議させた。

参加者の反応は、ディベート番組のプロデューサーなら誰もが望むくらい非常に強く激しいものだった。「これは名誉毀損だ」と一人の漁師が言うと、「誹謗中傷だ」と別の誰かがつづける。「スキャンダルだ」という言葉が飛び出したかと思うと、さらに「漁師という特定集団への差別行為だ」と叫ぶ者さえあった。

ついに、経済学教授であるラーシュ・フルトクランツにも発言の機会が与えられた。彼の学者っぽい乾いたストックホルム訛りは、今まで会場に響きわたっていた西海岸の方言とはまるで対照的だ。彼は、あたかも優しい先生が生徒をたしなめるような口調でこう言った。

「これは、今まで誰も口にしようとしなかった問題なんだ。それがなぜだか分かるかい？　そう、自分自身に耳を傾けてごらん。私たちがこの報告書のなかで指摘しているのは、現在の漁業が抱える水産資源管理の問題がとてつもなく大きいということなんだよ。そして、この四〇年間それを解決することができなかった……」

「そんなことを言ってるのは誰なんだ？」と、漁師の一人が口を挟んだ。

「私が言っているんだ！」

観客席からは笑い声が騒々しく響いた。フルトクランツ教授の言葉が、漁師たちにとってはいかに馬鹿げたものに聞こえたのかが見て取れる。これは、タラの生息数が激減しているというニュースが一般世間に知られるようになる数年前であったため、司会者も水産行政用語で言う「資源」の保全、つまり魚の保全という観点から何らかの疑問を漁師たちに投げかけることはしなかった。

その代わり、この報告書に挙げられた漁業の経済的な側面だけが議論の焦点となった。スタジオに集まった参加者のほとんどは、報告書の概要部分にしか目を通していないようだった。あのようなタイトルを報告書に付けてしまったのは失敗だったにちがいない。議論の焦点を、報告書の核心から逸らしてしまったからだ。報告書の本来の目的は、毎年どれだけの公的な資金が漁業につぎ込まれ、そのうちどれだけが国庫に戻ってきているかを明らかにすることだった。そして、もう一つの目的は水産行政における権力構造を分析することだった。

この点に関しては、経済史の専門家であるイュルヴァ・ハッセルベリが行った面白い調査が発表された。彼女は、いわゆる「雪だるま調査法」という手法をこの調査のなかで用いていた。これは、特定の政策領域において誰が中心的な役割を担っているのかを分析する手法である。

調査では、まず水産庁長官のパー・ヴラムネルに、水産行政にもっとも強い影響力をもっていると彼が考える一〇名の人物の名前を挙げてもらう。そして次は、この一〇名の一人ひとりに水産行政においてもっとも強い影響力をもっている一〇名の人物を挙げてもらうという形で、新しい名前が挙がらなくなるまで作業が繰り返された。

この雪だるま調査法は、三七名の名前が挙がったところで終了した。そして、興味深いことがいくつか明らかになった。たとえば、この調査に登場した人物のうち、一〇名もの名前を挙げることができた人はあまりいなかった（名前が挙がった人は全部で三七名。もし、この一人ひとりが一〇名の人物の名を挙げることができたならば、挙げられた名前の総数はのべ三七〇名であるが、実際にはのべ一〇七名の名前しか挙がらなかった)。名前が挙がった三七名のうち、数人の名前はたった一回しか登場しなかった。たとえば、環境保護団体の代表が二人登場するが、登場回数はそれぞれ一回ずつだった。

この晩、ヨーテボリのスタジオに座っているゲストのうち、少なくとも四、五人は匿名で行われたこの雪だるま調査で名前が登場していたにちがいない。ただし、フルトクランツ教授はまったく登場しなかった。彼は水産行政に何ら影響力をもっていない、ということだ。これは、彼が経済学教授としてもっともなことを発言するたびに、漁師たちが示す反応を見ればはっきりと分かった。

フルトクランツ教授は、スウェーデン経済全体に占める漁業の割合がどのくらいかを説明した。そして、漁師の平均所得はすべての職業を含めた平均所得の約三割にすぎないこと、また大変奇妙なことに、月の所得が五〇〇〇クローナ［六万五五〇〇円］以下の漁師が全体の四割もいることについても触れた。行政機関の側から提示されるこのような統計は、漁師たちにはあまり馴染みがなかったにちがいない。しかし、漁師たちがこの生放送番組で議論したかったのはこの数字についてではなかった。

「そもそも、あんたみたいな人がどうして教授になれたんだ？」と、何人かの漁師が疑問を投げかけた。

「そういえば、以前も似たような報告書を発表して批判を浴びていた奴がいたけれど、このフルトクランツ教授も似たようなものさ。やめさせてしまえ。奴らが調査のために使っているのは俺たちの税金なんだ」

「つまり、研究者よりも漁師のほうが物知りだということかい？」

司会者は、ニンマリと笑みを浮かべてこう問いかけた。漁師たちは、いかにもそうだ、と頷いた。

水産庁のような大きな行政機関は、自分たちが管轄している産業がますます小さくなっていくことをもちろん嬉しく思ってはいないようだ。水産庁のパー・ヴラムネル長官は、この直後、今まで誰も耳にしたことがない新しい数字をもち出して、この生放送番組の流れをガラッと変えてしまった。

フルトクランツ教授がまとめた財務省の報告書は、水産行政および漁業への経済的支援のために国が負担している費用の総額が毎年四億二〇〇〇万クローナ［五五億円］、つまり水揚げ総額のおよそ半分に相当すると結論づけていた。しかし、ヴラムネル長官はその数字がまったくのまちがいだと言い出したのだ。「本当は、二億四〇〇〇万クローナ［三一億円］にすぎない」と、彼はかなり苛立った顔つきで説明した。

この爆弾発言に対して、フルトクランツ教授は呆気にとられたまま「私の示した数字が計算まちがいだというのなら、何がまちがっていたのか説明してほしい」と問いただした。しかし、司会者が割って入って、「あまりに細かすぎる議論になってしまう」と遮ってしまったため、フルトクランツもテレビの視聴者も、計算まちがいだと指摘された一億八〇〇〇万クローナが何だったのかは結局分からずじまいとなった。

その代わり司会者は、社会民主党の国会議員であるカイ・ラーションに話を向け、議会の農林水産委員会の委員としてこの報告書にどのような責任を負っているのかを問いただした。この時点で、すでにこの報告書は計算まちがいと名誉毀損を含む大スキャンダルだという印象が強まっていたために、その責任を追及しなければならないという流れになっていた。

カイ・ラーションは、「私が謝ることは一つもない」ときっぱりと言った。彼も報告書には批判的であり、とくに漁業を名指ししてイカサマ産業だと呼んでいる点は問題だと述べた。漁師たちは歓声を上げた。そして、漁師の一人が次のように叫んだ。

「彼は理解があるじゃないか。次に調査をするときは彼に任せよう！」（このアイデアは、カイ・ラーションがその五年後に国会議員を辞め、漁師全国連合会のなかに設けられたタラ漁に関する特別グループの代表に身を転じたときに、多かれ少なかれ実現することとなる）

生放送番組では、その後、研究者のイュルヴァ・ハッセルベリが「漁業部門は、過剰投資のために漁獲能力が大きくなりすぎた。魚の数がますます減っているのに、漁師は借入金や利子を返済する必要から魚を獲りつづけていることが問題だ」と素早く説明した。そして、番組の最後には、税務署職員のカーリン・ニカンデル＝オールソンが、「税務署としては、自営漁師がややこしい所得申告用紙を記入するときに手助けする用意がある」と伝えた。これで、番組はほぼ終わりかけていた。

フルトクランツ教授は意気消沈し、少しどぎまぎしながらも最後にもう一度発言した。

「この報告書で私が伝えようとしたのは、漁師たちをひとまとめにしてイカサマ呼ばわりすることではなく、漁業関係者の利益団体の言うがままになり、消費者や釣り愛好家、環境団体の声を無視してきた政治家の責任を追及することだったんだ」

しかし、司会者はこれに興味を示すどころか不愉快なタイトルの付いたこの報告書を宙にかざし、回りくどい言い方で聴衆にこう問いかけた。

「この報告書は、消費者問題を扱うテレビ番組『ＰＬＵＳ』[17]に送りつけて、ゴミ箱に捨ててもらおうか？」

それを聞いた漁師たちは、「そうだ」と口を揃えた。

---

(17)　スヴァルケル・オーロフソン（Sverker Olofsson）が司会を務め、公共テレビSVTから毎週放送されているが、毎回番組の最後に、彼が問題の商品をゴミ箱に投げ捨てるパフォーマンスが有名。

こうして、一億八〇〇〇万クローナの「計算まちがい」は一つの事実となってしまった。

信じ難い話かもしれないが、脂びれの切除は、サケやその仲間であるマスをできるかぎり賢く保護する措置の一環として行われている。今日では、バルト海を泳ぐサケやマスの大部分が人工孵化されて放流されたものだが、漁師には野生の魚との見分けが付かない。そのため、野生のサケやマスだけを禁漁とすることが難しかった。

しかし今、長期的な新しい取り組みが行われようとしている。海や大きな湖(18)に放流される二五〇万匹のサケやマスの稚魚は、二〇〇三年以降、背びれと尾びれの間に付いた小さな脂びれを切り落とすことになったのだ。この方法によって、二〇〇七年以降は脂びれの有無によって川に戻ってきた野生のサケやマスと人工放流されたものとの区別ができるようになる。そして、水産資源保護の次の段階として野生のサケやマスの漁獲を禁止することが可能になる。

この作業には、一匹当たり一・五から二クローナ［二〇～二六円］の費用がかかると見られている。かなり大きな費用だ。その理由は、漁業の世界が信じられないほど矛盾に満ちたものであり、現行法によると、脂びれを切除するためにはまず稚魚に麻酔をかけなければならないからだ。動物保護法、農林水産省の動物保護に関する省令、および農林水産庁の庁令がこれを規定しており、さらに農林水産庁の認可した教育課程を終えた者だけが切除を行えることになっている。

ストックホルム市技術課の建物では、脂びれ切除のシンポジウムがつづいている。遺伝子学の専門家たちは、脂びれの切除をめぐる倫理的な側面をあえて取り上げようとする。ニルス・リューマ

(18)　ヴェーネルン湖（Värnern）、ヴェッテルン湖（Vättern）、メーラレン湖（Mälaren）、イェルマレン湖（Hjälmaren）、そしてイェムトランド（Jämtland）地方のストールフーン湖（Storsjön）

ン教授は言う。

「数百万匹の魚のひれが切り取られているという話を動物愛護団体が聞きつけたら、どうなるだろう？　闘争的なヴェーガン（絶対菜食主義者）たちがやって来て、稚魚を生け簀《す》から逃がしてしまうのを想像できるかい？」

おそらく、彼は半分冗談で言ったのだろう。いずれは網や釣り針で釣り上げて殺してしまう魚の稚魚に麻酔をかけたうえでひれを切除することの滑稽さが、会場を満たしている空気からも感じられる。しかし、それをあえて口に出す者は誰もいない。

私は、もっと基本的なことを尋ねてみた。それは、私が「脂びれ」という言葉を水産庁の記者発表のなかで初めて目にしたときから、ずっと疑問に感じていたことだった。

「この脂びれは、そもそも何のためにあるのか？　何か機能をもっているのか？」

沈黙が数秒間つづいた。この奇妙な質問をしているのは誰なのか、と会場の参加者が私のほうを振り返った。ストックホルム県行政事務所の漁業管理主任であるヘンリク・アンデショーンが、演台の上で一息つきながら肩をすくめた。

「何もない」と言ってから、彼はすぐに「よく分かっていない」言い直した。期待していた答えだったが、それでも私は驚いてしまった。

「よく分かっていない？」

リューマン教授は、私の驚きが理解できなくもないというような態度を示し、自分の席から後ろを振り返って冗談っぽく次のように言った。

「何と言ったらいいか……。脂びれがあったほうがセクシーに見えるんだよ」

海でのサケ漁は、獲物に野生サケと放流サケが混じってしまう恐れがある。だとしたら、なぜそれを禁止して、その代わりに河口で漁をして、放流サケが大きく肥ってから繁殖のために川に戻って来るのを待ち構えるようにしないのだろうか。私のこの疑問は未解決のままだ。シンポジウムが終わったあと、私は水産庁の職員をつかまえて直接聞いてみた。脂びれが切除されていない野生サケは、海に仕掛けられた長い流し網や針のついた延縄《はえなわ》に引っかかったときにちゃんと生き残れるのだろうか。

「延縄《はえなわ》のほうが、流し網よりも生き残る可能性は高い。針から外して海に戻すんだ。漁師たちは、何も問題なく魚を海に返している。もうすでにそうしているよ」と、彼は答えた。

「しかし、なぜもっと単純に海での漁を禁止してしまわないの？」という私の質問に対して、彼の答えは驚くべきものだった。

「大きな違いはない。流し網漁の禁止を行おうが、脂びれのついた野生サケを水揚げせず海に戻す方法をとろうが、結局は海でのサケ漁は次第にすたれていき、河口部でのサケ漁へと切り替わっていくだろう」

この水産庁職員は、帰りの電車に乗るために会場を急いで後にした。私は、明確な答えが得られないまま立ちすくんでしまった。「大きな違いはない」と彼は答えたが、私にはむしろ大変な重要な点だと感じられる。というのも、水産庁はその数年前にＥＵに対して、二一キロメートルの長さの流し網を使用した海でのサケ漁を禁じてしまうとバルト海におけるスウェーデンの漁業はすたれてしまう、と主張していたからだ。

私は、流し網の使用禁止に反対する声がどうしてここまで強固なのか理解に苦しんでいたが、その理由をあとになって別のところで耳にした。流し網を使ったサケ漁をバルト海南部で存続させるべきだと、もっとも頑固に主張しているのはデンマークの漁師だというのだ。

世界自然保護基金の海洋生物学専門家であるインゲル・ネースルンド(19)はこう説明した。

「理由は簡単だよ。デンマークにサケが戻ってくる河口がいくつあると思う?」

脂《あぶら》びれのシンポジウムから家に戻った私は、アメリカ人の生態学専門家カール・サフィナ(20)の書いた『海の歌――人と魚の物語(21)』をたまたま広げてみた。私はたちまち夢中になり、この本は寝室の枕元にしばらく置かれることとなった。

サフィナはまず最初の章で、長い距離を回遊するマグロ類の魚の現状について書いている。どの国も自分たちの国がマグロ漁をやめてもほかの国の漁師が獲ってしまうから漁をやめる気はないと主張しているおかげで、マグロは世界中で乱獲の対象となっている。しかし、サフィナは、次の章でアメリカ北西海岸にある伝説的なサケの漁場の変化について触れている。

彼が一九九六年にこの地を訪れてみると、すべての種のサケ漁が、漁獲量と利益ともに過去一〇年間に九七パーセントも減少していたという。漁獲効率が過度に向上したことは、原因の一つでしかない。むしろ、大きな原因は、サケが繁殖のために戻ってくる河川の周りに広がる森林がこれまでに類を見ない規模で次々と伐採されたことだった。森がなくなったために、川には日陰の部分が減ってしまって水温が高くなりすぎてしまった。さらに

(19) (Inger Näslund) 世界自然保護基金(WWF)のスウェーデン支部の専属職員として、海洋環境の改善や持続可能な漁業の実現に向けて積極的な活動を行う。枯渇の心配なく安心して食べられる魚の情報提供を通じた消費者の意識啓発のほか、エコロジー認証をつけた水産物の普及のためにメディアに登場することが多い。2009年に、生協系スーパーマーケットのコープ(COOP)のエングラマーク(Änglamark)賞というエコロジー賞にノミネートされている。

は、それまでは木の根っこが抑えていた土壌が河川に流出し、その汚泥がサケの生息環境を破壊してしまったのだ。

サフィナは、伐採されて切り株しか残っていない茶色の土地が何十キロにもわたって広がっている光景を飛行機の窓から目にしている。伐採を行った企業は、道路や浜辺周辺に木で柵を造って伐採の規模が一般の人に分からないようにしていたが、その柵の跡も飛行機からはよく見えたという。

これらの地域には、ヨーロッパ人がやって来る以前に三つのインディアン部族が居住していた、と彼は説明している。彼らは、サリシュ族（Salish）、トリンギット族（Tlingit）、クワキウトル族（Kwakiutl）といい、それぞれがとても豊かな文化をもっていた。周りを取り巻く森は、食糧や燃料、そして隠れ場所など安心した生活を送るために必要なすべてのものを提供してくれた。さらに毎年、彼らのもとには奇跡とも言える「泳ぎの達人」が訪れてきたのだ。川の流れに逆らって自ら泳いでくる、銀色の肥えたサケのことだ。

この三つの部族はみんな、サケが神聖なものだと考えていた。インディアンたちはサケが地平線の向こうにある神秘的な海中都市に住んでいると信じ、ギンザケ、ベニザケ、カラフトマス、シロザケ、キングサーモンなどのさまざまなサケの種は、サケ社会のそれぞれの部族を代表しているものと考えていた。川に沿って山を上ったり、ときには滝をも登ってしまうサケの英雄的な川上りを、インディアンたちはサケ社会から贈られた人間への寛大なプレゼント、友好の証、そして平和のシンボルとしてとらえて、どんな犠牲を払っ

---

(20)（Carl Safina, 1955～）男性。アメリカ人海洋生物学専門家、執筆家。博士号を取得した後、マグロやサメなどの海洋生物を保全するため、アメリカ政府や国連に働きかけて法制定や国際条約締結に向けた活動を行う。2003年に国際的な啓蒙活動を目的とした「ブルー・オーシャン・インスティテュート（Blue Ocean Institute）」を設立。

(21) Carl Safina, “Song for the Blue Ocean: Encounters Along the World’s Coasts and Beneath the Seas”,（Henry Holt & Co, 1998）邦訳：鈴木主税訳、共同通信社、2001年。

てでも大切にしようとした。

インディアン部族は、「泳ぎの達人」が戻ってくる場所で儀式を開いた。この神秘的な友は、小さな稚魚として果てしない大洋に向かって泳いで消えてゆき、その数年後には数百倍の大きさになって戻ってきて、川を必死に上り、山をも上り、そしてついには雲の境目にも到達したあとに産卵をして、そこを死に場所としていた。

しかし、この記述のなかで私の心をもっとも捉えたのは、インディアンたちが魚に対して大きな敬意を払っていたことではなく、むしろサケが自発的に川に戻ってきたり、集落を取り巻く森が豊かな富を提供してくれたおかげで人々がたくさんの余暇を享受していたという事実なのだ。このことは、インディアンたちが使っていた今でも残るさまざまな生活用品が物語っている。一つ一つのスプーンから小さな釣り針に至るまで心をこめた装飾や模様が施されており、今日では「芸術」と呼ぶべきものとなっている。

私は本を置き、思いに耽った。表現の仕方は時代によって異なるものの、人々はいつの時代にも何か壮大なものに魅せられてきた。しかし、私たち人間が美しい装飾のついた釣り針をつくることをやめて、その代わりに何十キロにも及ぶ流し網をつくりはじめたことは私たちの文化にとって果たして進歩だと言えるのだろうか。サケのことを「私たちの友」と呼ぶのをやめ、サケの価値は「トラベルコスト法」で計って示すのがまったくもって理性的な方法なのだと考えはじめたことが、果たして本当に進歩なのだろうか。

ラーシュ・フルトクランツ教授は、ヨーテボリのスタジオから生放送されたあのディベート番組を振り返って、あれは待ち伏せを受けたようなものだったと語った。彼は、番組の二日前に『生放送で即答』の番組スタッフであるジャーナリストから電話を受け、番組に招待されたという。彼はその時点で、すでにほかのゲストが誰なのかを知らされていた。そのなかには、スウェーデン漁師全国連合会の幹部八人と、水産庁長官パー・ヴラムネルがいた。フルトクランツ教授は、いやな予感がしたものの招待を受けることにした。

「私に電話をかけてきた若いジャーナリストや番組スタッフは、私の書いた報告書を読んではいなかったようだ。漁師全国連合会が私を招くことを提案したために、私のもとへ電話がかかってきたようだった」

生放送開始直前の夜一〇時すぎ、司会者が台本を確認したり、スタジオ関係者がマイクをテストしたり、参加者になるべくまとまって座るようにと指示したりしていたとき、フルトクランツ教授はかつての同僚であった水産庁長官パー・ヴラムネルに挨拶をしようとした。二人とも、以前はスウェーデン農業大学（ＳＬＵ）の教授をしていた。ヴラムネルは生物学者であり、その当時は国際的な環境保全に関する研究に携わっていた。

「しかし、彼は私を避けているようだったし、とても神経質な様子だった。その理由が、その後明らかになった」と、フルトクランツ教授は語った。

財務省が発表した例の報告書「お魚とイカサマ――水産行政における目標・手段・権力」が作成されるまでにはちょっとした経緯があった。フルトクランツ教授はそれ以前の一九九四年、ヴラムネル長官から依頼を受けて釣り愛好家のもたらす経済効果について一人で調査をし、単著による報告書「スウェーデンの釣り観光産業（Fisketurism i Sverige）」を作成した。

「どのようにしたらスウェーデンの釣り観光産業を発展させることができるか、というほんの小さな報告書だった。物議を醸す恐れがまったくない、無難なテーマだと私は考えていたよ」

そんな認識がまったくの誤りであったことを、フルトクランツ教授はその調査の中間報告をヴラムネルを中心とした審議グループの前で発表したときに実感した。予定では、そのあとに、それよりも少し大きめな中間報告書が作成されて政府に提出されることになっていた。審議グループが集まった会議室には、スウェーデン漁師全国連合会のカリスマ的な代表であるレイネ・J・ヨハンソン（Reine J Johansson）が座っていた。彼はかつて社会民主党の青年部会に所属したり、地方自治体職員の労働組合の専属職員を務めたあと、一九八〇年代末からは漁師全国連合会の代表として「漁業界でもっとも影響力をもつ人物」と呼ばれるようになっていた。

フルトクランツ教授が発表した中間報告に対して、レイネ・J・ヨハンソンは感想を述べた。これを聞いたフルトクランツ教授は、度肝を抜かれてしまった。

「あのときの彼の言葉をそのまま引用すると、彼はこう言ったんだ。『我々は、この報告書を発行しないことに決めた』」

なぜ「我々」がそう決めたのか、それに「我々」とは誰のことなのか、フルトクランツ教授は明確な説明を聞くことができなかった。

「審議グループを前にしたあの発表を行うまでは、報告書を公表することに対して異議を口にするものは誰もいなかった。ヴラムネルも、報告書の内容に満足していた。彼はあのあと、電話を掛けてきてくれ、大変申し訳なさそうに謝ったんだ。そして、『あの報告書は別の形で公表しよう』と言ってくれた。そして、その通りになった」[22]

報告書はまずウメオ（Umeå）大学から発行され、その後、財務省が発表した釣りに関する調査報告書のなかに一章として加えられた[23]。また、ヴラムネルがフルトクランツ教授の調

(22) Lars Hultkranz, “Fisketurism i Sverige”, Rapport till utredningen ‘Svenskt Fiske’, Umeå Economic Studies 305, 1993

査に不満があったわけではないことが、そのあとすぐに明らかになった。

ヴラムネルはフルトクランツ教授のもとへ連絡を入れ、新たな提案をしたのである。ヴラムネルは水産庁長官として、バルト海におけるサケ漁の規模と漁業全体に占めるその重要性に関する調査報告書を作成するところであった。そんな調査に興味をもつ研究生がフルトクランツ教授のもとにいないか、とヴラムネルは尋ねたのであった。

「私のもとにはちょうど一人の研究生がいた。ビジネスの世界で成功したあとに、大学に戻って経済学を学んだ男性だった。だから、調査を引き受けることにしたんだ。公式統計を見てみると、サケ漁の漁師たちは生計を立てるほどの所得がほとんどないことが明らかになった。しかし、この研究生がゴットランド島（Gotland）やバルト海沿岸の町々を訪ねてきたときに目にしたのは、サケ漁の漁師がもつ立派な家や自家用車だった。それから彼は、スウェーデンの漁師がデンマークのボーンホルム島（Bornholm）にサケを水揚げしたものの、水産庁には報告していない漁獲量が少しあることを発見した。さらに、元漁師が暫定的な漁業許可証を入手し、『第四タイプ（type 4）』と呼ばれるサケ漁を夏の間に大規模に行っているのに、公式統計にはこれまで一度も報告されていないことなども明らかになったんだ」

この報告書には「サケ漁の社会経済的調査(24)」という、それほど興味を湧かせないタイトルが付けられて発行された。しかし、数日もしないうちにフルトクランツのもとに公共ラジオのチャンネルＰ１の番組『科学の世界（Vetandets värld）』を担当するジャーナリストが電話を掛けてきて、報告書の複写を一部借りたいと願ってきた。

(23)　Lars Hultkranz, “Hushållning med knappa naturresurser - Exemplen allemansrätten, fjällen och skotertrafik i naturen”, Rapport till ESO, Swedish Ministry of Finance, Ds 1995: 15

(24)　Björn Finn och Johan Snellman, “Socioekonomisk undersökning av fisket efter lax”, Centrum för transport- och samhällsforskning, 1997

「もちろん、いいとも、と私は答えた。すると、そのジャーナリストはこう言ったんだ。『ところで、この報告書が機密文書に指定されていることはご存知ですよね？』と」

フルトクランツにはまったく聞き覚えのない話であった。しかし、それ以上に奇妙だと彼が感じたのは、機密文書に指定された理由が「外交上の機密にかかわるため」だと知ったときだった。このことがメディアに取り上げられると、水産庁は機密文書の指定を解除した。しかし、フルトクランツには今でもこの出来事の真相が分からない。

「おそらく、その秋に行われることになっていたバルト海のサケ漁をめぐる国際交渉に影響を及ぼしかねないというのが理由だったのだろう。しかし、調査を行った私たちは、調査で明らかになった暫定的漁業許可証の不正乱用がそれだけデリケートな問題である証拠だと、あとになって理解したよ」

それからしばらくして、フルトクランツ教授は財務省の「公共経済研究のための専門家委員会（ESO）」の会議に出席する機会があった。この会議では、アンナ・ヘードボリ委員長[25]のもと、今後より詳しく調査していくべき経済的テーマが議論された。フルトクランツ教授は、以上のような経験があったために調査のテーマとして漁業を提案したのだった。それまできちんとした調査がなされておらず、テーマとしては最適だと彼は考えたのだ。

「今まで、誰も漁業という分野を詳しく調査しようとしてこなかったんだよ」

パー・ヴラムネルが水産庁長官を務めていたのは、一九八九年から一九九八年の間だった。この九年間といえば、スウェーデンのタラの年間漁獲量が五万トンから二万トンに減少した期間と一致する。

(25)（Anna Hedborg, 1944～）女性。行政官僚、政治家（社会民主党）。社会省の副大臣を務めた後、1996年から2004年まで社会保険庁長官。2004年以降は文化庁長官。

また、スウェーデンが一九九五年にEUに加盟したあと、EUからの多額の助成金がスウェーデンの漁業に突然降り注ぐようになったのもこの期間だ。さらにいえば、カナダ沖のタラの個体群が一九九二年に崩壊したことを教訓に、スウェーデンやヨーロッパの漁業専門家がタラ漁の抑制を本来は真剣に考えるべきだったのもこの時期だった。

私は、ストックホルム郊外のソーデルトーン大学（Södertörns högskola）で、今では白髪交じりのパー・ヴラムネルと会った。キャンパスは新しく建てられたばかりで、若くて新進気鋭な教員や創造性を追求する研究組織にとっては学術的な庇護地となっている。雰囲気はよく、学生たちの活気に溢れている。校舎のなかに入ると、木製の天井がずいぶん高く、まるで多様な考えを許容するかのように感じられた。

私が彼と会うのは、そんな廊下の片隅にあるロビーである。彼は再び大学の世界に戻り、沿岸管理研究センター（Coastal Management Research Centre: COMREC）の研究リーダーを務めている。彼は教員のランチルームにある自動販売機から私にコーヒーを差し出したあと、間を置かず「今では口かせをはめられることもなく、当時の自分の心情をおおっぴらに語ることができるのが嬉しい。この機会が来るのを心待ちにしていたんだ」と語りはじめた。

「今まで、ずっと心に引っかかっていたんだよ。でも、今となっては何でも話せる。水産庁の長官だった当時は、自分の雇い主である政府に忠実でなければならなかったんだ。だから、そうしようと努力していた」

ヴラムネルは、一九八〇年代後半にはスウェーデン自然保護協会の代表を務め、現在は世界自然保護基金（WWF）の役員でもある。大学ではもともと生物学を専攻しており、庁長官という役職に就く人が通常専攻するような文系科目ではない。彼は、水産庁長官を務めていた時代を振り返りながら、当時の複雑な心境を語った。

「水産庁内部では、生物学を専攻した技官と経済や経営を専攻した行政職員が対立していたよ。それに、水産業界も水産庁に対して非常に大きな影響力をもっていた。歴代の農林水産大臣であるカール＝エーリク・オールソン(26)、マルガレータ・ヴィーンベリ(27)、アニカ・オーンベリ(28)は、みんな漁師全国連合会と深いつながりをもっていたんだ。そして、三人とも漁業に大きな悲劇をもたらしたんだ」

ヴラムネルはまず、研究者の発表した客観的な研究結果が政治家の手によって楽観的な予測へと変化させられる過程を説明した。これと同じ内容は、環境学を専攻したヨハンナ・エリクソン（Johanna Eriksson）の学士論文「科学から政治へ――タラは協議テーブルの上でこう調理される」(29)にも見られるし、一九九四年から二〇〇〇年にかけて海洋漁業試験場の所長を務めたヤン・トゥリーン(30)も、私がこの数か月後にインタビューしたときに話してくれた。

トゥリーンは、科学的結果を最初に「柔らかくほぐす」役割を担っていたのは彼自身だったと話し、政策が形づくられていく過程を「研究→交渉→政治的妥協＝生態系破壊」と、分かりやすく紙にまとめてくれた。

ヴラムネルは、スウェーデンの周辺でタラの枯渇を徐々にもたらしてきた政策の決定過程について、辛抱強く、ていねいに説明してくれた。まず、水産庁の管轄下にある海洋漁業試験場が試験漁や漁師の漁獲物の抜き打ち調査をし、それから漁師がつけている漁業日

(26) （Karl-Erik Olsson, 1938～）男性。農業従事者、政治家（中央党）。国会議員、農林水産大臣を務めた後、1995年から2004年は欧州議会の議員。

(27) （Margaretha Winberg）第２章の訳注(29)を参照。

(28) （Annika Åhnberg, 1949～）女性。政治家（左党、社会民主党）。国会議員、農林水産大臣を務めた後、2001年からNGO「セーブ・ザ・チルドレン（Save the Children)」のスウェーデン支部の代表となる。

誌のチェックなどを通じて海に生息する魚の個体数を把握しようとする。
「漁業日誌をチェックする段階で、すでに最初の不確実要素が紛れ込んでくる。漁師が自らつけている漁業日誌にはごまかしがあることはよく知られており、書かれた数字をそのまま信じてしまうと、そこですでに問題が生じることになる」

集められた情報は、海洋漁業試験場の研究者の手で「調整」されたあとにデンマークのコペンハーゲンにある国際海洋探査委員会（ＩＣＥＳ）の国際専門家グループへ送られる。この過程での問題点は、「漁業を管理している行政機関自らがこのような調査研究を行っている」という点だ。言い換えれば、水産庁という行政機関は、漁業という特定の産業を管理・監督することが唯一の存在意義なので、漁業をいずれは淘汰させるような政策提言につながる調査結果を公表したがらないということだ。漁業がなくなれば水産庁もなくなってしまうのだ。ヤン・トゥリーンが自分の役割を「柔らかくほぐす」ことだと言っていたのも、この点を指してのことだ。また、ヨハンナ・エリクソンの学士論文「科学から政治へ――タラは協議テーブルの上でこう調理される」のなかに登場する関係者の多くも、この問題点を指摘していた。

コペンハーゲンの国際海洋探査委員会では、その後、各国の専門家が集まって話し合うわけだが、彼らもそれぞれの国の「柔らかくほぐす」人たちの影響を受けている可能性がある。ここでの議論の結果は、国際海洋探査委員会の内部にある漁業管理諮問委員会（ＡＣＦＭ）[31]へ送られるが、この委員会が行う分析でも控えめな判断がなされる傾向がある。

---

(29)　Johanna Eriksson, “Så bereds en torsk inför behandlingsbordet, från vetenskap till politik”, Linköpings universitet, 2002

(30)　(Jan Thulin) 男性。環境保護庁の研究員、また水産庁の海洋漁業研究所で勤務した後、1994年以降は所長。2001年からは国際海洋探査委員会（ICES）で勤務。

(31)　Advisory Committee on Fishery Management

そのうえ、彼らの発表する文書は解釈が非常に困難で、一般人にはほとんど解読不能であることが過去の文書からも分かる。

いずれにしろ、一連の政策決定過程のこのあたりから、翌年の推奨漁獲量の具体的な数字が魔術のごとく次第に浮かび上がってくる。そして、その推奨漁獲量がバルト海沿岸諸国の間で行われる交渉の叩き台となる。この数字は、二〇〇五年まではバルト海国際漁業委員会（ＩＢＳＦＣ）[32]という組織へ送られていた。バルト海における漁獲規制交渉を二〇〇五年まで担当していたのがこの組織だったからだが、ポーランドとバルト三国がＥＵに加盟した現在では、ＥＵとロシアの間の二か国間交渉によってバルト海の漁業交渉が行われている。

国際海洋探査委員会が決定した推奨漁獲量および分析結果は、その後スウェーデンに戻され、水産庁の水産資源管理部に送られる。水産資源管理部は、国際海洋探査委員会の分析に対する自らの見解を農林水産省に送付する。この見解は、水産資源管理部の専門家がそれまでに作成してきた研究報告書や水産業界からの情報を参考にしながら作成される。つまり、このような文脈でよく言われるところの「社会経済的側面」がこの段階でさらにもち込まれ、科学的見地からの分析結果を「柔らかくほぐす」作業が行われるのだ。

農林水産省では、その後さらに「政治的」側面が加味される。たとえば、他の国との比較や、沿岸自治体における世論動向や有権者への受けのよさがここでは考慮される。そして、スウェーデン政府として翌年の漁獲枠をどのくらいにしたいかという公式な方針が決定すると、スウェーデン政府はＥＵのほかの加盟国との協議に入る。ただし、ＥＵにおける漁業政策の協議ではもっぱら水産業界だけが影響力

(32) The International Baltic Sea Fishery Commission

をもっており、他方、環境団体や消費者団体の影響力はスウェーデン国内よりもさらに小さなものとなる。そして、最後にロシアと交渉が行われる。

つまり、研究者によって一番最初に提出された科学的な調査結果は、結局、少なくとも七つの段階で修正を迫られることになる。彼らの分厚い研究調査資料は、こうして社会経済的および政治的側面ばかりが考慮された一枚の記者発表へと姿を変え、農林水産大臣の執務室の机の上に最終的にたどり着く。水産資源の管理を行うはずの行政は、このようにして生態系破壊行政へと変化を遂げるのだ。

「以上が、公式な説明の主たるものだ」と、パー・ヴラムネルは喫茶テーブルの横で語った。前髪を前に下ろした彼の表情は険しい。

「では、なぜ歴代の農林水産大臣たちは水産業界にここまで耳を傾けるのか、それに、なぜ政治家と水産業界との結びつきがここまで強くなったのかを考えてみる必要がある。現実にそうだったんだから」

彼は、中道右派政権時代（一九九一～一九九四）にカール＝エーリク・オールソンが農林水産大臣を務めていたときのことを挙げた。このとき、農林水産省で漁業問題専門の政策秘書であったのは中央党のヒューゴ・アンデショーン（Hugo Andersson）であった。彼はその後、スウェーデン漁師全国連合会にスカウトされてこの団体の副代表となった。

アンデショーンのあとは社会民主党のカイ・ラーション（Kaj Larsson）が長年にわたって漁業問題専門の政策秘書を務めたが、彼は非公式にはスウェーデンの「漁業大臣」と呼ばれるほどの影響力をもっていた。彼も国会議員を辞めたあと漁師全国連合会に雇われ、この団体内にあるタラ問題専門グループの代表に就任した。

「水産庁の職員の多くに、大きな影響力をもっていた人物が一人いる」と、ヴラムネルは言った。それは、漁師全国連合会の元代表であるレイネ・J・ヨハンソンだ。

「彼を恐れていた職員は多かったよ。はっきり言ってしまえば、彼は職場環境を乱す問題人物だった。彼はアポなしで水産庁の職員のオフィスを訪れることが多かったが、その職員が泣きながら自分のオフィスから駆け出してくるのを私は何度か目にしたよ。職員に対する彼の態度があまりにひどかったために精神的にまいって病欠する職員がいたし、なかには早期退職する者もいたほどだ。漁業の世界はとても厳しい世界だよ。これは、オオカミ猟などの話をするときに猟師の心に込み上げてくるあの強い感情によく似ている。行政機関で働く普通の職員はそのような激しい口調に慣れていないから、多くの職員は逆らうことなく圧力に屈してしまう。みんなビクビクしている。それだけだよ」

ヴラムネル自身も、水産庁長官時代に匿名の殺人脅迫を何度か受け取ったことがある。とくにひどかったのは、スウェーデンが一方的にサケ漁を禁止をすることを水産庁が決めたときだったという。

「スウェーデンは、二〇〇二年に自国だけでタラ漁を一方的に禁止しようとしたが失敗した。その背景にはどのようなことがあったのかが興味深い。私が長官だったときには、野生サケの状況があまりに深刻であったため、EUと協議することなく数か月にわたってバルト海におけるサケ漁を禁止した。そうしたら、大変なことになったんだ。サケ漁を禁止する代償として水産庁は漁師に補償金を支払うことにしたが、彼らの確定申告に明示された所得額をもとに補償金の給付額を決めようとしたところ、漁師の反感を買ってしまった。殺人の脅迫を二度も電話で受けたよ。一度は職場だった。もう一度は自宅だったが、電話をかけた男はブレーキンゲ(Blekinge)地方の訛で『お前は、俺たちをひどい目に遭わせてくれた。だから、水産庁長官が別の人間に代わるように手を下そうと思う。それにはたった一つの方法しかない』と言った。公安警察はこの脅迫を真剣に受け止めた。というのも、バルト海の沖合いで操業中の漁船同士の無線交信を傍受したところ、長官であった私に『思い知らせてやる』というような会話が聞かれたからだ」

ヴラムネルは、自己防衛のためのトレーニングを受講させられた。彼がゴットランド島で会議に出席するときは、取りやめたほうがよいと公安警察から忠告を受けたという。また、水産庁の役員らがストックホルムのレストラン「ブロー・ゴーセン（Blå Gåsen）」で会食をするとき、ヴラムネルは会食に先駆けて役員らを自宅に招いてみんなに飲み物を振る舞おうとしたのだが、公安警察は事前に自宅の見取り図を提出するように要求し、警察官が自宅の外で警備することになった。

政府のために忠実に働くことを主な任務とする行政機関の役人にとって、これら一連の出来事はあまりに極端で恐ろしく、ありがた迷惑な話だった。そして、さらに悲しいことに彼らは、自らの政府に裏切られることが何度もあったのだ。

「漁師全国連合会の気に入らないことを水産庁が決定するやいなや、政府のもとにはまるで条件反射のように抗議の声が寄せられた。大臣たちは多くの場合、水産庁よりも漁師のほうに耳を傾けるんだ。たとえば、行政機関による漁船の監視を容易にするために、EUが大型トロール漁船にVMS発信機(33)の取り付けを義務づけようとしたときもそうだった。水産庁は与えられた行政目標の執行機関という立場からEUの提案には賛成であったのに、レイネ・J・ヨハンソンが大暴れして、漁業問題専門の政策秘書を当時務めていたカイ・ラーションや農林水産大臣のアニカ・オーンベリに圧力をかけた。スペインと言えば、漁業がもつ経済的利害が大きいために業界による激しいロビー活動が悪名高いが、なんとスウェーデンはそのスペインと一緒になってEUの提案に反対票を投じてしまったんだよ。スウェーデンは

(33)（The Vessel Monitoring System）衛星を利用した漁船監視システム。

恥を知るべきだ、と私は思ったよ。スウェーデン政府は、自らの行政機関である水産庁に反対の立場を示したのだから[34]」

しかし、フルトクランツ教授があれだけ集中攻撃を浴びせられることになった例の報告書「お魚とイカサマ――水産行政における目標・手段・権力」のときはどうだったのだろうか。ヴラムネルは、なぜ生中継の途中で「フルトクランツ教授が計算まちがいをした」などと発言したのだろうか。

フルトクランツ教授の報告書によれば、納税者が国庫を通じて漁業のために負担している「費用」は、構造転換助成金や失業保険（他の業界の失業保険とは違い、漁師は求職活動を行わなくても給付を受けることができる）の給付金といった直接的な支援のほか、行政経費、研究調査、漁船監視などの費用も含めると毎年四億二三五〇万クローナ［五五億円］になるという。この額は、漁業部門が生み出す付加価値総額の約四割に相当する（「お魚とイカサマ――水産行政における目標・手段・権力」二〇ページ）。

この報告書では、漁業部門が生み出す一時間当たりの「付加価値額」についても計算されていた。スウェーデン経済を構成するすべての産業が生み出す付加価値額の平均は、一九九〇年代半ばの時点で一時間当たり二八一クローナ［三六八〇円］であった。これに対して漁業が生み出す付加価値はわずか八四クローナ［一一〇〇円］であり、職業教育をあまり必要しない木材加工業（二四三クローナ）や清掃業（一三五クローナ）と比較してもずっと低いことが分かる。

(34)　スウェーデンでは、行政の監督を行う政府・省と行政の執行機関である庁とが完全に独立している。省は議会が制定した法に基づいて、管轄下にある庁に対して達成すべき任務と行政目標、および予算を与える。庁の組織のあり方や目標達成の手段については庁に一任されている。そのため、省や大臣が庁の行政活動の個別案件について口を挟むのは重大な干渉と見なされる。

また、この調査からさらに明らかになったのは、スウェーデンがEUに加盟した一九九五年以降、漁師の数は減少してきたにもかかわらず漁業に対する国庫からの支援はそれまでの三倍以上に膨張したことであった。国庫が漁業に対して負担している「費用」は漁師一人当たり毎年一四万一二〇〇クローナ［一八五万円］だが、他方で漁師が申告している所得額の平均は非常にわずかなものであった。しかも報告書は、漁師には「不正行為をする機会がたくさんある」（二二ページ）とも指摘し、「不正行為が少なくなからぬ程度で実際に行われていることを示す数々の兆候」があると書いている。たとえば、スウェーデン南部の東海岸の漁師の四分の一が漁業もしくは失業保険からの収入を得ているが、それが一時間当たりにすると九クローナ［一一八円］だというのだ。とすれば、漁師は未申告の闇収入があるのか「空気を食べて生活している」としか考えられないが、後者の可能性は「考えがたい」と、報告書の著者であるフルトクランツ教授は述べていた。

この最後の点に対して、漁師たちはもちろん怒りをあらわにし、「名誉毀損だ」とか「特定集団への差別行為だ」と叫んだわけなのだ。しかし、ヴラムネルはなぜ、漁業に対する国庫からの支援が四億二〇〇〇万クローナであるという数字に疑問を投げかけたのだろうか。彼は、どこから「二億四〇〇〇万クローナ」という数字をもってきたのだろうか。

「私がフルトクランツ教授を批判した理由は、水産庁が漁業に対して負担している費用の多くが、たとえば魚の個体数の調査のように、漁業があるかないかにかかわらず社会が負担しなければならない費用だったからだ。地上にどれだけの野生生物がいるかを人間が把握する必要があるように、海にはどれだけの魚がいるかを知る必要がある。それに……」

彼は、ここで驚くべきことを付け加えた。

「私は水産庁の存在を守らなければならないという焦りも感じていた。水産庁を潰そうとする動きがそれまでにもあったからだ。あの数年前には活動内容の三分の一を削減された。だから、四億二〇〇〇万クローナという数字は、水産庁廃止キャンペーンの一環として出されたものだと私は理解したのだ」

ヴラムネルが具体的に言うには、一般的な環境保全、湖沼のアルカリ化、河川の保全、釣り監視員、研究など、一般社会や釣り愛好家にとっても重要な業務にかかる費用を推計してみると一億八〇〇〇万クローナになったため、フルトクランツ教授の示した四億二〇〇〇万クローナという数字を改めて二億四〇〇〇万クローナに下方修正した。この推計はのちほどフルトクランツ教授のもとにも送られたが、フルトクランツ教授自身はこの部分の費用はせいぜい四五〇万クローナにしかならないと反論したのだった。

私は、ヴラムネルがどのように推計を行ったのかを明らかにできなかったが、スウェーデン漁師全国連合会の機関紙〈イュルケス・フィスカレン（Yrkesfiskaren）〉の一九九八年第一号を見るとヴラムネルへのインタビュー記事が掲載され、その見出しには「浅はかな推計手段と虚偽の発言」と書かれている。ちなみに、この号全体が例の財務省の報告書を扱っており、どう見ても単調としか思えない次のような見出しがずらりと並んでいる。「勤勉に働く特定集団への名誉毀損」「漁師全体に対する誹謗中傷」「漁師全体へのあてつけ」「気違いじみた計算法」「根拠を示さない発言が満載」「大きな誤算」「一つの職業グループに対する誹謗」といったものだ。

当時、水産庁長官であったヴラムネルはインタビュー記事のなかで、報告書で用いられた推計手法は利益団体のPR記事に使われる程度のいい加減な手法だ、と答えている。たとえば、リューセシー

(35) Diana Johnstone, “Fools’ Crusade: Yugoslavia, Nato and Western Delusions”, Monthly Review Press, 2003.

ルにある水産庁の海洋漁業試験場は「たとえスウェーデンに漁師がいなくても」必要なものであるから、その費用を漁師たちのためだとするのは深刻な誤りだと述べている。また、水産庁が一部の文書を保管せずに「わざと」（機関紙に使われた表現）捨てていると報告書のなかの脚注に書かれているという話を耳にした彼は、怒りをあらわにして、「それはまったくの嘘だ。すべての文書は保管されている。我々が水産庁に送られてくる文書を意図的に保管していないというような発言は誹謗であり、でたらめだ！」と述べている。

彼の口調の激しさは、どう見ても過度に誇張されている。そのうえ、同じページの下段に掲載されたカール・ヘグルンド（Karl Hägglund）のコラムがフルトクランツ教授に対する反論にさらに拍車をかけている。

出版社の社長で、今は亡きヘグルンドは、ヒトラーの『わが闘争』や、議論を呼んだアメリカ人ジャーナリスト、ダイアナ・ジョンストン（Diana Johnstone）の『愚か者の十字軍――ユーゴスラヴィア・NATO・西側諸国の妄想』[35]をスウェーデン語で出版したことなどで有名だ。その彼は「闘うフルトクランツ」という見出しのコラムに、フルトクランツが元マルクス主義者であり、しばしば「ヴィッレ・ヴルカーン（Ville Vulkan）」[36]と自称していたと書いている（フルトクランツは、一九七〇年代初めにこのペンネームで社会主義系雑誌〈クラテー（Clarté）〉に寄稿していた）。また、フルトクランツがそれ以前に就いていた観光経済学と林業経済学の教授職を指して「冗談もいい加減にしてほしい」と述べ、そして最後に、彼のことをいまや「権力の側に就いた高給取りの活動家」と呼び捨てている。

(36)　「ヴルカーン」とは火山の意。若きフルトクランツが自らの過激さを表すために使ったペンネーム。

それから八年経った今、大学の世界に戻って教授職に就くヴラムネルは、私の前に座って、冷たくなったコーヒーをプラスチックのカップで飲みながらいまだに険しい顔つきをしている。「大嘘つき」、「名誉毀損」？　彼は、どうしてそんな口調でこんな言葉を突然使ったのだろうか。私は不思議でしょうがない。

「私の広報担当秘書が、テレビのディベート番組では視聴者から好感触を得られるように厳しい言葉ではっきりと発言しなくてはダメだ、とアドバイスしてくれたんだ。私はその通りにしたよ。でも、あまり厳しくやりすぎたかもしれない。申し訳ないと思っている。私はフルトクランツを評価しているし、彼の報告書には私が非常に批判的に思っている部分があると同時に、優れたこともたくさん書かれていた。でも、私は水産庁の生き残りのほうを優先した。そして、あとになってからフルトクランツに謝罪した」

この報告書にまつわる話をつづけたらキリがなさそうだ。フルトクランツ教授は、電話を通じて私に事後談を語ってくれた。彼は番組のあとで、「ヴラムネルを国会オンブズマン(37)に訴える」と彼に迫ったという。また、あの騒動のあとに農林水産大臣に就任したマルガレータ・ヴィンベリから半ば謝罪に近いメッセージをもらったという。例の報告書に関してスウェーデン議会で展開された論戦は議会議事録で読むことができるが、当時の農林水産大臣であったアニカ・オーンベリは、農林水産省の責任を厳しく追及する議員に対して、「この報告書は省に対して書かれた文書であって、省の見解として書かれたものではない」と答弁している。また、沿岸地域選出の国会議員の数人が再び「名誉毀損」などという言葉をもち出し、フルトクランツ教授のことを

(37)　(Justitieombudsmannen) 国会に設けられた機関であり、公共機関の行政活動に問題がないかを監視する。公共機関や行政官・職員による権力の乱用や国民個人に対する権利侵害の疑いがある場合に、調査を行ったうえで訴える。

「威勢ばかりいい奴」だとか「イカサマ著者」などと呼んでいたことも議事録から読み取ることができる。しかし、報告書がその後再び話題にされることはなく、漁業に関する同様の経済学的な分析もそれ以来行われていない。

私とヴラムネルは長らく話をしてきた。彼は、水産庁の職場文化を語ってくれる。大きな問題は口頭で議論され、また水産業界の関係者が「非公式な」会合を提案し、水産庁と協議を行うのだという。水産庁のなかでは、政治家が専門家よりもむしろ水産業界の声に耳を傾けるという文化が長きにわたって形成されてきたが、ヴラムネルはその文化形成に決定的な役割を果たした人物の名前を挙げてくれる。水産庁の職員が数人といくつかの政党の政治家が数人である。彼らは、水産業界にとって自分たちの声を水産庁のなかで代弁してくれる「お抱え」の行政官や政治家だったのだ。

フルトクランツ教授が釣りの観光産業について調査して作成した「スウェーデンの釣り観光産業」という報告書にしても、これが当初の計画通り発表されなかったのは水産庁内部でのこのような人間同士の密接な結びつきが背景にあったようだ。何人かの国会議員は、スウェーデン西海岸の大型漁船の所有者と同じ非国教系の教会に所属している。別の国会議員は、東海岸で漁師に漁業権を貸与している水域所有者全国連合会の代表を務めている。また、そのほかの議員のなかには、水産業界との密な関係からではなく、おそらく自身の政治的信念に基づいて行動しながらも結果としては漁師たちの有利になるような一貫した行動をとっている者もいる。

フルトクランツ教授が作成した報告書「スウェーデンの釣り観光産業」の公表中止を決定した水産庁の諮問グループの「我々」とは、カイ・ラーション（Kaj Larsson、社会民主党）、クリステル・スコーグ（Christer Skoog、社会民主党）、エーリング・バーイェル（Erling Bager、自由党）、そしてカール・G・ニルソン（Carl

G Nilsson、保守・穏健党）であった。

「あの調査を彼に依頼したのは、私の意図だったとも言える。ほかの人もそのことは分かっていたと思う。魚を漁師が獲るよりも、釣りの愛好家が獲るほうがその価値は経済学的に見ると高くなるということは誰も取り上げようとはしなかった。みんな口々に、あの報告書は質が悪く、要求される水準に達していないと言っていた。私はそれを聞いて怒りを感じたが、政府にたてつく気はなかったから私にはどうしようもなかった」

一方で、彼は魚の個体群の状況がその後に明らかになるほど深刻なものだとはその当時考えていなかった、と強調する。では、一九九二年にカナダの沖合いでタラの個体群が崩壊したときは彼は何を考えていたのだろうか。

「同じようなことがまさかスウェーデンでも起きるとは思っていなかった。たしかに、一九九五年に危機が一度訪れたが、そのときは漁獲枠を減少させた。しかし、大きな危機が訪れたのは、私が長官職を退いた一九九八年以降だった。一九九九年に個体群が減少を見せはじめ、その傾向がそのまま つづくことになった」

彼は、現在用いられている、いわゆる「生態系モデル」を評価しているという。漁業生物専門家は当初は単種モデルを使っていたが、一九九〇年代に複数の魚を同時に扱う「生態系モデル」が登場することになった。

「飼料生産を目的としたニシン漁が大規模に行われてきたが、以前はそれが何か大きな問題だとは私は考えていなかった。魚が存在するのなら、それを活用するのが一番だと思っていたのだ。しかし、ニシンが食物連鎖のなかで上向きにも下向きにも影響を与えることが明らかになってきた。そして、生態系に大きな影響が出ていることが分かってきた。新しいことが分かるにつれ、もっと注意深く生態系を扱う必要があると理解するようになったんだ」

第5章　ヨーテボリの漁船がやって来るまでは……

二〇〇四年四月、ボーフースレーン地方、スモーゲン漁港にて

四月のスモーゲン（Smögen）の桟橋を、人目につかずに散歩することは難しい。観光シーズンはまだまだ先なので、洋服店やアイスクリーム屋、土産物屋はまだ閉じられており、入り口は板が打ち付けられている。幅の狭い桟橋が長く伸び、それに沿って漁師たちの漁具を納めた古い木造倉庫が一列に並んでいる。まるで懐かしい映画の舞台セットのようだ。カモメが数匹、ときどき柱の上で驚いたような叫び声を上げている。海からの風が倉庫の間を吹きすさぶ。

あれは一九七〇年代のこと。祖父や祖母に連れられてここに遊びに来たときは、木製の漁船が桟橋に沿って二重三重にもなって停泊していた。茹でたてのエビを漁師から直接買い、岩場の上で茶色の紙袋から取り出して食べたものだ。そして、そのあとは冷たい海に入って泳ぎ、青や赤のゼリー状のクラゲを見つけた。

スモーゲンの桟橋は特別な世界だった。さざ波の音、ガラス製の浮き、漁網、水の表面でキラキラ光る油の

今では夏のリゾート地であるスモーゲンだが、かつては沿岸漁業の盛んな港町だった。港の入り江に沿って桟橋が敷かれている。（撮影：佐藤吉宗）

模様、海底に見えるカニ、それからどこにいても漂ってくる海藻やタール、魚、ソーセージの香り――これらすべてに包まれた不思議な世界だったのだ。

しかし、あのころは一〇〇隻以上あった漁船も、今ではたったの六隻しか残っていない。しかも、私がこの地を訪れた今朝は一隻も見あたらない。一六世紀末からの栄光の歴史を受け継ぐこの漁港で、今目につくものといえば二つだけである。一つは、桟橋の端に建つ改装されて近代的になった魚市場。もう一つは、その向かい側で魚介類や魚製品を売る「魚屋ヨースタ（Göstas fisk）」である。風の吹きすさぶ四月の朝に開いているのはこの魚屋くらいだ。

魚屋の店主は「ヨースタ（Gösta）」という名の五〇代の男性で、特徴のある耳をし、銀縁のメガネをかけて赤い帽子に赤いシャツを着てコーヒーやエビのサンドイッチを売っている。私が今回スモーゲンの町を訪れたわけを、彼は数分のうちに理解してくれたようだ。

「彼女はレポーターだよ！　彼女と話をしてやってくれ！」

人が店に入ってくるたびに、彼は陽気にこう叫んだ。

彼はウィンクをし、冗談を言い、陽気にふざけてみせる。驚いたことに、みんな遅かれ早かれ「魚屋ヨースタ」に足を踏み入れてくるのだ。魚市場で働く人たち、漁師、元漁師、一年中この町

（1）　獲るつもりのなかった魚（混獲魚）や漁獲が許可されていない小さな魚が網に入ることを防ぎ、狙った魚種や大きさの魚だけを捕えるための漁法や漁具。

に居ついてしまった夏の客たち、彼らの妻たち、そして学校に通う子どもたちがこの店に出入りしている。

「レポーターさん」と、ヨースタは陽気なボーフースレーン地方（Bohuslän）の訛で叫んだ。

「あそこにいる彼と話をしてみるがいい。レポーターさん！　コーヒーを少しいかが？　レポーターさん！　あそこにいる彼に話を聞いてみるべきだよ。彼は若くてハンサムだよ！」

私がこのスモーゲンを取材対象に選んだ理由もヨースタは把握してくれたようだ。実は、この港町には、行政機関や自らが所属するスウェーデン漁師全国連合会（ＳＦＲ）と闘いながら生態系や経済の観点から持続可能な新しい漁業を行おうと努力してきた漁師がいるのだ。彼の名は、ボー・ハンソン（Bo Hansson）。彼は、水産庁が選択的な漁法や漁具[1]に関心をもつように働きかけたり、「漁業問題をめぐるさまざまな意見を建設的な方法によってまとめ上げた」りしたことが評価されて、世界自然保護基金（ＷＷＦ）の「カール・マンネルフェルト賞[2]」を二〇〇三年に受賞し、賞金一〇万クローナ［一三一万円］を手にしている。

彼は、一九九六年に海ザリガニ漁のための新しいトロール網を考案した。目が四角をした特殊なこの網を使った結果、漁獲が許可されていない幼い海ザリガニの混獲量が半減したのだ。幼いザリガニがトロール網に混獲物としてかかって船に引き揚げられると、太陽光のために目が眩んで盲目となってしまうため、再び海に戻しても死んでしまう。そのため、この新しい網は画期的な発明だった。ハンソンは、研究者や環境団体と積極的に協力している数少ない漁師の一人だ。小規模の沿岸漁業が生き残るためにはそれが唯一の道だ、と彼は考えているからだ。

（２）（Carl Mannerfeltpris）企業経営者であり環境活動にも高い関心をもっていたカール・マンネルフェルト（Carl Mannerfelt）の寄付によって、世界自然保護基金（WWF）が1994年に設立した環境賞。

「そうかい、君はこれからコルノー島（Kornö）のボッセに会うのかい」

ボー・ハンソンは、この町では「ボッセ（Bosse）」と呼ばれているらしい。私がこれからハンソンに会うという情報をヨースタから耳にした人々は口々にそう話しかけてくるが、少し首を振っているようにも見える。

「彼は、今じゃあの環境党党首のマリア・ヴェッテルシュトランド（Maria Wetterstrand）と仲良く活動しているって話じゃないか。そうだろ？」

ある若い男性は、大きく首を振って次のように言った。

「ヴェッテルシュトランドか。彼女には懸賞金を掛けてとっ捕まえるべきだよ」

ボー・ハンソンがやって来た。帽子をかぶり、新しくかっこいい原付バイクに乗っている。あまり言葉を交わす間もなく彼は私を連れてスモーゲンの港を後にし、黄色の教会を通りすぎて坂道を上っていく。すぐ横には子どもの遊び場があり、「カッレのキャビア」(3)のチューブの形をした滑り台が置かれている。丘を越えると、植物の生えない吹きさらしの岩場の上に、灰色のセメントで造られた同じ大きさの四角い家が立ち並んでいる。そして、ハッセロースンド（Hasselösund）の漁港を見下ろす丘の上に立っている彼の家にたどり着いた。

彼が「レポーター」である私を迎えに「魚屋ヨースタ」に来たとき、周りの人たちは彼に対して変な目つきをしていたが、彼はそんなことには慣れている様子だった。ハンソンは熱意に溢れ、新しいアイデアを生み出したり、ときには周りの人々を挑発したりできる能力をいつももち合わせてきた。

（3）（Kalles kaviar）スモーゲンに工場を持つ水産加工会社「ABBA シーフード」が生産する、チューブ入りの魚の卵。サンドイッチなどの具としてスウェーデンでは広く親しまれている。

（4）第2章の訳注(28)を参照。

彼は、一九六九年、仲間と一緒になってニシン漁が盛んだったころに使われていた古い倉庫を改装して「タムタム（TamTam）」という名前の屋内ディスコをはじめた。また、一九九〇年代半ばには「北ボーフースレーン漁業生産者組合（Norra Bohusläns producentorganisation）」を設立したりもしている。この生産者組合は地元漁師のためにつくられたが、スウェーデン漁師全国連合会（ＳＦＲ）(4)とはまったく異なる考え方をしてきた。

「残された道はそれしかなかったんだよ」と、ハンソンは言う。私たちが座っている彼の自宅の書斎は物で溢れ返っている。窓からは近所の家や岩場が見える。

「みんなで同意したうえで漁を規制するために、俺はスウェーデン西海岸漁師中央連合会(5)の総会で何度も何度も提案を行ったんだが、すべて否決されてしまったよ」

コルノー島のボッセ

スモーゲンでは誰もが「コルノー島のボッセ」と呼んでいるボー・ハンソンは、滑舌《かつぜつ》のよいボーフースレーン方言を使いながら専門家の口調で口早に語った。彼は六〇代で、灰色のあごひげを短く生やし、丸いメガネをかけている。口で説明するたびに、その根拠や裏付けとなる資料を一つ一つ引っ張り出して私に見せずにはいられないような性格の持ち主だ。会話の途中でしばしば立ち上がって本棚から調査報告書を出してきたりもする。しかも、たくさんの数値や「富栄養化」「底生魚種」といった専門用語

（５）（Svenska Västkustfiskarnas Centralförbund）スウェーデン西海岸の各地にあった漁業組合がまとまり、1930年に設立される。他地域の漁師連合会と一緒に1948年にスウェーデン漁師全国連合会（SFR）を設立する。そのため、現在ではSFRの地域組織という性格が強い。

を盛んにもち出してくる。

彼は、これまでの活動のなかでさまざまな批判の矢面に立ってきたのだろう。だから、自分の主張したいことがいくら単純なことでも、それを最終的にうまく定式化して説得力をもたせようと努力してきたことがうかがえる。私は、机の隅に山積みにされた書類を見つめながら気が遠くなるような思いがした。

「たくさんの小型漁船が目の大きな網を使って漁をするのではなく、わずかな数の大型漁船が目の小さな網を使って漁をするようになってしまった。漁師全員の合意のもとで魚が大きく育つまで待ってから獲るのではなく、みんなが若い魚までも競い合って獲るようになってしまった。まるで、軍拡競争のようだ」

彼は、意味ありげに口元を引き締めながら私の目を見てこう付け加えた。

「そんなのは、とりわけ賢いやり方だとは言えない」

スモーゲンの漁業が大きな問題に直面しはじめたのは、実は一九八〇年代末のことであった。これは、一九八二年に採択された「海洋法に関する国連条約（ＵＮＣＬＯＳ）」[6]によるところが大きい。一方、この条約はこの条約で、公海における漁業をめぐって国家間で長年繰り広げられてきた争いの産物なのだ。

一九七〇年代に、本格的な漁業戦争が勃発した。たとえば[7]、イギリスとアイスランドの争いは、アイスランドが自分たちが主張する漁業権の海域を沿岸三海里から二〇〇海里へと徐々に拡大していくにつ

（６） United Nationas Convention on the Law of the Sea: UNCLOS

れエスカレートしていった。事態の収拾のために、一九八二年にジャマイカのモンテゴ・ベイで最終的に採択された「海洋法に関する国連条約」では、岸から一二海里までの海域はその国の領海とし、また二〇〇海里まではいわゆる排他的経済水域（ＥＥＺ）とし、そこではその国が漁業や石油・ガス採掘などの経済的活動の独占権を握るとしたのだった。

この決定は、スウェーデンの近隣諸国にとってはよいニュースであった。しかし、スウェーデンにとっては悲劇だった。とくに、ヨーテボリを母港としながら北海で漁業を行っていた大型漁船が打撃を受けたのだ。彼らは、それまでは北海まではるばる出かけてニシンやサバなどを獲っていたのだが、突然、デンマークやノルウェーとの狭い海峡で両国の排他的経済水域に阻まれてしまったのだ。しかし、その直後の数年はバルト海のタラがたまたま前例のない豊漁だったために、ヨーテボリ港所属の漁船はバルト海に繰り出してそこで漁を行うことができた。そのため、小規模の沿岸漁業を営んでいたスモーゲンの漁師たちは何の影響も受けずにすんだ。

しかし、長い目で見れば、バルト海におけるタラのこの偶発的な豊漁はスモーゲンの漁師にとっては不幸だったと言える。ヨーテボリの漁師たちは、操業可能な海域が減少するのに応じて自然に漁獲能力を縮小させるどころか、バルト海での一時的な豊漁をいいことに逆に拡大させたからだ。それに、一九八〇年代のバブル好況も拍車をかけた。漁師たちは古い漁船をスクラップにし、銀行からお金を借りて新しい漁船を次々と建造していった。そして、スウェーデン政府からの寛大な投資助成金もそれを煽ることになった。

「当時の漁業政策は、漁業をほかの産業と同じように見なしていたんだ。だから、漁業も大規模で効率

(7)　1海里は1,852メートル。

海ザリガニ漁ではかつてはタラやヒラメなどの混獲魚が多かったが、現在では魚が網に入るのを防ぐ選別格子が取り付けられるようになった。また、網の一部の目の粗くすることで、小さなザリガニが逃れられるようにもしてある。このような網のことを選択的漁具という。（撮影：佐藤吉宗）

的にやって収益を上げればいいと考えていたのさ」と、ボー・ハンソンは語る。

「そうやって、一つの文化に終止符が打たれるんだ。それまでの北海漁業は、伝統的な狩猟採集文化に基づくものだった。だから、魚を絶滅に追い込むようなことはなかった。しかし、漁業を巨大産業として行うようになれば、その帰結がどんなものかは簡単に想像がつくだろう……」

ここスモーゲンではまったく異なる考え方がされていた。この港町では、漁師全員の合意のもと、漁に自主的な制限を加える独自のルールがすでに一九六四年から導入され、うまく機能していた。月曜日から木曜日までの五時から一七時の間しか漁を行わない、というルールだった。これは社会生活の面からの要求とも合致するものであったため、漁師はみんな守った。そのうえ、漁師一人ひとりが自分に必要なだけの魚を確保することができた。そして、それ以上に獲ってしまうと資源が枯渇する恐れがあることをみんなが認識していた。

「しかし、早くも一九八四年からヨーテボリの漁船がこのあたりにも姿を現し、週末も夜も関係なく漁を行うようになったんだ」と、ハンソンは語る。

つまり、ヨーテボリの漁船が向かったのはバルト海だけではなかったのだ。ヨーテボリの漁船は、

（8）　これに対してスモーゲンの漁師たちの漁船には、リューセシール（Lysekil）という行政管区に属すことを示す「LL」という識別記号が付けられている。

「魚群探知機」と呼ばれる最新の魚探技術と、亀裂や起伏の多い海底でも簡単に進むことができる最新のトロール網を備え付けていたため、以前なら海底の凹凸の一つ一つを熟知した地元の漁師しかトロール網を沈める度胸のなかった沿岸部でも、突如として大型漁船がやって来て漁をするようになったのだ。

ヨーテボリ港所属を示す「ＧＧ」という識別記号をつけた漁船[8]は、スモーゲンの漁師たちが自主的に決めた地元のルールを守ることはなかった。一方、金曜日から日曜日の間は漁を控えていたスモーゲンの漁師たちは、よその漁船が沿岸の魚を掃除機のように吸い取っていくさまを数年にわたってなす術《すべ》もなくただ眺めていた。『スウェーデン西部の海を守ろう！　手遅れになる前に』[9]という本には、北コステル島（Nord-Koster）の漁師であるインゲマル・トビアスソン（Ingemar Tobiasson）の言葉が引用されている。

「南からやって来るあのヨーテボリの漁船たちの振る舞いは、漁の種類に関係なくまるで肉食動物のようだ。漁を行う時間が長ければ長いほどよいことだ、と思ってやがる。『俺たちが獲らなければほかの漁師が代わりに獲ってしまう』という考えのもとで、ここの海の魚を獲り尽くしてしまうと今度は別の海に船を進めて漁をつづける。あとに残されるのは、沿岸漁業に頼って生きている俺たち『昔ながらの漁を続ける惨めな漁師』さ。（中略）でも、数百万クローナもする漁船を買って利払いとローン返済のために昼も夜もあくせく漁をすることがそもそも本当にいいことなのか？もしかしたら、そこまでしても最後にはローンを返済できないことに気付くかもしれない。結局、行き着くところはさらなる乱獲だ。俺たちが小さな漁船で漁をして得るのと同じだけの収入を得る

（９）　レジャーフィッシング協会および「スウェーデン西部の海を守ろう」委員会が1994年に出版した書籍。Sportfiskarna i Väst och Kommittén Värna Västerhavet, “Värna Västerhavet! Medan tid är..., ” Bokförlaget Settern, 1994

ために、彼らがどれだけたくさんの魚を獲らなければならないかを考えてみるがいい。彼らは、まるで掃除機のように海を空っぽにしていく」

ボー・ハンソンは、スウェーデン漁師全国連合会がヨーテボリの漁師とスモーゲンの漁師の争いを調停することができず、結局、スモーゲンの漁師たちも自主的な漁業規制を一九八八年に廃止することを決めた経緯を語った。

平日や週末に関係なく、しかも昼夜を通して漁を自由にすることが再び誰にでも可能になったのだ。そして、スウェーデンが一九九五年にEUに加盟すると、EUからたくさんの漁業助成金が降り注ぐようになって状況は悪化の一途を辿った。実は、漁業が抱えていた問題はたった一つで、それは非常に簡単なことであった。つまり、魚の数が少なすぎるのに、それを追いかける漁船が多すぎるということであった。

その結果、どうなったのだろう。ハンソンは山積みにされた文書を指さす。環境保護庁の答申書「バランスのとれた海および沿岸・群島地域の活性化」(10)、水産庁の報告書「エコロジー的持続可能な発展のための漁業の目標」(11)、漁業に関するEUのグリーンペーパー、彼自身の意見文やコメントなど、数キロもあるこれらの紙の山も何の助けにもならなかった。

「魚を完全に獲り尽してしまったのさ！　これで被害をこうむったのは誰か？　ほかでもない俺たち、沿岸漁業をやっている地元の漁師さ！　よその漁師なら、ほかの場所へ船を進めてそこで漁をつづけるだけだからね」

彼は窓の外に目をやった。表情は非常に険しい。周辺の家々は一つ、また一つと売られ、ノ

(10)　環境保護庁が水産庁および文化財管理庁の協力のもとで作成。Naturvårdsverket i samarbete med Fiskeriverket och Riksantikvarieämbetet, “Hav i balans samt levande kust och skärgård: miljökvalitetsmål 5”, 1999

(11)　Fiskeriverket, “Fiskeriverkets sektorsmål för ekologiskt hållbar utveckling”, 1999

ルウェー人やドイツ人が余暇の別荘として買っている、と彼は語った。彼の所有していた漁船「ノーミュー号（Nåmy）」はスクラップにし、その代償としてＥＵやスウェーデン政府から補償金をもらったという。この村の活性化のためには観光としての釣りに力を入れなければならないだろう、と彼は考える。

彼は、環境保全準備委員会[12]が一九九六年に発表した答申書「スウェーデンの群島地域の持続可能な発展[13]」を取り出した。この報告書に対しては、彼が設立した北ボーフースレーン漁業生産者組合が見解文を発表しており、彼はそのコピーを一部私にくれた。私は窓の外の岩場に目をやりながら、「この措置は、群島地域の住民の実生活の必要性を考慮に入れた生物学的・経済的配慮を通じて社会経済的発展戦略として統合すべきである」といった難解な文章について考えに耽った。疲れがどっと押し寄せてくる思いがした。

「レポーターさん！　取材の調子はどうだい⁉　彼に話を聞いてみるべきだよ。彼は長いこと漁業をやってきたんだから！」

ボー・ハンソンへのインタビューを終え、私は「魚屋ヨースタ」へ再び戻ってきた。赤い帽子をかぶったヨースタは、そのひさしの下で人懐っこくウィンクしながらある男性をあごで指している。痩せて背が高く、背筋が伸びた白髪の生えた男性で、チェック柄のブラウスの上にウィンドブレーカーを着ている。彼は私に挨拶をした。

この男性の名はスヴェン・ロードストローム（Sven Rödström）である。一九七八年から二

(12)（Miljövårdsberedningen）環境政策の策定のためにスウェーデン政府が1968年に設けた諮問委員会。

(13) Miljövårdsberedningen, “Hållbar utveckling i Sveriges skärgårdsområden: betänkande”, 1996

「魚屋ヨースタ」の店主であるヨースタは、独特のボーフースレーン方言で陽気に語りかけてくる。（撮影：佐藤吉宗）

〇〇二年の間、スモーゲンの魚市場の責任者をしており、このときもまだ魚市場の幹部役員を務めていた。彼は「魚屋ヨースタ」の店内に置かれた白い丸テーブルの横に腰掛け、快くインタビューに応じてくれた。優しそうで、落ち着きのあるオーラを放っている。

「一九八〇年代初めのころは、未来はすべてバラ色だと思えたよ」と、彼は思いに耽りながら私が問いかけるのを待たずに次のように語った。

「一九九〇年代に入ってからも、最初のうちはまだ将来は明るい、と考えていたんだ。でも、一九九五年にスウェーデンがEUに加盟してからおかしなことになり始めた。小さな漁船のスクラップに数百万クローナもの補償金を支払い、一隻七五〇〇万から一億クローナ［一〇～一三億円］もするような巨大な漁船の建造許可を与えて助成金をつぎ込むようになったんだ。でも、そんな大きな漁船ではローン返済や利払いの負担が重くなるために経済的に難しいんだ。だから、大型漁船の一部はアフリカ沿岸やノルウェー領のスヴァールバル諸島（Svalbard）の沖合い、スムトホーレット（Smutthålet）まではるばる出かけて漁をしている。海を空っぽにしているのは彼らさ」

彼は四代目の漁師だという。父親、祖父、曾祖父、そして彼の兄弟はみんな漁業で生計を立ててきた。曾祖父は一九世紀にノルウェー西海岸まで帆船で出かけてタラ漁をしていたし、祖父や父親や彼自身も巻き網漁をしたり流し網でサバを獲ったりしていた。北海で大型のニシンを獲ったり、ときにはエビを獲ったりもしていた（スモーゲンでは、エビのことを標準スウェーデン語の「レーカ（räka）」ではなく、「a」を取り「k」を濁らせて「レーグ（räg）」と呼ぶ）。

「スモーゲン漁港のあるここソーテネス市（Sotenäs）には一九五三年に一五〇隻の漁船があり、それぞれの漁船には三人から七人の漁師が乗り込んでいた。今ではたった六隻の漁船しか残っておらず、それぞれの漁船に乗っているのは漁師が二人だ。私は今ほど悲観的になったことはないよ。漁師になりたいなんて思う若者は誰もいない。漁業許可証を得るのも今では難しいし、適当な値段で漁船を買うのも難しい。EUが漁船のスクラップに数百万クローナの補償金を支払っている今、漁船を新たに買おうなんて漁師はいないよ。経済的に割に合わないからね」

スヴェン・ロードストロームは、スウェーデンが一九九五年にEUに加盟してから漁業政策がどのように変化したかを説明してくれた。EUへの加盟以降、スウェーデンに存在する漁船の「総トン数」を増加させることができなくなった。ただし、古い漁船をスクラップにすることで補償金をもらい、スクラップされた漁船のトン数に相当する新しい漁船を建造することは可能だった。そして、建造にはEUやスウェーデン政府から助成金をもらうことができた。その結果、スモーゲンでは数え切れない数の古い漁船が岩場でスクラップにされ、そのトン数に相当する近代的な漁船が新たに建造され、ヨーテボリ周辺の漁師が所有することになった。

「ヨーテボリの漁船はもともとニシンを獲っていた。しかし、北海での漁ができなくなると漁師たちは漁船を売り払い、それよりも小型の鉄製の漁船に買い換えてこの辺りで魚を獲るようになったんだ。俺たち地元の漁師にとって、ここスモーゲンの漁場は俺たちだけの小さな世界だったが、そうも言ってられなくなったってわけさ」

諦めに似た表情をして、彼は深いため息をついた。

「俺が漁船の近代化に疑問を投げかけたら、ヨーテボリの漁師たちに笑い者にされたよ。『木製の漁船？　そんなもの過去の遺物だよ』とある奴は言ったさ。俺たちの漁は自然環境に適合したものだった。岸から一時間も海に出ていって漁をする必要なんかなかった。沿岸部の海底の砂の部分には魚がいつもいたからさ。でも、今じゃタラがいなくなってしまった。俺たちの漁船も大半がスクラップにされ、ヨーテボリの漁師たちがそれに相当するトン数の新しい漁船を手にすることになった。でも、なぜそのトン数をこのスモーゲンの漁師たちの手にとどめておくことができなかったのか？　俺たちは、以前はエビ漁にも自主的な規制を設けていたんだ。魚市場で売りさばける以上のエビは獲らないというものだった。だけど、今は違う。今じゃ、毎週のように魚市場でエビが売れ残ってゴミ捨て場に運ばれている。以前はそんなことはなかったのにな」

彼は私の問いを待たず、次々といろいろな話を聞かせてくれた。彼には、それだけ伝えたいことがあるようだ。

「おまけに、獲れた魚の多くが魚市場を迂回しているんだ」

「どういうこと？」

「つまり、公式に認められた漁獲枠内で獲れた魚は魚市場に卸し、それ以上に獲れた分は小売業者に直接売るんだよ。こんなことも以前はありえなかった」

彼は優しそうな表情のまま立ち上がり、窓の外に見える閑散とした桟橋に目をやった。

「残念でならないよ。漁業をやろうとする若者が一人もいないからさ。この村で今後も漁がつづけられるのかどうか……希望をもつ勇気すらなくなってしまったよ」と、彼は語った。

スモーゲンの桟橋の近くに店を構える「魚屋ヨースタ」の店内には、白いテーブルがいくつか並べられている。私はコーヒーを飲みながら、店主であるヨースタの仕事ぶりを眺めていた。ガラス張りの陳列台に氷を敷き、その上に魚やエビを並べたり、魚をおろしたりする作業場にホースで水を撒いたり、看板にチョークで文字を書いたりしている。店に入ってくる人があれば、客であろうがなかろうが、その一人ひとりと言葉を交わしている。彼のエネルギーは、見ているだけで私に伝染してきそうだ。この時期は、たまたま通りがかって店内で体を温めながら立ち話をしようとする地元の人もたくさんいる。

　店内に人がいなくなると、ヨースタは嬉しそうに私に小さなクッキーを振る舞いながら「アシスタント」のシモン（Simon）を紹介してくれた。一二歳のシモンは、ヨースタと同じように赤い前掛けをして赤い帽子をかぶっている。彼は学校が終わると、そのままこの店にやって来て働いている。掃除をしたり、魚をおろしたり、言付けのために走り回ったりと、一秒たりとも時間を無駄にしていない。

「シモンよ、シモン！」と、ヨースタはたびたびこう叫ぶ。

「お前は希望の星だよ、シモン！　レポーターさん、ご覧の通りこいつの将来は有望だよ。彼の話も聞いてやってくれよ！」

「将来は漁師になりたいの？」とシモンに尋ねてみると、「そうだ」という返事が返ってきた。

「環境党や水産庁のやつらが何でもかんでも規制しないのならね。彼らはオフィスの机に向かって座っているだけで、タラをさばくときに、はらわたをどうやって取り出すのかも分かっちゃいない。それなのに、彼らは漁船をすべてスクラップにするような決定を下している。あれはおかしいと思う」と、彼は真剣な顔で言った。

　シモンは、はっきりとしたボーフースレーン地方の訛で話した。標準のスウェーデン語では船のことを「ボート（bȧt）」と言うが、もちろん彼は「ボード（bȧd）」と言っている。彼は、漁船がスクラップにされる様子を自分の目で見たことがあるのだろうか？

「もちろんあるよ。ショベルカーのアームで潰してしまうんだ。漁船の操縦席から最初にね」

店内には四〇代の男性が座って静かに地元の新聞を読んでいたが、ふと顔を上げ、私たちの会話に興味を示しだした。彼の名はローゲル（Roger）、トングオー島（Tångö）に住んでいる元漁師だという。

「俺にももうじき一五歳になる息子がいるんだが、彼はまだ本物のタラを釣ったことがないんだよ。いや、本物っていうのは一キロ以上のタラのことさ。俺が子どものころは、ルアー（擬餌）でタラを釣ろうとすると五、六キロの大きなタラが簡単に釣れたもんだよ」

彼は灰色の海を指さした。

「一九八〇年の初めのころは、ホッロー島（Hållö）から三〇分足らず海に出た所で六〇メートルから六五メートルほどの長さの刺し網を一六個ほど海に沈めておくと、三〇〇キロから五〇〇キロも魚が獲れたものだ。でも、一九九〇年代初めになると、その二倍の数の網を沈めても、よほど運がよくないかぎり二〇〇キロを獲ることすら難しくなった。そして、今では……」

彼は、手にした新聞を丸めながらつづけた。

「今では、何にも獲れなくなってしまった。獲ろうと思ったら、かなり沖まで出て、しかもトロール網を使わなければならなくなった。刺し網じゃ何も獲れやしない」

ローゲルは立ち上がり、帽子をかぶった。

「この村では、いつの時代も食卓が必要とするだけの魚を獲ってきた。しかし、今では魚が姿を消してしまった。一五〇メートルの網を沈めても、ツノガレイすら一匹も獲れない。それに、今では刺し網で漁をする漁師はまったく残っていない。自宅で食べるために魚を獲る漁師すらいないよ」

彼は大きく頷き、時計に目をやった。陸上で見つけた新しい仕事にこれから行くのだという。店を出て扉を閉める彼の姿をシモンが目で追った。その彼の表情から、この元漁師を深く尊敬しているのがよく分かる。

シモンは「彼は×××を持っているよ」と、説明するような口調で私に語ってくれた。「×××」の部分が私には聞き取れない。私が「何？」と何度も問い返すと、ヨースタが横から助け舟を出してくれ、標準語に訳してくれた。

「定置網漁船のことさ」

ヨースタは困惑した私を見て笑い、自分のアシスタントを尊敬の眼差しで見つめている。そして、すでに輝くほど綺麗になったガラス台にさらに磨きをかけながら、彼はお決まりのフレーズを口にした。

「シモンよ、シモン！　お前は希望の星だよ、シモン……」

このアシスタントは、突如として新たな行動をしはじめた。一隻の漁船がついに港に入ってきたのだ。私も、この瞬間を心待ちにしていた。「LL667」という識別記号が付けられた、全長二一メートルの「オーシャン号（Ocean）」が波を乗り越えてやって来る。シモンと一緒に私も外に出て、船が接岸するのを待った。

漁船が到着すると、シモンは船から綱を受け取って岸壁に固定し、慣れた足取りで船に飛び乗り、薄い青色や青緑の色をしたプラスチックの箱を船から降ろすのを手伝う。その箱にはエビがぎっしりと詰まっている。

漁船に乗っていた二人の漁師は、ベンクト・ハットヴィクソン（Bengt Hartvigsson）とマッティン・ボーマン（Martin Boman）だった。オレンジ色の防水服を着ている。彼らは私が「レポーター」だと知ると、うんざりした表情を見せたものの、それでも荷降ろしのあとにインタビューに応じてくれた。

「俺は、この仕事をとても愛しているよ」

荷降ろしのあとに私が甲板の上で二人に話を聞くと、ベンクトはこう語った。私たちの前には甲板に四角形の穴が大きく口を開けており、それが船倉へとつながっている。

「俺は一九七七年からずっと漁師をしているが、あのころは素晴らしかったな。夜や週末に漁をすることは決してなかった。しかし、一九八〇年代や一九九〇年代に巨大な漁船が建造されるようになり、俺たちの漁を取り巻く環境は悪化した。とはいっても……」

彼は、私の手元のメモ帳に注意深く目をやりながら自分の発言を少し訂正してこう言った。

「今では、昔と同じくらい魚がたくさん獲れているんだ。このことは、記事に是非とも書いて欲しい」

しかし、もしそうなのだとしたら、研究者たちはなぜそれを否定するようなことを言っているのだろう？

「漁業をめぐる激しいやり合いには、それだけ大きな威信がかかっているってことさ」

ベンクトはこう言うとため息をついた。

「一つの職業グループ全体の足をさらおうとしているのさ。俺たちは生産者なんだよ。分かるだろ？　食料を生産し、税金を納めて雇用を生み出している。つまり、沿岸集落の活性化を食物連鎖にたとえるならば、俺たちはその一番基礎の部分にいるんだよ」

水産資源が枯渇する危険があるという声が聞かれるが、彼は納得できないと言っている。

「一つの個体群が小さくなりすぎると別の所へ行って漁をする。それだけのことさ。俺たちは、今までずっとそうやって来たのさ。海ザリガニの数が増えれば海ザリガニを獲る。その数が減れば、今度はエビを獲ること

残された数少ないスモーゲンの漁師による海ザリガニ漁。夜中の１時に出港し、夜明けまでの数時間の間トロール網を曳く。（撮影：佐藤吉宗）

にする。スプラット（ニシン科の小魚）の数が増えればスプラットを獲る。そうしないと、スプラットはタラの卵を食べてしまうからな」

もう一人のマッティン・ボーマンが口を挟んだ。

「一番大きなまちがいは、水産庁が最初から漁師のやることに口を挟んできたことだよ。彼らが行おうとする規制は常に一歩遅れている。決定が遅すぎて、まるでドミノ倒しみたいになってしまう。四六時中、水産庁が口を挟んできて、これとこれはやってはダメ、などと言ってくるのはおかしい。気が付いてみると、海はもはや自由じゃなくなっている！」

それを聞いたベンクトが否定をした。

「でも、規則は必要だよ。しかし、水産庁のやり方は限度を越えている。漁獲量の報告が二日でも遅れれば催促の手紙が届く。『漁業免許を取り消すぞ』とか『罰金を課すぞ』、あるいは『刑務所に入れるぞ』といった脅しをかけてくる。魚が欲しけりゃ、俺の所に電話をくれれば二〇キロでもすぐにくれてやるのに！」

彼らが今でも漁で収益を上げることができるのは、「漁船が古いからだ」と二人は言っている。一九四七年に建造されたこの漁船は、スピードが出ないがローン返済の必要はまったくないからだ。しかし、タラが姿を消したことは、この二人も気付いているのではないだろうか？

「もちろんさ。魚たちはこのあたりを嫌うようになったみたいだ。その原因が何なのかは分からない。でも、魚たちが以前とは違う場所に集まるようになったのを俺たちは確認している。自然環境のなかで何か変化が起きたからだろう。それに、気候が暖かくなったことも関係しているのかもしれない」と、ベングトは言った。

彼らは、トロール漁が原因だとは考えていないようだ。

「ならば、なぜ岸に近いこのあたりでも魚が姿を消したのだろうか？　ここでは、トロール漁をやってこなかったのに」

「一九七〇年代は、アシカやウミウ（海鵜）も今ほどたくさんいなかった。一匹当たり毎日五キロの魚を一万匹のアシカが食べれば、一年にすると相当の量になる。それなのに、アシカは漁業日誌をつけたりしないからね」と、ベンクトは淡々と語った。

しかし、国際的な研究によると、一九五〇年代にトロール漁が大規模に行われるようになって以来、商業的な漁獲の対象となっている個体群で九割の魚がいなくなったと言われるが、これに対して彼らはどう考えているのだろうか。私の問いかけに対して、二人はしばらく宙を見つめていた。そのような数字は初めて耳にした、という様子だ。

「少なくとも、このあたりではそんなことはない」と、二人は口をそろえた。

「北海では漁をやりすぎているが、この辺りではそんなことは過去の話だ。だって、漁船のほとんどはすでにスクラップにされてしまったからね」

「なるほど」と、私はうなずいたが、では、何も問題はないということなのだろうか？　それに対して、ベンクトが答えた。

「問題はあるさ。スウェーデン政府は、俺たち漁師の側に立って、『スウェーデンの魚を食べよう』と国民に訴えるべきだ。そうやって、魚の価格を上げなければならない。獲った魚の売り上げが増えれば、俺たちは今ほどたくさん魚を獲る必要がなくなる」

私たちの会話を側で興味深そうに聞いていた一二歳のシモンのほうに視線を送ったベンクトは、静かな口調で次のように言った。

「俺は七世代目の漁師であって、これまでずっと漁で生計を立ててきたんだ。漁のほかに何ができるか分からない。釣り観光くらいだろうか。もしくは、成人高校(14)に通って高校の勉強をやり直すことかな」

「それはごめんさ。スモーゲンの近くに、『ノルデンス・アルク（Nordens ark）』といって絶滅の危機にある動物を集めた動物園があるだろう。あそこなら、俺たちも危機に瀕した動物たちと一緒に檻に入ることができるかもよ！」

と、マッティンが冗談を言うと、私たちは思わず笑ってしまった。私が岸壁に飛び降りると、船上の二人が私にこんなお願いをしてきた。

「お願いだから、このインタビューを何かいいことに使ってくれよ。メディアは、いつだって俺たち漁師のことを悪く書くんだ。お願いだから、今回はいいことを書いてくれよ」

私は元気よくうなずき、「このインタビューはなるべくよい形で使わせてもらうよ」と約束した。そして、この港を後にしようとすると、シモンがついてきたので話しながらブラブラと歩いた。別れる間際、彼は真剣な顔をして私を見つめ、こう言った。

---

(14)（Komvux）市の運営する成人向けの高校教育課程。高校の勉強をやり直したり、大学進学に必要な科目を勉強する。

「今回の取材を何かいいことに使って欲しい。レポーターさん、お願いだよ」

魚市場の建物は、スウェーデン政府とEUから三三五万クローナ［四三九〇万円］の助成金を受けて最近改装されたものだ。建物の大きさからすると、今日の水揚げ量の一〇〇倍もの魚を取り扱うことを想定して建てられたように思える。この日は木曜日なので魚のセリは午後に行われる。それ以外の日は、毎朝八時に行われている。建物は灰色で壁は無地、床には水が撒かれたばかりで、天井からは明るい蛍光灯が照らしている。まるで、空っぽの倉庫が二つつながったような印象を受ける。

床には、魚の入った水色のプラスチック箱が二列になって並んでいる。ある一角には、茹でた大量のエビが白い紙箱に入れられた状態で並んでいる。セリはまずエビからはじまる。見物客は私しかいないが、私の存在を気に留める人は誰もいない。夏の間、このセリは観光名物となっており、毎回たくさんの見物客が訪れている。

漁師たちにとってのこの年の悩みは、エビの売れ残りだという。スウェーデンの漁師が説明するところによると、ノルウェーの漁師が価格ダンピング（廉売）をしているからのようだ。しかし、たとえスウェーデンのエビが売れ残るほどあったとしても、セリでは一キロ当たり最低でも四二クローナ［五五〇円］の値段がつくのだ。その理由は、EUの価格保証制度だ。EUは、ある魚介類が一度に大量に獲れたとしても、価格が暴落しないように最低保証価格を定めているのだ。

エビの場合、二〇〇四年の最低保証価格は四二クローナだ。では、今エビがどうして大量に獲れるかというと、エビを餌にする魚が減ってきたからだ。私が「魚屋ヨースタ」で話をしていると、「日和見主義者」であるエビは獲らなければいくらでも増えてしまう、いわば「海のシラミ」みたいなものだ、といった話を耳にした。この春は、五〇トンを超える茹でエビが緑に着色され（売り物ではないことを示すため）、ゴミ処分場に運ばれることになった。漁師たちは、その厄介者を処分したあとにEUから補償金を手にする。EUの価格保証制度を通じて漁師に支払われる補償金の総額は、一年間で実に三〇〇万クローナ［三九三〇万円］に達している。

若い男性が、首からぶら下げた机のような板にノートパソコンを置いて競《せ》りを開始した。明らかに買い手（仲卸業者）だと分かる三人の中年男性が、慣れきったように独特の体勢に入る。眉毛を上下に動かしたり、注意深く見ていないと気がつかないくらいわずかに頷くことで競り人に合図を送りながら、音を立てることなく入札をはじめた。エビが一箱売り落とされるたびに競り人が値段を記録し、買い手は自分の名前が書かれた紙を箱に入れていく。エビの競りは早々に終わり、床に並ぶプラスチック箱に入れられた魚の競りがはじまった。かなり大きなタラなどの魚は種類ごとに別々の箱に入れられ、下には氷が敷かれている。

一方、数種類の魚が一緒に入れられた箱もある。ある箱には、ヒラメや小さなタラが数匹と六〇センチほどのアブラツノザメが一匹入っていた。

この小さなサメはラテン名で「スクアルス・アカンティアス（Squalus acanthias）」と呼ばれ、見かけは一般的なサメとそっくりだが大きさが一回り小さい。灰色で厚い皮をもち、黄緑色の目はまるで猫のようで、鼻は幅が広くて平らだ。しかし、背びれや尾びれはサメ独特の形をしている。

箱に入ったこのアブラツノザメはエラを規則的に動かしている。陸に揚げられてから少なくとも数時間が経っているだろうが、明らかにまだ生きているのが分かる。

この小さなサメを目にしたことで、私が以前から抱いていた不安がさらに強まった。生物学の専門家であるリチャード・エリス[15]は、自著『空っぽの海――世界の海洋生物の略奪[16]』のなかで北米におけるタラの乱獲について説明している。私はその本のなかで、「一九九〇年代の初め、タラが枯渇したためにタラ漁ができなくなった漁師が、行政機関の同意のもとでその代わりとしてアブラツノザメを獲りはじめた」と書かれた部分を読んだばかりだった。二万匹もの群れをつくって泳ぐこともあるアブラツノザメは、それ以前は猫の餌や魚粉、皮革くらいにしか使い道がなかった。しかし、それが、アメリカ東海岸のニューイングランド地方であるとき、食用魚として販売されはじめたのだ。

アブラツノザメの英名である「スパイニー・ドッグフィッシュ（spiny dogfish）」では響きが悪くて商業的に使えないので、魚屋では「ケープ・シャーク（cape shark）」と名付けられて販売された。たいした人気にはならなかったが、イギリスへの輸出が大成功を収めた。名の知れない白身魚としてフィッシュ・アンド・チップスに使われたためだ。そして、ヒレはもちろんアジアに輸出され、フカヒレのスープに使われた。

しかし専門家は、一九九八年に、大西洋の北西部に生息するアブラツノザメの個体群も乱獲のために枯渇している、と発表した。実は、この小さなサメは繁殖の速度が非常に遅く、メスは生後一二年経ってやっと繁殖適齢期に達する。そのうえ、懐胎期間が二二か月と、脊椎動物のなかではゾウと並んで一番長い生き物だ。メスは一度に四匹から八匹の稚魚を産み落とすが、その繁殖周期は早くても二年に一度である。

(15)（Richard Ellis, 1938～）男性。アメリカ人の海洋生物学専門家、作家および画家。アメリカ自然史博物館の研究員。海洋生物に関する調査を世界中で行うとともに、海洋生物環境の保全に関する啓蒙書を多数執筆している。

この事実は、生物学の世界では以前から知られていたものの、アメリカでは二〇〇〇年になって初めてアブラツノザメに対する漁獲規制が行われるようになった。そして、今私の目の前でエラを動かしているアブラツノザメに対して何らかの漁獲規制がスウェーデンで行われるようになったのは二〇〇七年になってからのことだ。一方、国際自然保護連合（IUCN）[17]は、二〇〇一年以降、アブラツノザメを絶滅の恐れのある種としてレッドリストに掲載している。

アブラツノザメはサメの一種であるが味はよくない。頭と尾びれを取り除いた形で「北海ウナギ（nordsjöål）」だとか「海ウナギ（havsål）」、「カツレツのための魚（kotlettfisk）」といった名前が付けられて魚屋で売られていることがあるし、一種のエキゾチックな飾り物として魚屋の陳列棚の氷の上に並べられてもいる。スウェーデンにおけるアブラツノザメの水揚げ量は、アメリカと同じように一度増えたあとで突如として減少している（二〇〇〇年・一二四トン、二〇〇一年・二三八トン、二〇〇二年・二七〇トン、二〇〇三年・二七五トン、二〇〇四年・二四四トン、二〇〇五年・一七〇トン、二〇〇六年・一四八トン）。これは、行政担当者が対策に乗り出さなかったことに対して発せられた警告と解釈することもできる。そして、やっと対策措置が取られたものの、それはほとんど意味をなしていない。スウェーデン政府は二〇〇七年に近隣諸国と共同で、スカーゲラーク海峡やカッテガット海峡、および北海の漁獲枠を合計二八〇〇トンと設定したが、これはこれらの海域での年間漁獲量よりも多いからだ。

箱のなかで相変わらずエラを動かしているアブラツノザメを眺めながら、私はこの箱の値段がどのくらいなのかと考えていた。二〇〇クローナ［二六二〇円］くらいだろうか。この箱を私が買い

(16)　Richard Ellis, “The Empty Ocean: Plundering the World’s Marine Life”, Island press, 2003

(17)　(the International Union for Conservation of Nature：IUCN) 第2章の訳注(25)を参照。

取って、そのまま波止場まで持っていって海に戻したらどうだろう。そんな感情的な考えが頭をふとよぎったものの、それ以上は考えないことにした。

よく見ると、このアブラツノザメの横には白い模様が付いている。まるでサメの形をした子どものオモチャにそっくりだ。この魚はもちろんまだ若い。アブラツノザメは最長で三七年も生き、体長は一三〇センチ、重さは一五キロになることもあるという。非常に長い距離を泳ぐことができるのも一つの特徴で、発信機を取りつけて調査したところ、ノルウェーからフランスのビスケー海まで泳ぐものや、アメリカから日本まで泳ぐものがいたという。

また、社交的な生き物でもあることも明らかになっている。レジャーフィッシング協会のホームページには以下のように書かれている。

「アブラツノザメの特徴として、針にかかって釣り上げらようとしている仲間に付き添って、ほかのアブラツノザメが海面まで上がってくることがよくある。群れ全体が水面まで一緒に上がってきて、そして再びゆっくりと海に潜っていく光景を目にすることも珍しくない」

国際自然保護連合は、ヨーロッパのアブラツノザメの数が一九九〇年代に九九パーセント減少したと報告しているものの、この魚はいまだに世界でもっとも一般的なサメの一種である。

私は、それ以上考える暇がなかった。私の目の前では魚のセリがつづき、競り人や買い手が呟いたり、頷いたり、眉毛を上げたりして合図を送っていたが、そのうち取引が成立し、白い紙切れがアブラツノザメの入った箱に投げ入れられた。いくらで競り落とされたのか……。聞き逃してしまった。

(18) (Financial Instrument for Fisheries Guidance：FIFG) EUの共通漁業政策の目標達成に貢献することを目的として作られた基金。ヨーロッパの水産業の国際競争力を向上させ、長期的な収益性を高めるために2000年から2006年の間に用いられた。

競りが終わったあと、私は魚市場の従業員の一人をつかまえてこの新しい建物を案内してもらった。案内してくれたのは、ビョーン・ベンクツソン（Björn Bengtsson）だ。二〇〇二年、スモーゲンの魚市場はEUの漁業開発基金（FIFG）[18]から三三五万クローナ［四三〇〇万円］の助成金を受け、包装物の倉庫やトイレ、会議室、卸売り業者のための会合所、そして「漁業業界関係者の教育や学校教育活動のために使うため」の調理場を建設した。

ここスモーゲンや周辺地域には、寛大な漁業開発基金からの多額の助成金がここ数年にわたって降り注いでいる。二〇〇〇年から二〇〇六年の間に認可された助成金の一覧を見てみると、驚いたことに、スモーゲンの対岸に工場を構える水産物加工業の大手である「ABBAシーフード[19]」にも機械設備の近代化のためにEUから助成金が拠出されている。内訳は「チューブ包装の全自動作業ラインの購入と設置」のために五〇万クローナ［六五五万円］、「商品の種類を増やすことを目的とした工場の増築、および機械の購入」のために六〇万クローナ［七八六万円］余り、「機械設備の購入と設置」のために三七万五〇〇〇クローナ［四九一万円］となっている。

ここスモーゲン漁港に冷蔵施設を建てたときにも、EUの漁業開発基金から七三八万五〇〇〇クローナ［九六七〇万円］が拠出されている。それと同時に、一九九六年から二〇〇五年にかけては二〇〇〇万クローナ［二億六二〇〇万円］以上のお金が一三隻の地元漁船をスクラップにするために使われた。漁船所有者のほとんどは、漁船のスクラップに合意することで六〇万クローナから二六〇万クローナ［七八六万～三四〇〇万円］の補償金を受け取ったのだ。ただし、「ホッロー号（Hållö）」だけは例外で、この漁船の所有者は八六〇万クローナ［一億一三〇〇万円］近くを手に

(19)　ABBAシーフード。1838年にノルウェーのベルゲンで創業した水産加工業の大手。本社は現在ヨーテボリにあり、生産工場はスモーゲン近隣のクングスハムン（Kungshamn）に置かれている。

している。

実は、補償金の配分を管理している水産庁は、EUの行政プログラム期間が終わりに近づいたにもかかわらず、スクラップに同意してくれる漁師があまり見つからずに、一定のトン数の漁船をスクラップにする（EUの行政用語でいう「漁獲能力の調整」）という当初の目標を達成することが困難となっていた。そのため、水産庁はかなり増額した補償金を漁師に提示することで目標を達成しようとしたのだ。この結果、一九七六年に建造された全長三二メートルのホッロー号の所有者は、スクラップにすることで八六〇万クローナ近くの補償金をEUからもらったのだ。

さて、この額が大きいのか小さいのか。いずれにしろ、まちがいなく言えることは、スウェーデンの大手保険会社である「スカンディア（Skandia）」のCEO（最高経営責任者）の退職金に匹敵するいうことだ。漁師全国連合会の機関紙〈イュルケス・フィスカレン（Yrkesfiskaren）〉に掲載された中古漁船の広告を見ても、三〇〇万クローナを超える値段の漁船は見当たらない。私が見つけた一番高い中古漁船は、二〇〇二年建造で、ボルボ・ペンタ製のエンジンが付いた全長一七メートルのトロール漁船で、価格は三一〇万デンマーク・クローネ［四三〇〇万円］だった。このほかに目に留まったのは、一九九九年建造で、設備や船室の状態もよい全長三八メートルの大型漁船だ。こちらは、二二〇万デンマーク・クローナ［三一〇〇万円］で売りに出されていた。

スモーゲンの魚市場は外見こそ立派だが、なかに足を踏み入れると広いだけで空虚な感じがする。その薄暗い一角にも、EUの漁業開発基金からの助成金で購入されたものがある。

「これはカニに光を透して、身の詰まり具合を見分けるための装置だよ」と、ビョーン・ベンクツソンは説明した。まるでオーバーヘッド・プロジェクターのようなこの装置は、使われた形跡がほとんどない。

「カニ漁に力を入れよう、というのはコルノー島のボッセのアイデアだったんだ。EUの助成金をもらってこの装置を買ったんだが……。途中でうまくいかなくなってしまったてね。どうしてか、俺はよく知らないんだけど」と語ったビョーン・ベンクツソンは、「仕事があるから」と言ってその場を後にした。

私も、彼が立ち去る方向に歩きながら、近代的で美しい、この魚市場の建物を後にしようとした。今でもエラを動かしているアブラツノザメの入った箱の側を通りすぎる。私には将来が見通せるとは思わないが、あと数年もすればこの種も絶滅の恐れがあるとしてヨーロッパで盛んに議論されるのではないか、と感じてしまった。私の予想は、実は二〇〇七年の夏に現実のものとなった。EU加盟国であるドイツが、アブラツノザメをワシントン条約（CITES）[20]の付属リストに加えることを提案したのだ。ドイツがサメの保護に特別な関心を示す大きな理由は、ドイツの伝統的な料理に「シラーのカール（schiller-locken）」と呼ばれるサメの腹の部分の肉を燻製にした料理があるためだ。

この奇妙な名前は、燻製の過程で長細いサメの身が丸くまとまる様子が、ドイツ古典主義の詩人フリードリヒ・フォン・シラー[21]の髪型に似ているところからきている。インターネットで検索してみると、この料理に関するさまざまな情報が見つかった。検索にまず引

(20)　正式名称は、絶滅のおそれのある野生動植物の種の国際取引に関する条約（the Convention on International Trade in Endangered Species of Wild Fauna and Flora：CITES）。国際自然保護連合（IUCN）の加盟国会議で1973年に採択された条約。絶滅が危ぶまれる野生動植物の国際的な取引を規制するのが目的。その希少性に応じて附属リストⅠ、ⅡおよびⅢに分けてリストアップし、合計約3万種を取引制限の対象としている。

っかかったのは、『シラーのカール』への哀歌（Requiem für die Schillerlocken）」というタイトルのついたページや、「乱獲（Überfischung）」という言葉が使われたページだ。アブラツノザメの危機的な状況は、予期せずに突然現れた現象ではまったくないのだ。

嫌な予感を抱きながら私は魚市場を後にした。しかし、このあとにまさかこんなニュースが飛び込んでくるとは思いもしていなかった。私は、この魚市場を訪れた最後の訪問者の一人となったのだ。

実は、魚のセリの一般公開はこの年の秋に幕を閉じ、それ以降は国外のオークションサイトを用いたインターネットによるセリへと形を変えたのだ。「魚屋ヨースタ」の店主ヨースタ・カールソン（Gösta Karlsson）は、二〇〇四年八月、貴重な観光名物がなくなることについてタブロイド紙〈アフトンブラーデット（Aftonbladet）〉で次のようなコメントをしている。

「なんてこったい。これですべてがおしまいだ」

悪者は誰だろうか。行政機関？　漁師？　政治家？　それとも水産業界？　いったい誰の責任なのだろう。漁業とかかわりがない人たちは、私がインタビューをすると遅かれ早かれこんな疑問を口にする。私自身も、頭のなかで何度も何度も考えてみた。ジャーナリズム的に一番簡単で都合がよく、批判を受けにくい報道の仕方は「最大の悪者」を見つけることだ。権力を盾に傲慢な態度を振るう行政機関、汚職にまみれた政治家、大きな力をもつ産業界、外国の経済利権などだ。

前髪を前向きに梳いた水産庁の元長官ヴラムネルは、前章で紹介したように漁業関係者の側に立ってフルトクランツ教授の報告書を批判した人物だが、その彼も「テレビや新聞のルポタージュでは、条件反射的に悪者に祭りあげられている」と、私に語ってくれたことがある。

---

(21)（Friedrich von Schiller, 1957～1805）ベートーヴェンの交響曲第９番の「歓喜の歌」の原詞を書いたことなどで知られる。

「番組や記事の構成を考えれば、防水の作業服を来て漁船に乗り、強い訛でしゃべる漁師をよい人間に仕立てあげて、逆に、ネクタイを締め、メガネをかけてオフィスで机に向かっている私のような事務方の官僚を悪い人間として書いたほうがとても楽なんだよ。ジャーナリストの多くはそういう風に考えているんじゃないかな？」

この日、スモーゲンで取材をつづけてきた私は、漁師たちに対する共感を何度も感じた。今も昔も相変わらず闘いつづけるコルノー島のボッセ。テレビゲームに夢中になっている私の息子と同年代にもかかわらず、そんな世界から数光年も離れた現実の世界で仕事に一生懸命励んでいる「希望の星」の少年シモン。周りの人たちを楽しい気分にさせる不思議な力をもった魚屋の店主ヨースタ。優しそうな元漁師スヴェン・ロードストローム。漁業の世界で起きている問題を彼らのせいにすることができるだろうか？　降り注ぐ多額の助成金や対象のまちがった投資助成金、漁獲した魚を海上で投棄するように強制している制度、買い手がつかないほどたくさんのタラを獲らせ、一九九〇年代には六〇〇〇トンものタラをゴミ処分場送りにすることを許してきた規則……。一方では、必要とされるルールがないために無法状態が放置されているのに、他方ではがんじがらめの馬鹿げた管理行政が行われている現行の水産行政。これらのすべての責任を彼ら漁師たちに押しつけることができるのだろうか？

ボー・ハンソン（コルノー島のボッセ）の自宅で目にした一九九〇年代以降のさまざまな調査報告書の山を思い出した。あれだけたくさんの報告書がすでに存在するのに、「問題は、現状がまだ詳しく分かっていないからだ」などと政策決定者が言い訳をすることは許されない。

ボー・ハンソンが私に教えてくれた非常に基本的な調査報告書の一つに、一九九八年に発表された「ＥＵの視点から見た水産行政[22]」がある。この報告書をまとめたニルス＝グンナール・ビッリンゲル[23]は、このなかで水産庁が抱えるジレンマを指摘している。つまり、水産庁は漁業というごく小さな産業を相手に行政サービスを提供しなければならないのと同時に、彼らの活動を監視しなければならないという難しい役割を担っているのである。彼は、水産業界と水産庁の間の密接な関係を認識したうえで、ジレンマのなかで孤立して途方にくれている水産庁職員が自分たちの役目をきちんと果たすためには、政治サイドがより大きなリーダーシップを発揮して彼らを導いてやる必要があると、全部で四八一ページにもなるこの報告書のなかで述べている。

しかし、この分厚い報告書が政府に提出されたあとも、何の改革もなかった。ビッリンゲル自身はその後、一九九八年六月に開かれた財務省主催の公共経済研究（ＥＳＯ）のシンポジウムにおいて調査によって明らかになったスウェーデンの漁業の実態を説明しているが、それは大変考えさせられる内容だった。

彼はまず、政府が効果的な水産行政を行うためには水産庁により明確な指示を与える必要があると述べた。そのうえで、次のように言っている。

「唯一の問題は、政府がどのような政策を行いたいのかがはっきりしないということだ。政策が不在であるため、水産庁の職員は何をすればよいのか分からず途方に暮れている。だからといって、本省である農林水産省に掛け合って政治家や官僚に質問したところで、誰も真剣に答えようとはしてくれない。官僚たちは、政治サイドからの指示がない、と政治家たちの責任にしている。一方、

(22)　Nils-Gunnar Billinger, “Fiskeriadministrationen i ett EU-perspektiv”, SOU 1998:24

(23)　(Nils-Gunnar Billinger, 1947～）男性。行政官僚。逓信庁（Post- och telestyrelsen）長官やヨーロッパ航空管制委員会（Eurocontrol）の委員長などを務める。

政治家たちは、水産行政という小さな政策領域に構っている時間などないのだ」

私がインタビューした多くの人々は、スウェーデンでこれだけ惨めな水産行政が行われてきた理由は、スウェーデン経済に占める漁業の重要度が実に小さなものだからだと指摘している。二〇〇五年の水揚げ総額は八億八〇〇〇万クローナ［一一六億円］であった。つまり、一〇億クローナに満たないのだ。

環境保全準備委員会が二〇〇六年に発表した答申書「持続可能な漁業のための戦略[24]」は、水産行政が「少数の漁業関係者の虜」になってしまい、「もし、政治的優先順位が高ければ、首相や野党党首もその政策動向を常に注視して必要とされる対策をその都度議論しただろうが、水産行政ではそのようなメカニズムが働いてこなかった」と述べている。

これに対してアイスランドやノルウェーのような国では、経済全体に占める漁業の重要性が大きいために、持続可能な水産行政を行うことは政治家にとって死活問題である。ノルウェーでは、水揚げ総額が毎年約一〇〇億ノルウェー・クローネ［一三三〇億円］に達し、さらにこれとほぼ同額の養殖魚が水揚げされている。そんなノルウェーは、必ずしも模範的とは呼べないにしても、スウェーデンよりはずっと上手に水産資源の管理を行ってきた。

すでに触れたように、ノルウェーでは海上投棄が禁止されており、漁獲した魚はすべて陸揚げしなければならない。もし、漁獲された魚に繁殖適齢期に達していない若い魚が多ければ一時的な禁漁が発令される。魚がきちんと成長する前に獲ってしまうのは、資源の浪費にほかならないからだ。

(24)　本章の訳注(13)を参照。

そのうえ、ノルウェーでは密漁に対する罰則もEUよりずっと厳しい。

他方、アイスランドではいわゆる譲渡可能な個人漁獲枠（ITQ）[25]と呼ばれる別の制度によって、持続可能な水産行政を実現しようと努力してきた。この漁業管理制度には賛否両論があるものの、漁業を行う企業や漁師にとっては、水産資源をきちんと保全することが自らの経済的利益につながるという動機づけが少なくとも働くことになる（詳しくは第10章で触れる）。これは、農家の人が自分の農地をきちんと管理することと同じだ。

スウェーデンでは海から魚が獲り尽くされようとしているが、これは誰かの利益につながるからだろうか。乱獲によって恩恵を受けている人々がいるにちがいない。そうでもなければ、漁師たちが専門家の提案した漁獲規制に激しく反発する理由や、漁師たちが全員の経済的な利益につながるような資源管理のルールを自主的につくってこなかった理由がまったく理解できないではないか。

私は、水産資源の乱獲の背景にある事情を詳しく探るため、漁業に関係する重要人物や企業、団体を調べ、どれだけたくさんのお金がこの産業に絡んでいるのかを調査してみることにした。結果は驚くべきものだった。

（25）（Individual Transferable Quotas：ITQ）

第６章　漁業に対する経済的支援

高い空と足もとの大地を見よ。大空は煙のように消えてなくなり、大地は着物のように古びる。そこに住む者はハエのように死ぬ。だが、わたしの救いはいつまでもすたらない。わたしの正しい政治は、とだえることも行きづまることもない。（イザヤ書五一・六）

テレビカメラマンやジャーナリストとして活躍するペーテル・ローヴグレーン[1]のドキュメンタリー映画『最後のタラ（Den sista torsken）』が二〇〇一年一一月八日にスウェーデンの公共テレビで放映された。これをご覧になった方は、建造されたばかりで、全長四五メートルのトロール漁船「トールオーン号（Tor-ön）」に乗り組む漁師トーレ・アールストローム（Tore Ahlström）が、自らの信仰心について語っている場面を覚えておられるかもしれない（トールオーン号は、前章に登場したスヴェン・ロードストロームが、インタビューのなかで「一億クローナもするような漁船」と呼んだ大型漁船の一つ）。

彼の一族一七人が、スウェーデンに現存する最大級の漁船のうち四隻の所有者として名を連ねている。彼らは、積極的な投資を行ったり、新しい漁業に手を出したり、新しい漁船の建造を行ったり、新たな種の漁獲をはじめたり、新たな水域での漁を試みたりと、漁業の発展の最前線を常に歩んできた人たちだ。一九八〇年代にバルト海でタラが大量に獲れたときに大きな財産を築き、その利益の大部分をさらに大きな漁船の建造に費やしてきた。しかも、一九九六年にはEUのあの寛大な漁業開発基金（FIFG）とスウェーデン政府から合わせて一〇〇〇万クローナ［一億三一〇〇万円］の助成金を受け取って、飼料となる魚を獲るための大型トロール漁船「ガンティ号（Ganthi）」と「ギンネトン号（Ginneton）」を建造してもいる。タラが枯渇しはじめていたにもかかわらず、この漁師一族はこれらの助成金のおかげでトロール漁をバルト海で盛んに行えるようになったのだ。

「自分のお金は自分で管理しなければならない。自分のお金をうまく管理することは、神から託された義務なんだ。浪費するなんてもってのほかだ。自分の子孫たちに富を残すべきだ。我々の先祖が代々、そうしてきたように」と、トーレ・アールストロームはドキュメンタリー映画のなかで述べている。

アールストローム一族が、ヨーテボリ郊外の集落フィスケベック（Fiskebäck）にある非国教会系の教会に属していることはよく知られている。トーレは神への信仰心や人生に対する楽観主義を番組のなかで語り、これが成功の鍵だと述べている。しかし、彼の楽観的な口調もドキュメンタリー映画が終わりに近づいてくると、突如として拍子抜けしてしまった。

この映画の製作者であるペーテル・ローヴグレーンが、タラの減少や漁業の産業化への懸念についてトーレに問い詰めると、彼は突然、水産資源の枯渇は聖書のなかで予言されたことだ、と答えたのだ。「オゾン層の希薄化も環境破壊も、魚の枯渇もすべて」が、「イザヤ書」や「ヘブライ人へ

（1）（Peter Löfgren）公共テレビ「SVT」のジャーナリスト。長年にわたって中東の特派員を務める。中東情勢をはじめとする数々のドキュメンタリーを手がける。映像製作会社を自ら設立し、現在はレバノンを中心に活動する。

の手紙」のなかで指摘されているという。大地も大空も「着物のように」擦り切れてしまうと、トーレは考えに耽りながら次のように答えた。

「どのように、と私に聞かれても困る。しかし、すべてが着物のように擦り切れていく様子を私は目にしている。神を信じる者にとって、何も驚くべきことではない。すべてのものには終わりがやって来る。そして、ボロボロになっていくんだ」

映画のこの場面は、スウェーデンの漁業界に大きな波紋をもたらした。レジャーフィッシング協会や海洋生物学の専門家や漁師たちは、フィスケベックの漁船団の話になるたびに、必ずと言っていいほどトーレ・アールストロームのこの発言をなかば呆れながら引用している。しかし、漁業の世界の全体像をまだ完全には把握していない私は、大型漁船を四隻も所有し、聖書を文字通りに解釈する恐ろしいほどの信仰心をもつアールストローム一族がスウェーデンの漁業界でどれだけ大きな存在なのかを判断しかねる。

私は詳しく調べようと水産庁に足を運んだ。しかし、この問題は、私が思っていた以上にデリケートだということが明らかになった。漁業にたずさわる企業（漁師が登録する個人企業も含む。多くの場合、漁船一隻ごとに一つの企業が登録されている）のうち、スウェーデンで一番大きなところはどこか、と私が水産庁職員に尋ねてみても答えが返ってこない。

「漁師個人にかかわる情報なので、おそらく機密事項だと思う」と、この職員は答えるのをためらった。

しかし、公共の資源をただで漁獲し、政治的に決定された漁獲枠を配分してもらい、そのうえ税金で運営される行政機関の監督を受けている人たちの企業活動の情報がこのような形で保護されるべきなのだろうか。私がこのような疑問を何度か水産庁の職員に投げかけてみると、詳しい情報があとでメールで送られてきた。そこには、「タラ漁」「ニシン漁」「飼料となる魚を獲るそのほかのトロール漁」のそれぞれの部門で、水揚げ量がもっとも多い漁業企業のトップ二〇社が書かれてあった。

私は、そのリストに目を通したものの最初はがっかりしてしまった。タラ漁船のトップランキングにはあまり面白い情報がなかったからだ。私が水産資源の枯渇にそもそも関心をもったのは、すでに触れたようにタラがきっかけであった。しかし、このリストを見ても巨大漁船は見当たらないし、共同で大規模な漁を行っている漁船もなさそうだし、水揚げ量がとくに飛び抜けた漁船もない。上位一〇位までに入る漁船の年間売り上げ額は四〇〇万から五〇〇万クローナ［五二〇〇～六六〇〇万円］で、ほとんど横並びとなっている。そして、漁船所有者の所得は一五万から三〇万クローナ［二〇〇～四〇〇万円］ほどだ。

しかし、その理由に間もなく気がついた。タラ漁から生まれる経済的な利益は今となってはあまり大きくないのだ。二〇〇五年の水揚げ総額は九億クローナ［一一八億円］であったが、このうちタラは一億六〇〇〇万クローナ［二一億円］余りにすぎない。これに対して、タラの水揚げ額は一九九〇年には四億四三〇〇万クローナ［五八億円］もあった。大型漁船をもつ漁師たちはタラ漁をやめ、収益性のもっと高いニシン漁やスプラット（ニシン科の小魚）をはじめとする飼料生産のための漁に切り替えたためだ。これらの魚の水揚げ額は、二〇〇五年に約三億七〇〇〇万クローナ［四八億円］、そして二〇〇六年には四億四四〇〇万クローナ［五八億円］に上昇している。

落胆していた私は、いわゆる「漂泳魚」と呼ばれるニシンを獲る中層トロール漁船のトップランキングを見てみることにした。今度は、興味深い情報が手に入るかもしれない。すると、衝撃的なことがまもなく明らかになった。ニシンやスプラットを獲る中層トロール漁船は二〇〇三年時点で合計一九五隻登録されているが、そのうち水揚げ量ランキングの一〇位までに入る漁船の水揚げ量が全体の三割を占めているのだ。そして、一位から六位までの漁船のうち四隻は聞き覚えのある名前だった。アールストローム一族が所有しているトールオーン号、トールランド号（Torland）、ギンネトン号、そしてガンティ号だった。これら四隻の漁船は、飼料生産を目的としたトロール漁船のトップランキングにも名前を連ねている。このランキングでは、一位から一〇位までの漁船の水揚げ量を合計すると、実に全体の四割を占めている。

私は、漁業部門がどれだけの経済利益を上げているのかを調べる次のステップとして、漁業で大成功をしている人々の収入の内訳を調べてみた。企業庁（Bolagsverket）へ電話を入れてみると、ガンティ号とギンネトン号は別々の株式会社として登録されていることが分かり、それぞれ年間二〇〇〇万クローナ［二億六二〇〇万円］余りの売り上げがあることが明らかになった。しかし、所有者の課税対象所得はかなり少なく、二〇万から三〇万クローナ［二六〇～三九〇万円］ほどしかない。

スウェーデンで最大で、しかも最新の漁船トールオーン号とトールランド号はどうだろうか。これを調べるのはちょっと難しい。実は、この二隻を所有している合名会社トールオーンランド（Törönland）は年次会計報告を特許登録庁（Patent- och registreringsverket）に提出していないからだ。合名会社であれば、売り上げ額が三八〇億クローナを超えない企業にはその提出が免除されているのだ。この企業の売り上げ額が

ヨーテボリの郊外、フィスケベック漁港に停泊する漁船。ヨーテボリの行政管区に属すことを示す「GG」という識別記号が付けられている。
（撮影：佐藤吉宗）

分からないため、私は代わりにこの企業の所有者の所得を調べてみることにした。合名会社トールオーンランドの所有者は全部で九人で、その全員が「アールストローム」という苗字であった。

私はこの九人の所得を調べるため、税務署（Skatteverket）に問い合わせることにした。おそらく、驚くべき事実が明らかになるにちがいない。正直なところ、私は腰を抜かすような大きな数字が出てくることを期待していた。巨大な漁船で海の魚を絶えず掃除機のようにさらいながら銀色に輝くニシンやスプラットを数万トンも獲っているのだから、それに相当する大きな所得があっておかしくない。私は、出てきた数字を見てやはり驚いたが、それはまったく予想外の驚きだった。

税務署の職員に何度パソコンのキーボードを叩いてもらっても、出てくる結果は一緒だった。所得は〇《ゼロ》クローナ。トールオーンランド合名会社の所有者九人全員とも、まったく所得がないのだ。しかも、これは一年にかぎったことではなく、課税年度二〇〇六年、〇五年、〇四年、〇三年、〇二年、そして〇一年と調べてもらっても、スウェーデンを代表するこの漁師一族のメンバー九人は課税対象となる所得をまったく申告していないのだ（ただし、例外として、そのうちの一人は二年ほどにわたって数千クローナ［数万円］の所得を申告している）。さらに明らかになったのは、この九人の二〇〇五年の所得の合計はゼロであるだけでなく、実は総額で八〇〇万クローナ［一億五〇〇〇万円］を超える赤字が事業から発生している。二〇〇六年にも赤字が計上されており、その額は何と一二一六万クローナ［一億六〇〇〇万円］に上っている。

私の頭のなかでは、ペーテル・ローヴグレンのドキュメンタリー映画の一場面が思い起こされた。ローヴグレンが「漁の調子はどうだい？」と、漁師のトーレ・アールストロームに尋ねる場面だ。

アールストロームはトールオーン号の操縦席の椅子に背中をもたれながら、二隻の漁船の船倉はだいたい五〇時間でいっぱいになると、この直前に説明をしていた。それから、トロール網を一回引き揚げれば三〇〇トンもの魚が獲れることもあり、これは大型トレーラー一〇台分だとも語っていたところだった。

「俺たちは大満足さ。この春はとてもよく獲れたよ。これ以上の豊漁はありえないというくらいにね！」と、アールストロームは答える。

私は、ほかの漁師の所得についても調べてみることにした。しかし、ニシン漁や飼料目的の漁を行うトロール漁船のうち、大きな水揚げ量を誇る漁船の所有者の所得を見てみるとアールストローム一族の所得ほど驚くものではなかった。それでも奇妙だと感じたのは、私がランキングで名前を見つけ、税務署で所得を調べた漁師のうち、大きな所得があると言える人がわずか三人しかいなかったことだ。それは、巨大トロール漁船「アストリード号（Astrid）」と「アストリード・マリー号（Astrid-Marie）」の所有者であるヨハンソン（Johansson）親子だった。この二隻の最新鋭漁船は、一九九六年にEUの漁業開発基金（FIFG）とスウェーデン政府から合わせて九〇〇万クローナ［一億一八〇〇万円］の助成金を得て建造されている。彼らが申告した所得は、私が調べた数年間を見てみると一人当たり年間四〇万クローナから一四〇万クローナ［五二〇～一八三〇万円］ほどであった。

スウェーデンでもっとも水揚げ量が多い漁船のランキングのなかからいくつかの漁船の所有者の所得を抜き打ちで調べた結果、年間所得が一〇〇万クローナ［一三一〇万円］を超える人は一人しか見つからなかった。一方で、課税対象となる所得がまったくない人や、平均的な水準の所得を申告している人、ほんのわずかな所得しかない人などが圧倒的に多かった。漁業が、他人と競ってでも手に入れたい黄金の富を築ける産業だということを示すデータはどこにも見当たらない。これらの所得情報だけで判断すれば、漁師たちも本当はもっと利益の上がる産業に乗り換えて、そちらに投資しようと常に考えていてもおかしくない、とさえ思われる。

では、アールストローム一族はなぜ漁業をつづけているのか、と不思議に思う人もいるかもしれない。彼らの所有する四隻の漁船のうち二隻は、すでに触れたように、一クローナも収益が上がっていないどころか船の底からお金が漏れ出しているような状況なのだが、実はこれにはちょっとしたわけがある。この二隻は、かなり最近建造された漁船なのだ。しかも、大きさがほとんど同じアストリード号やアストリード・マリー号と違って、建造のときにEUの助成金をまったく受けていない。助成金認可の審査を行った水産庁は、スウェーデンには同規模の漁船がすでにたくさんあるため、新規建造の余地がないと判断したのだ。しかし、いくつかの情報筋によると、アールストローム一族はそれでも建造を諦めなかったという。その理由は、彼らの一番のライバルであるヨハンソン一族が巨額の助成金を受けて漁船を建造したからだった。水産庁の上級職員はこう冗談を言う。

「周りの人がみんな妊娠すると、自分も妊娠した気になってしまうみたいなものさ」

アールストローム一族は、漁船建造の資金を自分たちで調達することにした。二〇〇〇年の秋にヨーテボリにある大手銀行の支店へ行き、トールオーン号の建造のために七五〇〇万クローナ［九億八三〇〇万円］、そしてトールランダ号の建造に八一二〇万クローナ［一〇億六四〇〇万円］の借り入れを行った。さらに、デンマークのスカーゲン（Skagen）にある漁師水産加工組合（Fiskernes fiskeindustri）から六〇〇万デンマーク・クローネ［八四〇〇万円］の借り入れを行った。

アールストローム一族は自らの所有する四隻の漁船トールオーン号、トールランド号、ガンティ号、ギンネトン号でスウェーデン近海に繰り出し、飼料とするためにニシンやスプラットを次々と獲っているのにもかかわらず利益がほとんど上がっていない。その理由は、この総額一億六二〇〇万クローナ［二一億円］を超える借り入れの利払いではないかと推測される。

また、彼らは漁船に取り付けられたＶＭＳ発信機のスイッチを切ったうえで禁漁期の北海へ出かけ、ニシンやスプラットを二三・九トン不法に漁獲したとして逮捕されたことが一度ある。このような違法行為がこのときかぎりのことかどうかは分からないが、高額の利払いとローン返済をするという本来は無理な難題を解決するために、水揚げ量を少しでも増やそうと自暴自棄になった証拠ではないかと考えられる。

この事件では、彼らは無罪を主張したものの、裁判官は四隻の漁船に取り付けられたＶＭＳ発信機が突然故障し、その数日後に四つとも同時に動き始めたという漁師らの釈明には信憑性がないと判断した。さらに、漁獲したのはバルト海のニシンだというアールストローム一族の主張に対しても、裁判官はそれを却下した。

この裁判で証言をした水産庁の専門家であるベンクト・フーストランド（Bengt Sjöstrand）の分析によると、漁獲された魚は産卵期にあったため、秋から冬にかけて繁殖する北海のニシンだと断定できるという。バルト海のニシンは春に繁殖するため、もし漁師たちの言うようにこの魚がバルト海のものであったならば「科学的な大発見だ」と彼は説明した。

アールストローム一族は、二〇〇三年五月一九日に有罪判決を受けることとなった。水揚げ総額一〇七万クローナ［一四〇〇万円］はヨーテボリ裁判所に没収され、さらに四隻の漁船には、罰金刑としては一番重い合計七二万クローナ［九四〇万円］の支払いが言いわたされた。

アールストローム一族は控訴したものの、高等裁判所はこの要求を退けた。興味深いことに、罰金はちゃんと支払われたようだ。彼らは経済的に窮地に立っていたであろうに、罰金の未払いを示すような記述は負債管理庁（Kronofogden）の記録には見当たらない。

しかし、借り入れは返済していかなければならない。アールストローム一族が自暴自棄になってまで漁を行おうとしたことは、ヨーテボリ地方裁判所が扱った別の裁判からもはっきりと分かる。ノルウェー海では、ノルウェー政府との合意に基づいてスウェーデンにも一定の漁獲枠が認められているが、アールストローム一族はスウェーデン水産庁がその漁獲枠をトールオーン号とトールランダ号に割り当てなかったとして水産庁を訴えているのだ。

訴えを起こす文書の中に見られる言葉遣いは、漁業をめぐる議論でよく耳にする口調とよく似ている。たとえば、この二隻の漁船は「公正な」扱いを受けてこなかったとか、漁獲枠の配分において同規模の漁船よりも差別を受けたとか、さらには、自らが属す業界団体であるスウェーデン漁師全国連合会から「度重なる嫌がらせ」を受け、「その代表であるレイネ・J・ヨハンソンが水産庁を牛耳っている」などというものであった。

しかし、この裁判でもアールストローム一族は敗訴してしまう。

「こうなれば、国外の海で漁をせざるを得ない」

彼らは、このような結論に至ったようだ。そして、国際的な取り決めをまったく無視して、自分たちのもつ一番大きな漁船である全長五〇メートルのトロール漁船ガンティ号を繰り出して、モロッコの占領下にある西サハラ沖合いで漁をはじめたのだ。この海域をめぐってはこれまで度重なる議論がなされてきた。スウェーデン政府も国連もこの海域での漁業活動には真っ向から反対しており、また人権団体も、占領下にある人々の所有する天然資源の略奪は国際法違反だと厳しく批判している。アールストローム一族は、問題の多いこのような漁業に手を染めはじめた。

ガンティ号のオーヴェ・アールストローム（Ove Ahlström）船長は、「スウェーデンの政治家はスウェーデン西海岸の漁師を裏切った」と、二〇〇五年一二月五日付の地方紙〈ヨーテボシュ・ポステン（Göteborgspostenn）〉で反論している。

「我々は、自分から好きこのんで西サハラまで繰り出しているのではない。スウェーデンは現在、ノルウェーと漁業に関する二国間協定を結んでいるが、それがきちんと守られていない。スウェーデンの漁師たちが国外で漁を行おうとする一番の原因は、スウェーデン政府の漁業政策なのだ」

しかし、利益に魅せられて西サハラまではるばる出かけていったものの、ガンティ号は期待したほどの成果が上がらなかったようだ。企業庁の記録によると、二〇〇一年には二七〇〇万クローナ［三億五四〇〇万円］あった売り上げは西サハラで漁を行いはじめてから減少し、二〇〇五年には七六〇万クローナ［一億円］まで落ち込んでいる。これと同時期に、同じくアールストローム一族が所有するギンネトン号はスウェーデン近海で漁を続けていたが、売り上げは一七〇〇万クローナから二七〇〇万クローナ［二億二三〇〇万～三億五四〇〇万円］の間を推移している。

二〇〇六年、アールストローム一族はガンティ号をEU圏外の国に売却し、それと同じトン数の新しい漁船を購入して「ガンティ8号（Ganthi 8）」と名付けた。

「漁獲能力を引き上げたってことさ。いくらトン数が一緒でも、新しい漁船は常に近代的でより効率よく漁ができる。乗り心地はさらによくなり、冷蔵設備やポンプ、ナビゲーション機器も改善されている。つまり、今まで以上にたくさんの魚を簡単に獲ることができるってことだよ」と、水産庁のある職員は語った。

「でも、漁師という仕事をつづけるのはお金のためではないんだ。それが文化だからなんだ。このことを、あなたはちゃんと理解しておく必要がある」

イギリス人のジャーナリストであるチャールズ・クローヴァー(2)の書いた本『行き止まりに来た漁業――乱獲が世界と私たちの食を変える』(3)のなかで、ある人がこうクローヴァーに説明している。クローヴァーはこの本のなかで、タラが枯渇してしまったカナダ沿岸の漁師たちが失業保険を毎年もらいながら、タラ漁の再開を待ちわびている様子を書いている。彼は、一四年経った今でもタラが戻ってこないのに、漁師らが漁業にとどまっているのは理解に苦しむという。すると、ある人が彼にこのような説明をしたのだ。

チャールズ・クローヴァーは、カナダ沿岸の小さな漁村を訪ね歩いた末に、漁業はほかの産業とは比較の対象にならないと結論づけている。漁とは、すなわち狩ること。それは、一つのライフスタイルであり、自然とじかに接することだ。そこでは、巧みさと運がものをいう。漁師たちは、大きな獲物を獲ろうという夢を抱きながら、漁に出るか出ないかを自分で決められる自立した生活を送っている。だから、たとえ収益が少ない年が数年つづいたとしても、可能であれば漁師をつづけたい理由は無数にあるのだ。

そして、その可能性が数多くの漁師に与えられている。いや、多すぎると言ってもいいかもしれない。漁師が生計を立てられるほどの魚がもはやいないにもかかわらず、世界中では数多くの漁師

---

(2) (Charles Clover) イギリス人ジャーナリスト。週刊誌〈スペクテイター (Spectator)〉の編集長や、日刊紙〈デイリー・テレグラフ (Daily Telegraph)〉の環境関連記事の編集長。

にライフスタイルや文化を維持するための経済的な支援が税金によって行われている。

カナダの行政機関は、タラ漁をまもなく再開できると期待して、二年以上にわたる社会給付金を四万四〇〇〇人の漁師に支払うことにした。カナダの会計検査院によると、このいわゆる「太平洋漁業調整パッケージ（Atlantic Fisheries Adjustment Package）」に、一九九二年から一九九五年の間に四〇億カナダ・ドル［四〇〇〇億円］の費用がかかったという。会計検査院は同じ報告書のなかで、この漁業調整助成金のおかげで、タラの個体群の崩壊から二年経ったあとでも巨大な漁船団が港にスタンバイして、今すぐにでも漁を再開する準備をしている状況だと伝えている。

一部の漁船は、この間に新しく建造されたために漁獲能力も一九九二年と比べて全体で六割増えていた。漁師もＩＴ教育を受け、しっかりと休息をとっていた。しかし、唯一の問題は、タラがまだ戻ってこないということだ。二〇〇七年の今でも、状況はまったく変わっていない。

スウェーデンでも、すでに触れたようにさまざまな形の助成金が漁業に降り注がれてきたが、実際のところ、その額は海に生息する魚が減るにつれて増えている。とくに、一九九五年のＥＵ加盟が大きな転機となった。加盟以降、これまでに合計一五億クローナ［一九七億円］が構造調整助成金としてスウェーデンの漁業に与えられた（一九九五年から一九九九年の間に五・五億クローナ、二〇〇〇年から二〇〇六年の間に九・七億クローナ）。このうち、約三分の一をスウェーデン政府が拠出し、残りをＥＵが拠出している。水産庁の報告書「非効率な漁業の助長」(4)によると、助成金の結果、ニシンや飼料目的のトロール漁船の漁獲能力が五〇パーセントも拡大したという。一方で、水揚げ量は同時期に二〇パーセント減少している。

（３） Charles Clover, “The End of the Line - How Overfishing Is Changing the World and What We Eat”, Ebury press, 2004

ほかにはどのような公的資金が漁業を維持するために使われているのだろうか。ＥＵの構造調整助成金から毎年与えられる約一億三五〇〇万クローナ［一七億六九〇〇万円］のほかにもさまざまな公的資金が漁業に支払われている。もちろん、一部の支出項目については、本当に「漁業への支援」と呼べるのかどうかの議論をする余地がある。

たとえば、水産庁の経費である二億四四〇〇万クローナ［三一億九六〇〇万円］（二〇〇六年）もそのような項目の一つだ。フルトクランツ教授と水産庁長官ヴラムネルの論争を思い出していただければ分かるように、この数字も大きな物議を醸す恐れがある。と同時に、しっかりと吟味する価値のある数字でもある。

水産庁の行政部門と研究部門の活動目的は、漁業と水産資源保護のために貢献することとされている。そのため、水産庁の活動領域も自然と狭められてしまう。二〇〇六年の冬、水産庁の漁業監視部の部長に新しく就任したヨハン・ローヴェナードレル＝ダーヴィッドソン(5)は、これ以上ない明確さでこう断言している。

「我々の役目は漁業に貢献することだ。それ以外の何ものでもない。この認識のもとで、すべての業務活動を行っていかなければならない」

水産庁の管轄下にある海洋漁業試験場、淡水漁業試験場、沿岸漁業試験場の活動も、長年にわたってこの制約を受けてきた。近年でこそ、商業的に漁獲対象となっているタラなどの魚に関して意味のある研究成果を発表するようになったものの、以前はタラをはじめとする主要な魚が水中生態系にどれだけ大きな重要性をもっているのかといった研究をするうえでむしろ障害となってきた。

（4） Joacim Johannesson och Tore Gustavsson, “Fuelling fishining fleet inefficiency”, Fiskeriverket rapport 2005

ストックホルム大学のシステム生態学の教授であるストゥーレ・ハンソン[6]は、自分の研究テーマとしてバルト海の海洋生態系におけるタラの重要性を調査しようとしたところ障害にぶち当たったという。研究費を申請したのだが、商業的に漁獲対象となる魚に関しては水産庁の管轄下にある三つの試験場が調査を行っており、ほかの者がする必要はないという理由で何度も却下されたのである。

水産庁の予算の大部分は調査研究や水産資源の保護に使われている、と主張しようとする人がいれば、まず次のことをよく考えてみるべきだ。もし、水産庁の管轄する三つの試験場が水産庁ではなく大学に属していたらどうだったろうか。もしくは、環境保護庁に属していたのならば？　オーレグルンドにある沿岸漁業試験場は、実はもともと環境保護庁の管轄下にあったのだが、一九九〇年代初めに水産庁へ移された。まさにこの時期は、水産資源の保全がもっとも必要とされていたにもかかわらずだ。

仮に、これら三つの試験場を管轄していたのが環境保護庁であったならば、タラがスウェーデン西海岸で姿を消しているという報告が漁師や一般の人々から次々と寄せられていた時期に試験トロール漁を二〇年間も行わないということが果たしてあり得たであろうか。環境保護庁の管轄下にあったならば、調査が必要なときに、現場から離れたオフィスで仕事をしている「水産資源管理部」の承認をいちいち受ける必要があっただろうか。

もう一つ、仮に三つの試験場が大学に所属していたならばどうだっただろうか。漁業が存続することが唯一の存在意義である水産庁が、スウェーデン近海の生態系や水質に重要な意味をもつタラやニシンなどの食用魚の研究の独占権をもちつづけ、一方で水産庁に勤務しない海洋生物研究者は

（5）（Johan Löwenadler Davidsson）男性。農務庁の行政職員および部長職を経て、2006年からは水産庁の漁業監視部長。
（6）第2章の訳注（8）を参照。

海草やベラ（沿岸部の海草に棲む小魚）、それからタツノオトシゴの性生活といった研究にしか専念できないという状況が放置されただろうか。

まず、重要な点を理解しておかなければならない。つまり、「水産庁」は水産業や漁業という産業活動のために存在するということだ。水産庁は、環境省ではなく農林水産省の管轄下にある。漁業はこれまで農業と同じような産業と見なされてきたし、今でもそう考えられている。そして、環境保全という仕事が農林水産省の主要任務のごくわずかでしかないように、水産資源の保護や海洋環境の保全が水産庁の活動に占める割合もごくわずかなのだ。ヴラムネル長官が指摘したように、水産庁の年間予算二億四四〇〇万クローナ［三一億九六〇〇万円］は、レジャーフィッシングを含む漁業のためのサービス活動に費やされている。あくまでも漁業に対してなのだ。

漁師に対する間接的な経済支援としては失業保険が挙げられる。二〇〇六年に支払われた失業保険の総額は二八〇〇万クローナ［三億六七〇〇万円］であり、日数にすれば四万七四一七日分であった。一方、受給者の総数は八六二人であった。漁師のための失業保険組合の加入者は一一〇〇人であるから、加入者の大部分が失業保険を受給し、その平均日数は五五日、そして一日当たりの受給額は五九六クローナ［七八一〇円］ということになる。

漁業を経済的な危機に陥った産業だと見なせば、「こんなことは何も驚くことではない」と言う人もいるだろう。そのうえ、二〇〇六年の秋に政権を獲得した中道右派政権(7)の失業保険改革によって、給付金の大部分を加入者から徴収する保険料によって賄うことになった。そのため、二〇〇七年からは失業保険の保険料が急激に引き上げられ、就業中の漁師は月々五九七クローナ［七八二〇

（7）2006年９月の総選挙で誕生した連立政権。保守党（穏健党）を筆頭に自由党、中央党、キリスト教民主党から構成される。それ以前は、社会民主党が1994年以降政権を担当してきた。

円〕、そして失業中の漁師も月々三〇八クローナ〔四〇三〇円〕を支払わなければならなくなった。だから、一般の納税者には負担をかけてはいないと指摘する人もいるだろう。しかし、漁師の納める保険料を合計しても年間せいぜい七〇〇万クローナ〔九一七〇万円〕にしかならない。

一方で、漁師の失業保険の給付総額は三八〇〇万クローナ〔三億六七〇〇万円〕であったから、この差額の二一〇〇万クローナは事業主の納める労働市場課徴金(8)やほかの業種の失業保険組合によって穴埋めされることになる。

さらに、これは通常の失業保険とは違い、むしろ特定の産業に対する一種の補助金だと見ることもできる。というのも、ほかの業種の失業組合であれば、給付を受けるための条件として求職活動を積極的に行ったり、自営業者であれば会社を廃業にする必要があるが、漁師はこのような条件がすべて免除されているためだ。この点はフルトクランツ教授や彼の共著者が例の財務省の報告書のなかでも指摘していた。

漁師であれば、個人企業として登録している人も含めて、嵐や流氷、海上事故、突然の漁船の修理などのために漁が行えない期間中は失業保険の給付を受けられる。それに、漁獲枠をすでに満たしてしまったために禁漁が発せられている期間中も受給が可能だ。二〇〇六年の実績を見てみると、漁師に支払われた失業保険給付の実に半分以上が、漁獲枠を満たしてしまったことを理由に支払われている。

別の言い方をするとこうなる。通常の市場経済の原理が働いていたならば、海の魚が枯渇するにつれて漁師の一部は本来は淘汰され、別の産業に移らざるを得なかっただろう。しかし、現行制度

（8）（Arbetsmarknadsavgifter）事業主の納める社会保険料の一部であり、労働市場庁（Arbetsmarknadsstyrelsen）の管理する特別な失業保険基金に積み立てられて、各業種別の失業保険基金に配分される。

のおかげで、行政機関が禁漁を発している間は失業給付を受給できるため、そのような漁師たちも漁業をつづけることができる仕組みになっているのだ。

失業保険給付のそのほかの内訳を見てみると、嵐や流氷、事故など、いわゆる「予期せぬ不可抗力」を理由に支払われたものが大部分を占めている。その一方で、「本当」の意味で失業している漁師、つまりほかの産業に移ろうとする過程で失業中の漁師に支払われた額はごくわずかでしかない。現行の制度のもとでは、漁師を辞めてほかの産業で職を探したいとは思う漁師はほとんどいないだろうから当然だ。漁師をつづけていれば禁漁中や厳冬期には失業保険の給付を受けながら好きなことができるのに、漁師を辞めてしまえば失業保険をもらうために真面目に仕事探しをしなければならなくなる。

この結果がどうなるかというと、カナダで起きたことと同様、多大な数の漁師が漁業に残りつづけ、失業給付つきの有給休暇を余儀なくされながら漁の再開を今か今かと待ち望むことになる。そして、魚の数が回復したという兆候が少しでも見えはじめれば、政策担当者に漁の解禁を働きかけ、圧力団体と化すことになる。カナダ・ニューファンドランド島の水産課に勤務するジャック・ライス（Jack Rice）は次のように述べている。「俺たちは、シミュレーションのモデルを使って五年の休漁を行えば魚の生息数が今の二倍に回復することを何度も何度も漁師に説明しているのにまったく意味がない。彼らは、今すぐにでも漁を再開したくて待ちきれないんだ」

漁師に対する直接的な経済支援としては、アザラシによって網などの漁具が被害を受けたときに環境保護庁が支払う補償金というものもある。二〇〇六年には一七〇〇万クローナ［二億二三〇〇万円］が漁師に支払われたほか、被害を未然に防ぐための予防的措置に五三〇万クローナ［六九五〇万円］が支払われている。ここには、音響威嚇装置や仕掛けを取り付けた浮きを使ってアザラシが近寄らないようにしたり、魚網を強く丈夫にしたりすることなどが含まれる。ちなみに、予防的措置に対する助成金は一九九〇年代終わりからはじまったが、アザラシによる被害は減るどころかむしろ増えている。アザラシの被害に対する補償金の支払いは、五年間で一二〇〇万クローナ［一億五七〇〇万円］から一七〇〇万クローナ［二億二三〇〇万円］へと増加した。一方で、スウェーデン漁師全国連合会は、二〇〇六年秋、補償金の年間の支払額を何と五六〇〇万クローナ［七億三四〇〇万円］に引き上げるように要求している。現在の一七〇〇万クローナでは、アザラシによる損害にまったく見合っていないというのが彼らの主張なのだ。

環境保護庁は、これらのほかにも漁業に関連したプロジェクト費用を負担している。二〇〇六年には、三〇〇万クローナ［三九〇〇万円］がアザラシと漁業の関係を調査する研究に充てられ、さらに一〇〇万クローナ［一三〇〇万円］が「漁業のための一〇〇万クローナ（fiskemiljonen）」と名付けられて水産庁に供与され、バルト海でカワカマス（ノーザンパイク）やパーチが姿を消している原因を解明するための研究に充てられた。多くの専門家は、その原因がバルト海の生態系がタラの乱獲のために急激に変化したためではないかと考えている。

環境保護庁は、さらに二〇〇〇万から二五〇〇万クローナ［二億六二〇〇万～三億二八〇〇万円］を漁業に間接的に貢献するさまざまなプロジェクトに費やしている。たとえば、河川における自然環境の復元、生態系の複雑性を考慮に入れた湖沼や河川の管理、湖沼の回復、サケやマスの遡上路の整備などだ。しかし、これらのプロジェクトは、環境保全やレジャーフィッシングを目的にしたものだと分類されるため、漁師の行う漁業のための費用だとは言えないかもしれない。そのため、これらの費用を除けば、環境保護庁が漁業のために「直接的」に負担している費用は二六二〇万クローナ［三億四五〇〇万円］だと推計される。

沿岸警備隊（海上保安庁）も、漁船の監視のために時間と労力を費やしている。しかし、それがどのくらいの費用に相当するのかを推計するのは難しい。しかし、沿岸警備隊が自ら行った非常に控えめな推計に基づけば、沿岸警備隊の予算七億五〇〇〇万クローナ［九八億二五〇〇万円］のうち、一億一三〇〇万クローナ［一四億八〇〇〇万円］が漁船の監視のために費やされているという。つまり、予算全体の約一五パーセントとなる（二〇〇六年の実績）。

ただし、沿岸警備隊の年次活動報告書には、業務活動に費やす総時間の二三パーセントが漁船の監視に充てられていると記されている。また、海上での漁船監視および水揚げ時の監視は、近年、頻度が急増しているとも書かれている。しかし、たとえ漁業がなかったとしても海上警備の必要はあるという主張に耳を傾けるならば、控えめの推計である一億三〇〇〇万クローナを用いるのが妥当だと思われる。さらに言うならば、この費用の全部を漁業に対する「支援」だと見なすのはもちろん誤りだ。しかし、海上での漁船監視が必要ないと考えている漁師はほとんどいないであろう。

沿岸警備隊が漁船の監視をしなければ、漁はまったくの無法状態に陥ってしまう。密漁される魚は、合法的な水揚げ量の少なくとも二割に相当すると言われているが、沿岸警備隊による抜き打ち検査がなかったら密漁行為は今以上に横行し、本来の漁師はそのうちまったく収入が得られなくなってしまうだろう。

ちなみに、沿岸警備隊の監視が漁師たちの遵法意識に与える効果については「スウェーデン沿岸警備隊の漁船監視」(9)という調査報告書にまとめられている。それによると、沿岸警備隊の巡視船の抜き打ち検査を受けた漁船は漁のツキが大変よいらしく、検査を受けなかった漁船よりも漁獲量が一割から五割は多かったという。

「一部の漁船は、沿岸警備隊の検査員がチェックしたときにかぎって魚がたくさん獲れているようだから、検査員に常に乗り込んでもらったほうが漁師にとっても得なんじゃないかと思えるくらいだよ」と、沿岸警備隊の担当者はこう表現している。

漁業に対する経済的な支援には、EUの価格保証制度も含まれている。これは、EUが漁獲物の最低価格を保証する制度であり、ある魚がたくさん獲れすぎたときにその値崩れを防ぐのが目的だ。つまり、魚の供給が需要を上回って買い手がつかないときには、漁を見合わせるよりも魚を獲ってゴミ捨て場にもっていくか、すりつぶして魚粉にしたほうがよいという制度だ。この制度のおかげで、スウェーデンがEUに加盟した直後の一九九五年と一九九六年には、なんと五〇〇〇トンもの上質のタラが買い手がつかなかったことを理由にゴミ処分場送りになってしまった（食品加工産業も、それを引き取って冷凍保存する余裕がなかった）。そして、この二年間にEUからスウェーデンの漁師に支払われた補償金の総額は二四〇〇万クローナ［三億一四〇〇万円］に上っている。

価格保証制度を通じてEUが支払った補償金の額はそれ以降大きく増減している。一〇〇万クローナを下回る年があったものの、一九九五年から二〇〇五年までの平均は年間四〇〇万クローナ［五二〇〇万円］近くとなっている。誤解を避けるためにあえて言うならば、これらの費用はEUがスウェーデンの漁業のために毎年負担している構造調整助成金には含まれていない。

スウェーデンの各県行政事務所（Länstyrelsen）も、漁師やレジャーフィッシングのための行政活動

（9）“Den svenska fiskerikontrollen”, SOU 2005：27

を行っている。フルトクランツ教授は例の財務省の報告書のなかで、すべての県の県行政事務所の年次会計報告書を分析し、漁業関連費用からレジャーフィッシングや自宅消費のための釣りに関連する費用を除いてみると、漁業にかかった公的費用は三一三〇万クローナ［四億一〇〇〇万円］になると結論づけている。

この数字を私が今書いている本書のために最新の統計を使って新たに計算しなおそうとすれば膨大な労力を要するであろうから、ここではこの一九九七年時点での数字を使わせてもらうことにする。この数字は、今でもだいたい当てはまり、過大な数字ではないと私は確信している。また、財務省の報告書のなかでは、農林水産省水産課に充てられた費用も計算されている。一九九六年時点では二五〇万クローナ［三三〇〇万円］だったこの費用は、農林水産省の最新のデータによると二〇〇六年には五九〇万クローナ［七七〇〇万円］に上昇している。

漁業に対する経済的な支援と見なすことのできる費用項目がさらに一つある。これは一九九七年に作成されたフルトクランツ教授の報告書では取り上げられていないが、魚の放流にかかる費用のことだ。

漁業権をめぐる過去の判例により、水力発電ダムの所有企業にはサケやマス、ウナギなどの魚を放流することが義務づけられることになった。ダム建設によって、魚が河川を行き来できなくなったことに対する補償だ。この費用がいったいいくらなのかは、水産庁の資料からは分からない。しかし、ヴァッテンファル（**Vattenfall**）、イーオン（**E-on**）、フォートゥム（**Fortum**）など主要電力会社からの情報によると、毎年一億クローナ［一三億一〇〇〇万円］程度だと推計される。これは、サケやマスの稚魚の放流、成魚の放流、ウナギの輸送および放流、サケの遡上のための階段状水路の建設、漁業権補償料、河川の管理などに用いられている。

このような魚の放流は、漁業のためだけでなく消費者のためでもあると考えられるかもしれない。だとすれば、これらの費用が果たして漁業に対する経済的な支援だと呼べるかどうかはもちろん議論する余地がありそうだ。そのうえ、魚が自分の力で遡上して繁殖できないのは、漁師の責任ではなく電力会社の責任となる。しかしながら、電力を消費している私たちが支払う電力料金の一部がこのような形で魚の放流のために使われ、その魚を漁師が漁獲して利益を上げているという点は指摘に値するであろう。

さらに興味深い点は、失った所得に対する補償を当然のように要求できる産業は漁業のほかにはないという点だ。海上での漁の妨げとなるさまざまな工事、たとえばデンマークとスウェーデンの間のオーレスンド海峡大橋の建設、ポーランドへの海底ケーブルの敷設、浅瀬における海上風力発電所の建設などの計画では、必ずといっていいほど漁業補償を要求する声が水産業界から聞こえてくる。そして、ほとんどの場合その要求は実現する。また、アザラシによる被害や悪天候など、漁を妨げるさまざまな理由に対して各種の補償制度が存在している。しかも、漁師自らが引き起こした乱獲によって所得が減少した場合にも所得補償が行われる。

さらに、フルトクランツ教授の報告書に取り上げていなかった別の経済的な支援がある。それは、漁船が使用する燃料が税の免除を受けていることだ。スウェーデン中央統計局の推計によると、漁船が使用する軽油は毎年六〇〇〇万リットルに上っている。

一般の消費者が使用する軽油の価格は、二〇〇六年の段階で、エネルギー税や二酸化炭素税（環境税）、消費税を含めると一リットル当たり九・五クローナ［一二四円］である。しかし、漁船の所有許可を受けた漁師であれば、自営業者として消費税を免除されているのはもちろんのこと、エネルギー税や二酸化炭素税までが免除されている。その結果、漁師にとっての軽油価格は一リットル当たり四クローネ［五二円］余りにすぎない。

このような税の免除分を合計すると一年で約三億三〇〇〇万クローナ［四三億二三〇〇万円］になるが、これを漁業に対する経済支援と捉えることも可能である。ただし、消費税の免除は漁師だけでなく自営業者のすべてに適用されるため、それを除いたとしても約二億一六〇〇万クローナ［二八億三〇〇〇万円］となる。EUのグリーンペーパーを見ると、これらの燃料課税の免除分も「漁師に対する税の減免措置」に加えられている。

燃料の課税免除が水産資源の枯渇に決定的な役割を果たしていることは、簡単に想像できる。たとえば、ヨーテボリにある食糧バイオテクノロジー研究所（SIK）[10]の研究員であるウルフ・ソーネソン（Ulf Sonesson）とフリードリケ・ジーグレル（Friedrike Ziegler）は、二〇〇七年の秋に海ザリガニを一キロ捕獲するために平均八リットルの軽油が必要だという調査結果を発表した。課税免除のおかげで軽油がここまで安くなければ、経済的に成り立たない産業活動である。

ちなみに、地球温暖化の観点からすれば、海ザリガニを獲るためのトロール漁は、ほかの産業と比べても商品一トン当たりの温暖化ガスの排出量が非常に多い。海ザリガニを一トン獲るために三二トンの二酸化炭素が排出されるが、これは商品一トン当たりの排出量が二番目に多い牛肉の二倍以上にもなる。非常にたくさんのエネルギーを消費する漁法であるにもかかわらず、寛大な税制のおかげでそれが経済的に可能となっている。しかし、この税制が疑問視されたことはない。

さて、これまでに挙げてきたさまざまな経済的支援の項目をまとめようと思うが、免税措

(10)　(Institutet för Livsmedel och Bioteknik : SIK)。食品およびバイオテクノロジー企業の国際競争力の強化に関わる研究を行う民間研究機関。

(11)　(Åsa Torstensson, 1958～) 女性。ソーシャルワーカー、政治家（中央党）。15歳で中央党の青年部会の会員となり、市議会議員、市議会執行委員を経て1998年から国会議員。2006年からインフラ整備担当大臣。

置の話が出たついでに一つ付け加えたいことがある。漁師だけを対象とした特別所得控除だ。スウェーデン漁師全国連合会は、一〇年以上にわたって漁師だけを対象とした特別な所得控除制度を導入すべきだと主張してきた。デンマークやノルウェーではすでに導入されており、それに似たものをスウェーデンでも取り入れてほしいという。提案では、課税対象となる所得から一律に四万五〇〇〇クローナ［五八万九五〇〇円］を控除できるようにすると書かれている。この額は、漁のための外泊やその他の必要経費を補うものとされている。この改革には、いくつかの党の国会議員が賛意を示してきた。たとえば、現在のインフラ整備担当大臣オーサ・トシュテンソン(11)や農林水産大臣エスキル・アーランドソン(12)は以前にも議会に法案を提出し、自分が国会議員をしている間に改革を実現させようとしてきた。

スウェーデン議会に何度か提出された法案の一つは審議が順調に進み、二〇〇六年の初めに欧州委員会の審査を受けた。しかし、ＥＵの共通市場創設という理念に反するという理由でこの法案は却下されている。

漁師だけを対象とした所得控除制度の導入を求める声がいかに強かったかは、一九九九年に発表された妙な調査報告書「スウェーデン漁業の国際競争力(13)」を読めば分かる。この報告書は、漁業が比較的盛んなブレーキンゲ県で当時県知事を務めていたウルフ・ロンクヴィスト(14)がまとめたものだ。

この調査の本来の目的は、スウェーデンが一九九五年にＥＵに加盟したことによって、スウェーデンの漁業の国際競争力がどのように変化したかの全体像を把握することであった。

(12)　(Eskil Erlandsson, 1957～）男性。農業従事者、政治家（中央党）。市議会議員、市議会執行委員を経て、1994年から国会議員。2006年から農林水産大臣。
(13)　Ulf Lönnqvist, ”Yrkesfiskets konkurrenssituation”, SOU 1999 : 3
(14)　(Ulf Lönnqvist, 1936～）政治家（社会民主党）。国会議員、住宅担当大臣などに就く。1992年から2001年まで、ブレーキンゲ県の県知事を務める。

しかし、調査を担当したロンクヴィストは、与えられた目的を自分で勝手に解釈してしまった。完成した報告書は一二九ページに及ぶが、スウェーデンの漁業が置かれた危機的な状況を、社会経済的、もしくは生物学的な観点から説明した部分はまったくない。また、スウェーデンの漁業がEUによるヨーロッパ統合の中で今後どのように生き残っていくべきかについてもまったく触れられていない。

一方で、非常に驚いたことに、スウェーデン、ノルウェー、そしてデンマークの漁師がどのような経済的条件のもとで漁業活動を行っているかが事細かく比較されている。長々とした議論の末にたどり着いた結論は、「公平性の観点から、スウェーデンの漁師にも隣国と同じような特別所得控除を適用すべきである」と言うものであった。しかし、実はこの結論は報告書の九ページ目ですでに登場している。そこには法令の草案の全文も掲載されており、「この法令は二〇〇〇年一月一日より発効し、二〇〇一年の課税時に初めて適用される」という文言まで付け加えられていた。

しかし、この調査報告書のなかでもっとも注目に値するのは、六人の諮問委員のうち三人がこの調査に対して述べたコメントだ。このコメントは彼らの希望で、調査報告書の最後に添付されている。この三人はレーナ・ラーゲルクランツ(15)、ハンス・アンデション(16)、フレドリーク・ルンドクヴィスト(17)であるが、彼らはまず、「この調査のやり方自体に基本的に不満だ。ノルウェー、スウェーデン、デンマークの漁師に対する税制の比較などよりも、スウェーデンの漁業がEUのなかで競争していくための長期的な条件とは何かを分析するべきだった」と述べている。また、漁師を対象とした特別控除制度については、「制度のあり方が一九九一年の税制改革の理念に反する」として強

(15) (Lena Lagercrantz) 行政裁判所の裁判官補 (kammarrättsassessoren)
(16) (Hans Andersson) 農林水産省官房 (departementssekreteraren)
(17) (Fredrik Lundqvist) 農林水産省官房 (departementssekreteraren)

く批判している。

一九九一年の税制改革の大きな理念は、税の減免措置という形でさまざまな産業に与えられていた「隠れた助成金」をすべて廃止することであった。

「税制は、ある特定の産業に便宜を図るために用いられるべきではない。産業に対する支援がそれでも必要とされれば、その支援は財政の支出面で明確に示されるべきだ。一九九一年の税制改革の理念とは、ある産業に対する事実上の助成金を税の減免措置という形で財政の歳入面に隠すのをやめて、歳出面に助成金としてきちんと明記することで、補助行政のあり方を各年の予算策定過程できちんと審議できるようにすることであった」と、この三人の諮問委員は述べている。

漁師に対する特別控除制度は、結局、共通市場の創設というEUの理念に反するために実現しなかったし、その改革を進めようとしてきた社会民主党政権も、二〇〇六年秋の選挙に敗れて過去のものとなってしまった。一方、漁船に使用する燃料を非課税とした制度をこれまで政府が黙認してきたことは注目に値する。これこそまさに、「財政の歳入面に隠された事実上の助成金」以外の何ものでもないからだ。

また、温室効果ガスの排出権取引についての議論がつづくなかで、運輸部門では航空運輸だけでなく、海上運輸にも排出権取引制度を適用しようという声が強まっている。もし、漁船が二酸化炭素や汚染物質の排出によって環境に与えている費用のすべてを自ら負担することになれば、長期的に見た場合に現在の環境税の負担だけではすまなくなるだろう。パー・コーゲソン(18)による調査報告書「海上交通が環境に与える外部費用の内部化(19)」によると、漁船が排出する二酸化炭素と窒素酸化

(18)　(Per Kågesson, 1947〜）男性。評論家、環境コンサルタント、博士（環境・エネルギーシステム分析）。原発問題や交通・運輸が環境に与える影響について議論を展開している。

表1　漁業に対する経済的な支援の一覧

ＥＵの構造調整助成金	1億3,500万クローナ［17億6,900万円］
漁師を対象にした失業保険	2,100万クローナ［2億7,500万円］
環境保護庁	2,630万クローナ［3億4,500万円］
沿岸警備隊	1億1,300万クローナ［14億8,000万円］
ＥＵの価格保証制度	400万クローナ［5,200万円］
水産庁	2億4,400万クローナ［31億9,600万円］
各県の県行政事務所（1997年の数字）	3,130万クローナ［4億1,000万円］
農林水産省水産課	590万クローナ［7,700万円］
水力発電ダムを所有する電力会社によるサケ、マス、ウナギの放流	約1億クローナ［13億1,000万円］
漁船の燃料に対する課税免除	3億3,000万クローナ［43億2,300万円］
社会全体が負担している費用と助成金の合計	10億1,050万クローナ［132億3,800万円］

物が社会に与えている費用は、少なくとも二億七五〇〇万クローナ［三六億二〇〇万円］になるという。この費用を漁師がすべて負担しなければならなくなると、海ザリガニは一体どのくらいの値段になるのだろうか。

では、スウェーデン政府やＥＵが漁業のために費やしている費用の総額は年間どのくらいになるのだろうか。ただし、これらの数字のなかには、すでに述べたようにさまざまな観点から議論の余地があることをふまえておいて欲しい。

表の数字は、二〇〇六年のスウェーデンで水揚げされた魚の総価値である一〇億一〇〇〇万クローナ［一三二億三一〇〇万円］とほぼ同じだ。しかし、ここから必要経費を差し引いた漁業部門の総付加価値は国民経済統計によれば五億八五〇〇万クローナ［七六億六四〇〇万円］になる。先に挙げた社会的費用と助成金の合計額は、付加価値の合計をはるかに上回っていることが分かる。

(19)　Per Kågesson, “Internalisering av sjöfartens externa kostnader”, 2000

このような数字を目にした水産業の関係者は、当然ながらよい気分がしないため数字を修正しようとするだろう。おそらく、電力会社による魚の放流の費用を取り除き、水産庁の費用を半減させ、燃料に対する課税免除を消してしまうであろう。数字は、自分たちの都合のいいように、いつでも手を加えたりひっくり返したりできる。

他方、急進的な環境活動家であれば、漁船が排出する温室効果ガスがもたらす社会費用を加えたり、沿岸警備隊の負担分を予算全体の四分の一にまで引き上げようとするかもしれない（というのも、沿岸警備隊は業務時間全体の四分の一を漁船監視に充てていると発言しているためだ。右に示した一億一三〇〇万クローナは、沿岸警備隊の予算全体の約一五パーセント分にすぎない）。さらに、環境保護庁の予算から、さらに数百億クローナが漁業のために使われていると主張するかもしれない。つまり、右にまとめた数字とはまったく異なる数字をもち出す人がいても不思議ではないということだ。結局、何を示したいかによって出てくる数字も異なってくる。

私がここで示してきた数字は、漁業に対して社会が負担している費用を、もっとも適当と思われるやり方でできるだけ透明性を確保しながら加え上げたものだ。一つだけ付け加えておきたい重要なことがある。漁業という一つの産業は、私たち納税者の多くが今後も生き延びてほしいと願っており、そして漁業が社会的役割を果たしてくれるかぎり、その存続のために私たちも積極的に貢献したいと思っているということだ。そして、その社会的役割とは、美味しく、良質で、栄養満点の魚を今も将来も私たちの食卓に提供することである。

「でも、漁師という仕事をつづけるのはお金のためではないんだ。それが文化だからなんだ」

ジャーナリストであるチャールズ・クローヴァーが書いた本『行き止まりに来た漁業――乱獲が世界と私たちの食を変える』のなかで、水産行政の担当者であるジャック・ライスがこう語っている。スウェーデン漁師全国連合会の機関紙〈イュルケス・フィスカレン〉のなかにも、考えさせられる言葉がいくつか見つかる。しかし、まったく逆の含意をもった言葉だ。「漁師という仕事は、漁をすること自体が目的ではないんだよ。俺たちは、消費者に魚を提供するという役目を社会から授かっているんだ」と、漁村グレッベスタード（Grebbestad）のエビ漁師であるチャールス・オールソン[20]は述べている。

まったくその通りだ。私たちの社会は漁師たちに社会的使命を授け、それをきちんと果たしてもらうために毎年一〇億クローナ近くの税金をつぎ込んでいるのだ。しかし、悲しいかな、それがうまくいっていない。というより、むしろこの一〇億クローナのおかげでうまくいっていないのかもしれない。漁業という「文化」の維持ばかりが重視される一方で、絶滅の心配がない安心して食べられる魚を食卓に送り届けてもらうという消費者の権利がないがしろにされる形でこのお金が使われてきたからだ。

ちなみに、これまで挙げてきた費用のリストにさらに一つ項目を付け加えようとすれば、それは、水産資源が長い間乱獲されてきたことによって私たち市民が被っている損害である。私の知るかぎり、その損害額を金銭的価値によって表した調査は存在しない。しかし、商業的に漁獲されている魚の数がこれまで七割から九割も減少してきたことを思い起こすならば、私たちの海で破産まがいのことが現に行われているのだと、私たち一人ひとりが理解すべきであろ

(20)（Charles Olsson）環境に配慮しながら地元で獲った新鮮なエビにエコロジー認証である「クラーヴ（KRAV）」マークを付けて消費者へ送り届ける活動が評価され、2009年に生協系スーパーマーケットのコープ（COOP）のエングラマーク（Änglamark）賞というエコロジー賞にノミネートされている。

う。

これまでは「漁業は文化だ」という考え方があまりに支配的であったために、通常の経済的原理がスウェーデンの漁業政策では明らかに機能してこなかった。海面下で起きていることは一般の人々の目につきにくい。そのうえ、スウェーデンのような近代的な文明国において、ここまで愚かな自然と文化の破壊がまさか行われているとは誰も思いもしなかった。だからこそ、このような漁業政策が長年にわたってつづけられてきたのだ。

水産資源の乱獲がもし地上の出来事だったなら、一般社会はとっくの昔に危機を感じ取って声を上げていたにちがいない。私たちの共有財産である森林において、まだ十分に成長していない若い木を次々と切り倒す業者を課税免除によって経済的に支援するなんて、私たちは絶対に許さなかっただろう。木が育つには時間がかかるのに、そんなに長くは待てないといって若い森林の一部を伐採してお金に換えるなんて、私たちは絶対に許さなかっただろう。たった一種類の木を手に入れるために、その周りの木々を根こそぎ伐採してしまうなんて私たちは絶対に許さなかっただろう。ある職業に属する人たちが自分のライフスタイルを今後も維持したいからといって、助成金によって購入されたチェーンソーを使って木を切り倒し、リスや野鳥、ヘラジカを次々と殺してしまうことを私たちは黙って傍観していたであろうか？

そんな状況になってまでも、「文化」という言葉に耳を傾けて、その言葉にいつまでもこだわるような人はいただろうか？

今まさに、考え方を変えるべきときに来ている。私たち市民は、自分たちの資産をどのようにして取り戻すべきなのか。そして、社会全体のお金をより良く活用するにはどうすべきなのか。さらに、私たち、子どもたち、そして孫たちのものでもある魚を守っていくために今何をすべきなのかを、考えていかなければならない。

第７章　ＥＵと途上国との漁業協定

二〇〇六年三月、カーボヴェルデ

「俺は腕のいい漁師だよ」と彼は言って、それまで座っていた椅子からいきなり立ち上がった。

私が友達とレストランで食事をしていると、肌の色が濃く、痩せており、言い表しようのない悲しそうな顔をした男が私たちのテーブルにやって来て、断りもせずに椅子に座ってきたため、私たちはしばらく首を傾げていた。

場所は、サン・ヴィセンテ島（São Vicente）のミンデロ（Mondelo）という町。この島は、アフリカの小国カーボヴェルデを構成している一〇の島の一つだ。スウェーデンでカーボヴェルデという国を知っている人がいるとすれば、それはおそらく二つの理由からであろう。一つは「モルナ」(1)という音楽ジャンルの歌手で知られるセザリア・エヴォラがこの国の出身であること、もう一つはスウェーデンのサッカー選手ヘンリク・ラーション(2)の父親がこの国の出身だということだ。

スウェーデンの漁業政策は、今ではＥＵの共通漁業政策の一部となった。一方、ＥＵは世界で二番目に大きな漁業国であるため、その政策は世界の大部分に影響を与えている。私は休暇を満喫しようと、地球全体から見れば米粒のようなこの小島にやって来たのだが、こんなところにもＥＵの漁業政策が大きな影を落としていることを思い知らされることになった。

彼の名はニルトン（Nilton）。本当に悲しそうな顔をしている。背が高く、痩せており、少し茶色がかった肌の色をしている。このあたりの島に住む人々は、ヨーロッパからやって来た植民者とアフリカから連れてこられた黒人奴隷の間で何世代にもわたって混血が進んできたため、このような肌の色が一般的となっている。彼は黒いあごひげを短く生やし、黒く美しい目をしている。眉毛は長く、その端が少し上に向いている。

しかし、彼の表情の一番の特徴はそんなことではない。喜びがまったく感じられないことなのだ。彼は笑みを浮かべはするし、デンマーク語やスウェーデン語のフレーズを口にして私たちの関心を引こうとするが、彼の周りには何か悲しそうな雰囲気が漂っているのだ。

彼が私たちに関心を示したのは、かつて数年にわたってスウェーデンの練習船である「グニッラ号（M/S Gunilla）」の乗組員として働いていたからだ。グニッラ号と言えば、三本マストをもつスウェーデンで一番大きな帆船であり、このミンデロの港には定期的に寄港している。彼は、「グニッラ号に乗っていたころはとても楽しかった」と語った。だから私たちは、彼がこんなに悲しそうな顔をしているのはノスタルジーのためではないかと思っていた。彼がデンマークの船乗りの歌を歌いはじめたときに、そんな印象がますます強くなった。グニッラ号の上では、彼はスウェーデン

（1）　カーボヴェルデの民俗ダンス音楽。ブルースによく似ている。クレオール語で歌われ、クラリネット、バイオリン、ギター、アコーディオン、ピアノなどの楽器が用いられる。セザリア・エヴォラ（Cesária Évora）は1941年生まれの女性歌手。

で一般的な苗字にちなんで「ニルソン」とよく呼ばれていたという。

しかし、「今はどんな仕事をしているの？」と彼に尋ねてみると、まったく別の事実が明らかになった。「ガイドをしている」と、彼は最初のうちは曖昧な答え方をしていたが、その後、本当は漁師をしているということが分かった。

「でも、漁船は去年売ってしまった。漁をつづけていくことに何の希望ももてなくなったんだ。すべては三年前にはじまった。カーボヴェルデの周辺から魚が姿を消しはじめたんだ。以前だったら、夜明け前に海に出れば数時間後には船がいっぱいになるほど魚が獲れた。でも、次第に長い時間がかかるようになっていき、最後には午後を回っても海に出ていなくてはならなくなった。でも、そうなるとまったく儲けにならないんだ」


彼がもっていたのは、モーター付きで屋根のない全長五・七メートルの漁船だった。しかし、島々の間は風が強いためによく帆を使っていたという。軽油がそれだけ高価だからだ。それでも、一回海に出て漁をするのに約一五ユーロ［二一三〇円］はかかる（軽油は一リットル一ユーロ）。それに、餌に使う小魚にもお金がかかるし、漁船を買ったときの借金も返していかなければならない。これらの費用をすべて補おうと思えば、彼は一回の漁で少なくとも一〇キロのマグロを獲らなければならなかった。地元の市場では、一キロ約一・五ユーロ［二一三円］で取引されている。獲れる魚が一〇キロに満たないと、彼にとっては赤字というわけなのだ。

「俺も、兄弟も、父親も、祖父も、みんな漁で生計を立ててきたんだ。この島々の間は普段はマグ

(2)（Henrik Larsson, 1971〜）男性。スウェーデンの有名サッカー選手。「ヘンケ（Henke）」の愛称で親しまれる。

ロが回遊するんだ。でも、今ではほとんど来なくなってしまった。ＥＵからやって来るスペインの延縄《はえなわ》漁船がこのあたりに姿を見せるようになってからはね。カーボヴェルデが外国と結んでいる漁業協定は、とんでもないバッド・ビジネスだ。誰が得をしているのか分からない。少なくとも、俺たち地元の漁師ではないってことは確かさ」

カーボヴェルデは大西洋に浮かぶ国である。アフリカ西岸のセネガルから西に四五〇キロ、スペイン領のカナリア諸島からだと飛行機で一時間の所にある。この国はもともとポルトガルの植民地だったが、一九七五年に独立してから経済を自ら発展させていくことに失敗した。天然資源の乏しい貧しい国である。あるものと言えば、岩石、塩、そして魚くらいだ。

「緑の岬」を意味する国名とは裏腹に、この国にはほとんど緑がない。埃っぽいデコボコの山道を車に乗って数時間走ってみて受ける印象は、まるで火星の地表だ。砂埃の舞う赤い大地と剥き出しの赤い丘が果てしなくつづいている。角の丸くなった大きな石が敷かれた山道に沿って、女性や子どもがたまに歩いているのを見かける。小枝を手にしたり、頭の上に水の入ったバケツを載せている。しかし、それ以外に目につくものといえば、たまに見かけるヤギや、私たちを暑さから守ってくれるまばらに生えるユーカリの木くらいなものだ。

世界銀行によれば、この国の人口の三割は貧困状態にあり、二割は読み書きができないという。また、失業率は二六パーセントと高い。そのため、とくに男性が何年にもわたって国外で出稼ぎをし、この国に残された家族の生活を支えている。この国に対する外国の関心は次の三つのことに尽きる。一つは、その戦略的な位置である。ＮＡＴＯ（北大西洋条約機構）は、この島国を軍事演習の絶好の場所だと考えている。次に、何十キ

図９　西アフリカ諸国

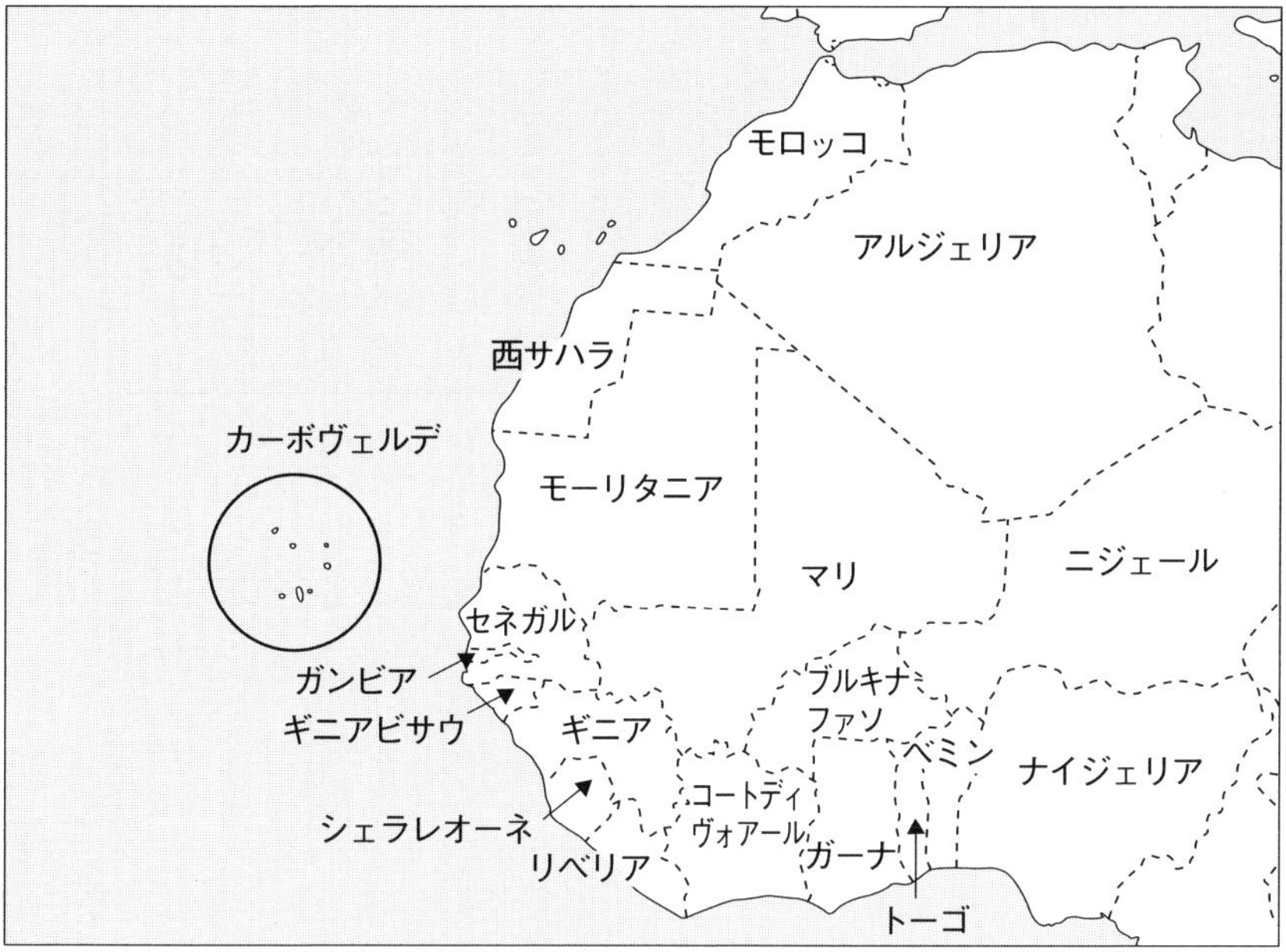
モロッコ
アルジェリア
西サハラ
カーボヴェルデ
モーリタニア
マリ
ニジェール
セネガル
ガンビア
ギニアビサウ
ブルキナファソ
ギニア
ベミン
ナイジェリア
コートディヴォアール
シェラレオーネ
ガーナ
リベリア
トーゴ

図10　カーボヴェルデ

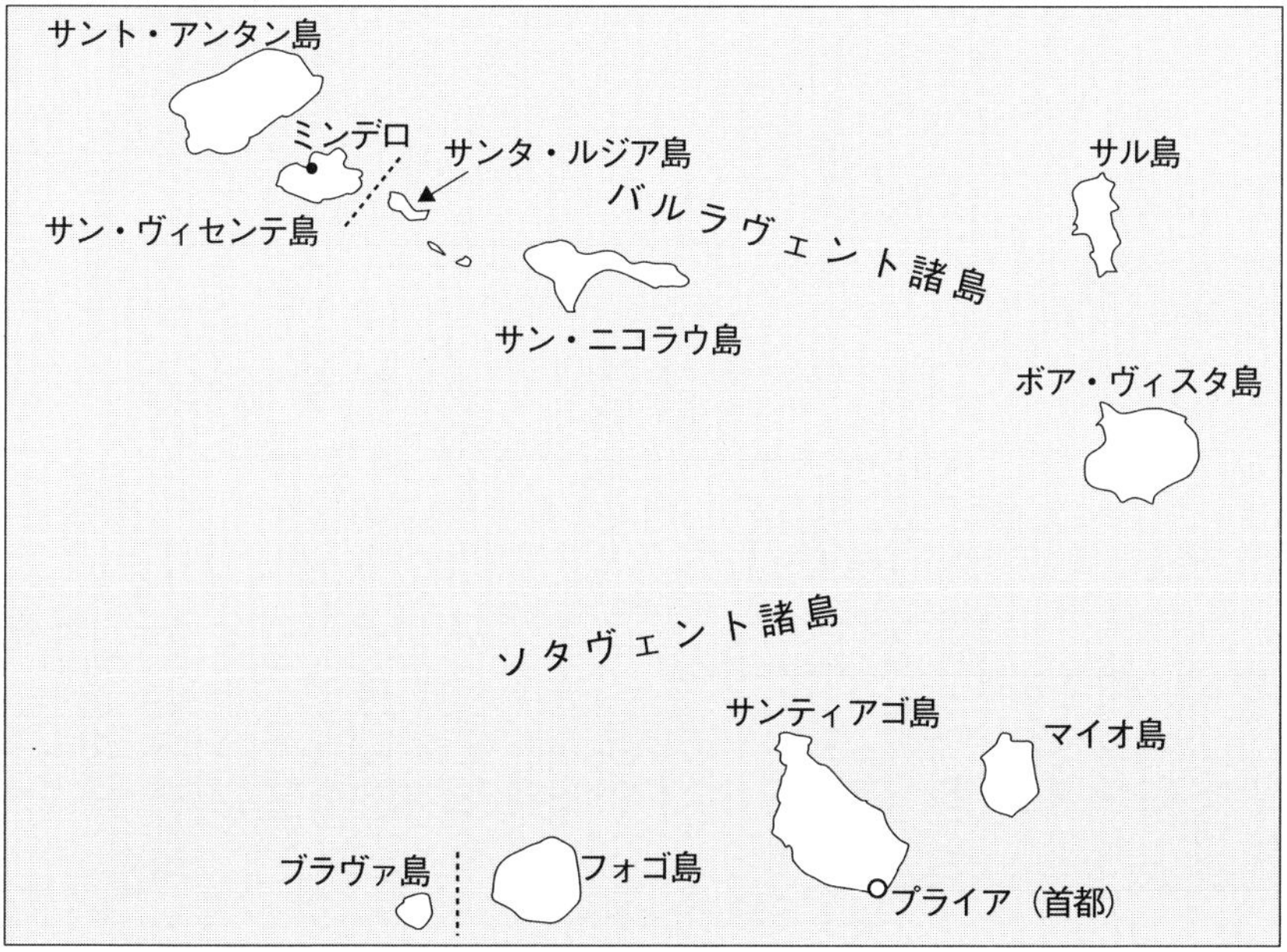
サント・アンタン島
ミンデロ
サンタ・ルジア島
サル島
サン・ヴィセンテ島
バルラヴェント諸島
サン・ニコラウ島
ボア・ヴィスタ島
ソタヴェント諸島
サンティアゴ島
マイオ島
ブラヴァ島
フォゴ島
プライア（首都）

ロにもわたる手つかずの砂浜だ。二〇〇〇年代に入ってから国外の投資家が土地を買いはじめ、豪華なリゾートホテルを次々と建設している。そして、最後が漁業である。大西洋に浮かぶこの島国がもつ東西南北二〇〇海里に及ぶ排他的経済水域（ＥＥＺ）は、はるか彼方の遠洋でも漁が行える近代的な巨大漁船をもつ漁業国にとっては宝の山も同然なのだ。

この貧しいカーボヴェルデには、近代的な漁具もなければ大きな遠洋漁船もない。一方、ＥＵには巨大な漁船が余るほどある。漁業に対して何十年にもわたって助成金がつぎ込まれた結果、漁船の漁獲能力の合計はヨーロッパ近海の海洋環境が許容する漁獲水準を四割から六割も上回っていると推計される。よく知られているように、このことがヨーロッパ近海での乱獲をもたらしているのだ。

ＥＵの漁船団は、今後も漁をつづけていくために別の漁場を必要としている。そうでなければ、漁船の大部分をスクラップにしなければならない。そんな理由から、ＥＵはこれまでの長い間、一六の発展途上国を含む二五の国々と漁業協定を結んできた。カーボヴェルデもその一つなのだ。

カーボヴェルデは不毛な国であり、消費される食料品の九割を輸入に頼っている。豊富にある食料資源といえば魚しかない。それにもかかわらずカーボヴェルデは、一九九〇年にＥＵと最初の漁業協定を結んで以来ヨーロッパの漁船が毎年やって来て、自国の海を空っぽにして去っていくのを許してきた。しかも、そのためにカーボヴェルデが手にする補償金はごくわずかだったのだ。

二〇〇六年九月一日から発効した新しい漁業協定によると、ＥＵは毎年三二万五〇〇〇ユーロ［四六〇〇万円］を支払って五〇〇〇トンのマグロを獲ることになっている。このことについて欧州議会の作成した答申書は「ＥＵにとって非常に好都合な協定だ」と、普段はあまり聞かれない本音を書いている。

「漁獲物の価値は、ＥＵがカーボヴェルデに対して支払う補償金の額をはるかに超えているため、この協定はＥＵに大変有利だ。マグロの一トン当たりの商業的な価値は平均一〇〇〇ユーロ［一四万二〇〇〇円］だ」

つまり、控えめに見積もっても一〇〇〇ユーロの価値があると見られている一トンのマグロに対して、ＥＵは六五ユーロ［九二〇〇円］を支払うだけでよいのだ。ＥＵにとって「有利な」協定であることはまちがいない。そして、それ以上の恩恵を受けるのはスペインやポルトガル、フランスの漁船なのだ。というのも、寛大なＥＵがカーボヴェルデ周辺での漁業権を破格の値段で配分してくれるからだ。ＥＵの漁船は、一トンのマグロを獲るためにわずか三五ユーロ［五〇〇〇円］をＥＵに払えばよいのである。

マグロにはさまざまな種類がある。クロマグロ、カツオ、メバチ、キハダなどがその代表例だ。ちなみに、このなかで一番価値の高いクロマグロはかなり以前から絶滅の恐れがある種に分類されてきた。クロマグロをわずか一匹獲るだけで、大きな財産を築くことができる。たとえば、二〇〇一年に獲れた体重一八〇キロのクロマグロは、東京の築地市場で一七万二〇〇〇米ドル［二一〇〇万円］という値段が付けられた。一キロ当たり九五五ドル［一一万円］ということになる。

しかし、この漁業協定がカーボヴェルデにもたらしたもっとも大きな悪影響は、本来カーボヴェルデが手にするはずだった利益の大部分がＥＵの手にわたったことではなく、ＥＵからやって来る近代的な漁船団のために、この国で営まれてきた小規模の沿岸漁業が大きな被害を被ったということなのだ。

カーボヴェルデの生活水準は低い。平均寿命は二〇歳で、総人口四七万五〇〇〇人の七割が農村で暮らしている。二〇〇〇年の統計によると、このうち一万一〇〇〇人もの人々が沿岸漁業に従事している。漁師たちの所有する漁船は全長四メートルから八メートルほどの小さなもので、モーターを付けている漁船は半数に満たない。沿岸漁業は、公式な経済統計できちんと把握されているわけではないが、国民の食糧供給に欠かせない重要な産業である。そのうえ、もしこの国がこの貴重な水産資源の管理を自分たちできちんと行っていれば沿岸漁業の重要性をもっと高めることができたであろう。しかし残念ながら、現状はそれとはまったく逆の方向に動いている。このレストランで私たちの前に突然現れた二九歳のニルトン・デルガド・ロペス（Nilton Delgado lopez）も、このことと非常に深く関係しているのだ。

彼は漁師としての経験を話すことで、私たちの関心を引き付けることができたと分かると、今度は突然まったく異なる表情を見せはじめた。目つきが情熱的になり、それまで見せていた初対面同士のていねいな態度は消えていった。首を大きく横に振り、困惑した表情を見せながら、漁師を辞めることになったもう一つ別の理由を話してくれた。

「俺は、経済的にも自分の身の安全にとっても、より大きな危険を冒して漁をするようになったんだ。この国の漁船は、島々の間の、波の穏やかな海を行き来するためにつくられたものだ。しかし、大洋に出てしまえばそこにはまったく別の海が待ち構えている。流れが早い。そんな遠くまで漁に出るのは危険なんだ」

彼は、カーボヴェルデのほとんどの人々が泳げないことを説明し、漁師もその例外ではないと言った。岸辺から魚が姿を消してしまったために、貧しい漁師の多くが命がけで岸から遠く離れた海に出て漁をするようになった。彼も、その一人だった。

「漁師を辞めたくはなかった。そんな日が来るなんて、これまで思ってもみなかった。でも、最後にはそれ以上つづけられなくなってしまった」

彼はかつて、一度に八〇キロものマグロを獲った記録を笑顔で語った。しかし、政府が外国と結んでいる漁業協定は「バッド・ビジネス」だと繰り返すたびに表情が暗くなっていった。三歳年下の弟であるロベルト（Robert）も漁師を辞めて、今ではスペインの大型漁船の乗組員をしているという。

「スペインの大型漁船は、海に出て六〇日漁をつづける。その間、獲った魚を下すために寄港する必要はない。別の船がやって来て、海上で積荷のやり取りをするんだ。六〇日経つと港に五日間停泊して燃料の補給を行い、再び六〇日間海に出て漁をするんだ」

ニルトンは突然静かになり、私の仲間の一人からスヌース（噛みタバコ）をもらおうとした。私がこれまで彼の話に真剣に耳を傾けてきたせいか、彼の話はさらに予期せぬ展開を見せることになる。

「一つだけお願いしたいことがある。アドバイスが欲しいんだ。俺は、今どうしたらよいのか途方に暮れている。俺の妻のことなんだ……」と言ったかと思うと、突然、彼の目に涙が満ち溢れはじめた。

「別れたくはないんだ。でも、別の男ができてしまったんだ。自宅にその男を連れ込んでいたから、今では村中に知れわってているんだ。俺は、村人たちと合わせる顔がない」

ニルトンと妻との間には五歳になる娘マリア（Maria）がいる。彼は自分の漁船も「マリア」と名付けていたが、その漁船は一年前に手放してしまった。彼はその後、生計を立てるためにドイツの豪華ヨットの上で仕事をしていた。仕事の一つは、港に停泊中のこのヨットの上で寝泊りしながら警備することであった。このヨットの世話をはじめてから六か月後、妻の不倫の話が彼の耳に届いたのだ。「すべてを失ってしまった」と、彼は語った。漁船、漁師という仕事、家族、名声、そして誇りを。

彼がそこまで心を打ち明けて話してくれたことに、私たちは驚いてしまった。私たちも頑張って、心の支えになる言葉や解決への糸口になりそうな問いを投げかけてみた。ニルトンは私たちの言葉に耳を傾け、問いに答え、涙を拭いた。進むべき道を見失って困惑した彼は、なかなか納得しようとはしない。私たちは彼にビールを差し出した。私たちがデザートを食べるころになっても、彼は言葉を失ったまま椅子に座っている。抱える悩みに対する答えを私たちが与えてくれるのを待っているかのようだ。何かよい答えを……私はもう一度試してみた。

「妻と一緒に居つづけなさい。彼女のことを本当に愛しているのなら、誇りは犠牲にするしかないよ。何事も時間が解決してくれる」と、私は言った。

怪訝な表情をしている彼を見ると、私はさらに悲しい気持ちになった。私の言葉が彼にとって大きな助けになるとは思ってはいないが、かといって放っておくこともできない。誇りを喪失した彼の惨めな状況というのは私が納税者としてお金を納めているＥＵの漁業政策とも無関係ではないし、スウェーデンで売られている安いマグロの缶詰とも関係しているのだ。

彼はビールを飲み干すと、とても気が進まない様子だったがついに去っていった。その晩、私たちは高級ホテルの近くでうなだれている彼を再び目にした。答えをいまだに探しているのだろうか。彼が抱える悩みを解く鍵を、私たちヨーロッパ人がもっていると思っているのだろうか。

一九六〇年代初め以降、魚介類の消費量は世界全体で二倍近くに増加した。地球上の人口が増えただけでなく、私たち一人ひとりが魚をたくさん食べるようになったことも原因である。一九六一年の一人当たりの魚の消費量は九キロだったが、二〇〇四年には一六・六キロにまで増えている。そして、その多くが先進国で消費されている。ヨーロッパでは毎年一人当たり一九・九キロの魚を食べているのに対して、発展途上国（中国を除く）ではわずか八・七キロでしかない。地球上の水産資源の大部分が途上国の海域にあるにもかかわらずだ。

魚介類は、この地球上でもっとも盛んに貿易されている商品だ。世界中で漁獲される魚介類の四割が国際的に取引されており、この流れは主に地球の南半球から北半球に向かっている。たとえば、ＥＵは中国に次いで世界第二位の「漁業国」であるにもかかわらず、魚介類の自給率はわずか二五パーセントにすぎない（第二位は長い間ペルーであったが、二〇〇四年の東方拡大に伴ってＥＵがペルーを追い越すことになった）。ヨーロッパで消費される魚介類の半分は輸入品であり、残りの二五パーセントは、主に発展途上国などの外国の海域でヨーロッパの漁船が獲ってきたものだ。

ＥＵがほかの国々と漁業協定を結びはじめた背景には、一九八二年に国連海洋法会議で採択された「海洋法に関する国連条約」（ＵＮＣＬＯＳ）[3]がある。それ以前は、先進国の漁船は世界中の海で事実上自由に漁を行うことができた。しかし、この条約によって各国の沿岸二〇〇海里が排他的経済水域と定められたため、先進国がそれまでと同じように数多くの漁船を繰り出して外国の海で漁を行うためには、沿岸諸国と漁業協定を締結する必要が出てきた。

そのため、ＥＵはさまざまなタイプの協定を結ぶことになった。ノルウェー、アイスランド、ポーランド、ロシアなど先進国との協定では、漁獲枠をＥＵとその国との間で相互に交換することが基本となっている（これらの協定の一部は、いくつかの理由により今は存在しない）。また、アンゴラ、赤道ギニア、コートディボワール、ガボン、ガンビア、ギニア、ギニアビサウ、カーボヴェルデ、キリバス、

（3）156ページを参照。

コモロ、マダガスカル、モロッコ、モーリタニア、モーリシャス、モザンビーク、サントメ・プリンシペ、セネガル、ソロモン諸島、セーシェルなどの発展途上国との協定では、漁獲枠の交換ではなく、補償金を支払うことによる漁獲枠の合法的な購入が基本とされている。二〇〇七年時点で発効している二〇の漁業協定のうち、一六が途上国との間で結ばれたものだ。

スペインとポルトガルが一九八六年にEUに加盟した以降、とくに発展途上国との漁業協定のためにEUが負担する費用が急増した。強大な漁業国であるスペインとポルトガルは、EU加盟以前は漁業海域の沿岸諸国と二国間漁業協定を結んでいた。だからこそ、両国はEUへの加盟交渉にあたって、それまでと同じように漁業ができるように注意深く交渉を進めたのだった。EUの共通漁業政策において、この二国に一方的な便宜が図られている理由はここにある。

現在、EUの漁業政策の年間総予算約一〇億ユーロ［一四二〇億円］のうち、約二割が漁業権の購入に充てられている。そうして購入された漁業権の六割近くはスペインの漁船に配分されている。しかし、発展途上国との協定に基づいて漁獲される魚の価値総額を見てみれば、スペインはさらに大きな利益を自国にもち帰っていることが分かる。EUが途上国で漁獲する魚の価値総額の約四億八五〇〇万ユーロ［六九〇億円］のうち、何と八二パーセントをスペインが手にしているのだ。

スペインに次いでフランスとポルトガルも、途上国との漁業協定を盛んに活用している。この二国は、水揚げ総額のそれぞれ七パーセントずつを占めている。そのあとにつづくイタリアとギリシャは数パーセントずつ、そしてイギリスとアイルランドは二国合わせても一パーセントに満たない。

発展途上国との漁業協定をめぐってはEUを舞台に激しい議論が行われたこともあったが、スペインのロビー団体や欧州議会のスペイン選出議員は、漁業協定がもたらしてくれるさまざまな長所を訴えることによってＥＵをこれまでうまく納得させてきた。漁業協定を締結するときの基本原則は、協定の相手国（二〇〇四年の漁業政策改革のあとは「パートナー国」と呼ばれる）に十分な漁獲能力がなく、漁獲されなければ無駄になってしまう「余り」の部分をＥＵの漁船が獲ることによって相手国の経済発展に貢献するというものだ。

さらに漁業協定は、「知識の移転」や相手国との貿易の促進といった波及効果をもつという主張もある。しかし、二〇〇五年にスウェーデン水産庁が発行した報告書「ＥＵと発展途上国との漁業協定――水産資源活用のための進入権からパートナーシップへ？」(4)のなかで引用されているいくつかの調査報告書によると、「ＥＵは漁業協定の締結にあたってＥＵにとっての利益をより重視する傾向にある」と言う。ＥＵの漁船が途上国の海で漁獲する水産資源の商業的価値は少なくとも四億八五〇〇万ユーロ［六九〇億円］あるが、ＥＵは途上国に対して二億ユーロ［二八〇億円］しか支払っていないというのである。しかも、漁業協定は、ＥＵに六億五〇〇〇万ユーロ［九二〇億円］の間接的な経済効果をもたらすと分析されている。そして、この効果の大部分が途上国との漁業協定からもたらされるものだという。

これらの協定のおかげで、ＥＵでは一万三四四〇人の漁船乗組員の雇用と、水産加工業における二万人の雇用が確保されている（後者の数字は、ある程度割り引いて考える必要がある。水産加工業は、その国に水揚げされる魚がなくなっても輸入された魚を用いることでおそらく生き残ることができるからだ）。

（４）　Mikael Cullberg, “EU:s fiskeriavtal med utvecklingsländer - från resurstillträde till partnershap?”, Finfo, 2005

では、相手国によい影響をもたらすと考えられている「波及効果」のほうはどうだろうか？　しかし、既存の調査を見てみると、漁業協定がEU外部に与える雇用効果はごくわずかだという。EUの漁船で乗組員として働く相手国の人々は、たったの二四〇〇人にすぎない。しかも、協定によって間接的に生まれる現地の雇用もせいぜい五〇〇〇人だと推計される（この数字も割り引いて考える必要がある。これらの雇用の一部は、漁業協定が破棄されたとしてもおそらく存続するためだ）。

一方、漁業協定の相手国において小規模の沿岸漁業を営む漁師や魚屋が稼ぎの道を奪われるという現象は、とくにアフリカ西海岸の沿岸諸国において顕著であり、問題視されてきたにもかかわらずその実態に関する調査はまだ行われていない。実際のところ、EUの漁船による沿岸部での乱獲は、アフリカ全体で数百万に及ぶ雇用機会を奪っていると見られている。セネガルだけを見ても、沿岸部に居住する人口の大部分である六〇万人が漁業に従事していると推計されている。

では、漁業協定のおかげでEUと相手国との間の貿易が促進されるという主張のほうはどうだろうか。残念ながら、貿易の面でも相手国にもたらされるのはわずかな恩恵のみだ。フランスの海洋研究所イフレメール（Ifremer）[5]によると、遠洋漁業を行うEUの漁船は、漁に必要な商品やサービスの四分の三（一億五四〇〇万ユーロ［二一〇億円］）をヨーロッパの企業から買い入れ、わずか四分の一（五一〇〇万ユーロ［七二億円］）を相手国から購入しているという。また、途上国が手にする付加価値の総額もEUのそれよりはるかに小さい

（５）Institut français de recherche pour l'exploitation de la mer（French Research Institute for Exploitation of the Sea）水産業および水産資源管理、海洋生態系に関する研究を行うフランスの公的研究機関。

（６）（Aide à la décision économique）経済政策および公共政策の決定に寄与する研究を行うベルギーの民間コンサルタント企業。

という。

漁業協定の基本原則、つまりＥＵの漁船が途上国で獲っている魚は、これらの国々で余ってしまい、漁獲されなければ無駄になってしまう水産資源だけだという点についてはどうだろうか。

フランスの海洋研究所イフレメールの調査およびベルギーのコンサルト企業ＡＤＥ[6]が欧州委員会の国際援助機関である「ユーロエイド（EuroAid）[7]」からの委託を受けて行った調査によると、現状は非常に不透明だという。実際のところ、ＥＵは本当に余った魚が漁獲されているのかどうかまったく把握していないようだ。漁業協定は、多くの場合、非常にわずかな事実的な根拠をもとに締結されている。魚の個体数の調査もなければ、影響評価のための調査もない。管理も監督も研究も行われていない。さらに、ＥＵが協定を締結している国というのは、汚職が蔓延していたり、民主主義の成熟度の低い国が多い。しかも、ＥＵはいくつかの漁業協定を貿易協定と抱き合わせる形で締結させている。これは、国連食糧農業機関（ＦＡＯ）[8]の行動指針に真っ向から反するものだ（最近では、南アフリカが漁業協定の発効を凍結することにした。ＥＵがほかの商品に対する関税規定を漁業協定と抱き合わせたためだ）。

未確認情報ではあるが、漁業協定を締結させるためにさまざまな圧力が隠れたところでかけられているという話もある。作家・ジャーナリストであるチャールズ・クローヴァー[9]によると、セネガルがＥＵとの漁業協定を二〇〇二年に更新しようとした際には、首都ダカール

（７）　欧州委員会の総局の一つで、対外援助政策を担当している。

（８）（Food and Agriculture Organization：FAO）食糧供給の確保と貧困の撲滅を目的として設立された国連の専門機関。

（９）　第６章に登場する『行き止まりに来た漁業――乱獲が世界と私たちの食を変える』の著者。

にあるスペイン大使館から何人もの外交官がセネガルの水産省に定期的に挨拶に来たという。賄賂が一般的に横行しているとも考えられるが、ありえない話ではない。NGOである「トランスパレンシー・インターナショナル(10)」は信頼性のある「汚職インデックス」を発表し、世界一三三か国における政治家や官僚の汚職の度合いをランキングで表しているが、これによるとセネガルは汚職がひどい国の一つに数えられている。汚職のもっともひどい状態を「〇」、汚職がまったくない状態を「一〇」とした場合、セネガルのインデックスは「三・二」となっている。ちなみに、スウェーデンは「九・三」だ。また、EUが漁業協定を結んでいるほかの国の多くも汚職インデックスがかなり低い。ギニア、コートディボワール、モーリタニアは、セネガルよりも下に位置している。

そのうえ、「余った」水産資源と本当に呼べるのかどうかが疑わしいケースもいくつかある。たとえば、サントメ・プリンシペやギニアビサウなどでは、漁業協定に基づく漁業権の購入のためにEUが支払う補償金の額が国家予算の何と三分の一を占めている。これらの国々は、アンゴラの最近の例やナミビアが一九九〇年に独立したときに取った政策にならって、自国の水産資源を自分たちで管理したならば、EUの漁船に自国海域での漁を許可するよりももっと多くの利益を上げることができたのではないかと考えられる。

ちなみに、ナミビアの例は、発展途上国が自国の漁業海域を自分たちで管理することによってその経済的な潜在性を引き出すことに成功したよい例といえる。ナミビアとアンゴラの沖には「ベンゲラ海流」と呼ばれる冷たく栄養分を豊富に含む海流が流れているため、絶好の漁場となっている。ナミビアは、一九七〇年代から一九八〇年代にかけて南アフリカの支配下にあった。その間、ソビエトや

(10)（Transparency International）1993年に設立。ドイツのベルリンに事務局を置く。世界各国で汚職の撲滅に取り組んでいる。

スペインをはじめとする外国の遠洋漁船が、監視のほとんど行われていないナミビアの沿岸に大挙して押し寄せたのだ。その結果、メルルーサ（タラの一種）やイワシ（サーディン）は乱獲され、個体数は絶滅の恐れがある水準まで低下することになった。ナミビアが独立した一九九〇年の時点において、メルルーサの漁獲量の九〇から九九パーセントは外国の漁船によるものだった。また、イワシの個体数は以前の水準のわずか二パーセントにまで低下していた。そして、ナミビアの一般庶民の魚の消費量は一人当たり年間四キロに減少していた。

独立後に誕生したナミビアの新政権は、沿岸から二〇〇海里の排他的経済水域をすばやく主張し、ＥＵからの強い圧力にもかかわらずＥＵとは漁業協定を結ばないことを決定した。これによって、外国漁船によるメルルーサ漁は完全に禁止された。また、この政権は漁獲枠を警戒原則に基づいて六万トンに定めた。これに対してＥＵは、この数字の背景にある科学的根拠に疑問を投げかけた。実は、ＥＵは二〇万トンの漁獲を可能にする漁業協定をナミビアと結ぼうと長い時間をかけて働きかけていた。しかし、ナミビアはＥＵに対して九〇〇〇トンの漁獲枠を提案した。ナミビアは、自国の漁船が漁獲できない「余り」はこれだけだ、と主張したのである。ＥＵはこの提案をはねつけ、それ以来、ＥＵとナミビアとの間で漁業協定は締結されていない。

一方で、ナミビアの水産業はますます盛んになっていった。ナミビア人が出資者の多数を占める漁業企業や合弁企業には、外国の漁船よりも漁業権が優先的に割り当てられている。漁業権は漁獲枠という形で、外国企業には七年契約で、ナミビア企業には一〇年契約で配分されている。

配分の際には審査がなされ、漁獲枠をほかの漁師や企業に譲ったり売りわたしたりすることは許されていない。漁獲枠の配分を受けた企業は、年間手数料と水揚げ量に応じた若干の手数料を国に納める。これらの手数料は水産省の予算として使われることになる。また、漁船に乗り込んで監視や科学的調査を行う国の検査員の経費はその漁船が賄うことになっている。検査員は水産省から派遣されるが、漁船の所有者と長期的な馴れ合いの関係ができることを防止するために担当する漁船が定期的に変更されている。また、漁業海域は沿岸警備隊の巡視船によっても監視されている。外国の違法漁船が何隻か拿捕されたことがあったが、それ以降は密漁は大きな問題にはなっていない。現在では、水産省の検査員も沿岸警備隊の巡視船も、漁業権を正式にもっている漁船が規則や漁獲枠をきちんと守っているかだけを監視することに集中できる。

ナミビアに生息する魚の個体数は、ゆっくりではあるが確実に回復しつつある。もし、独立以前に外国の遠洋漁船が乱獲を行っていなければ、現在、漁業から生まれる収益は実際よりも少なくとも五割は高かっただろうと専門家は言っている。それでも、現在までの経過を見てみると大成功と言うことができる。

今日、水産業はナミビアの経済全体にとって成長の源となっている。観光業に次ぐ第二の成長産業になっており、輸出を見ても鉱業に次ぐ輸出額を誇っている。ナミビアが独立をしたときには、水産業は国内総生産の四パーセントでしかなかったが、一九九八年には一〇パーセントに成長している。水産業に従事する人の数も劇的に増えており、一九九〇年の独立当時は六〇〇〇人だったのが現在は一万五〇〇〇人となり、このうち三分の二が水産加工業に従事している。

そのうえ、漁獲物の九五パーセントがEUやアフリカ南部のほかの国々へ輸出されているのにもかかわらず、国内の魚介類の消費量は二倍以上に増加した。ナミビアで伝統的に消費される魚は、国内で陸揚げすれば漁獲枠の配分の際の手数料が免除されることになっている。この結果、ナミビアの一人当たりの魚介類の消費量は、途上国の平均である一人当たり年間約九キロという水準を少なくとも維持することができるようになった。

隣国のアンゴラも、ナミビアの例にならって二〇〇四年に新しい水産資源管理法を制定した。この新法は、

ＥＵの漁船に新たな要求を突きつけたのだった。そして、その要求があまりに厳しいものであったために、一九八九年以来、アンゴラと何度も漁業協定の更新を行ってきたＥＵは新たな更新を思いとどまることになった。その要求とは、すべての漁船はアンゴラの企業と何らかの関係がなければならないとか、外国漁船にはＶＭＳ発信機(11)を取り付けて、アンゴラの行政機関が監視できるようにしなければならないというものであった。そのような要求を突きつけられたＥＵは、アンゴラの海域に「余った」魚があるかどうかとは関係なく、漁業協定の更新を拒否したのだった。

「余っている魚を獲るという原則」はこのように非常に曖昧で、証明するのが難しい。また、まったく別の観点からもこの原則を疑問視することもできる。マグロはＥＵが途上国と結ぶ漁業協定において非常に重要な魚であるが、マグロのように長い距離を回遊する魚は、ある期間にたまたまある特定の国の海域を通過するからといってその国のものだと主張するのは難しい。ましてや、その国の「余った」魚について議論するなんてさらにおかしい話なのだ。

では、最後の論点である知識の移転によって相手国が得るとされる波及効果のほうはどうだろうか。現在では、ＥＵが発展途上国と結ぶ漁業協定のすべてに、相手国での研究開発のための特別資金の供与を約束する条項が加えられている。たとえば、カーボヴェルデの場合には、漁業権を購入するための三二万五〇〇〇ユーロ［四六二〇億円］に加えて六万ユーロ［八五〇億円］が、漁船の監視と地元漁業の研究と開発のために供与されている。全体で見ると、ＥＵが漁業協定に基づいて途上国に支払う金額の約一五パーセントがこれらの目的のために充てられている。

この制度のあり方については、基本的な疑問点がいくつも見つかる。まず、漁船監視のためにＥＵが

(11)（The Vessel Monitoring System）衛星を利用した漁船監視システム。

供与する資金について言えば、その大部分がまさにEUの漁船を監視するために使われているのだ。自国の排他的経済水域（EEZ）で外国の漁船に漁を許している沿岸の小国が密漁の問題に頭を悩ませているのはよく知られた現象だ。カーボヴェルデのような小国にとって、数千平方キロメートルに及ぶ広大な海域をきちんと監視し、操業中のすべての漁船が漁業権をもっているかどうか、またもっていたとしても与えられた漁獲枠内で漁を行っているかどうかを調べるのは無理に等しい。

発展途上国の海域で密漁が横行していることを否定する者はいない。二〇〇六年の春、環境保護団体の「グリーンピース」がアフリカ西岸で操業中の漁船を監視したことがあったが、密漁が大々的に行われていることが明らかになった。グリーンピースは、所有する大型船「エスペランザ（Esperanza）」でギニアの排他的経済水域を三週間にわたって監視し、一〇四隻の漁船を確認した。その結果、そのうちの半分が密漁を行っている疑いがあると考えられた。ある船は漁業権をもたずに漁を行い、またある船は小規模沿岸漁業のために確保された沿岸から一二海里の海域の内側で漁を行い、さらにある船は名前のない明らかな密漁船であった。

グリーンピースに対して正体を明かさない船もあった。海上で荷の積み換えを行っている疑いのある船も多数あった。海上で荷を積み換えることはギニアでは禁止されている。ギニア政府にとっては、港での陸揚げの確認が漁船の漁獲量を把握し、漁獲枠がきちんと守られているかどうかを監視する唯一の方法だからだ。

以上のようなことを念頭に置けば、密漁や乱獲を効果的に監視するための特別予算をEUが途上国に与えているのはむしろ滑稽と言える。これらの問題を引き起こしている直接的、間接的な責任は、

---

(12)（Livsmedelsekonomiska institutet）農業、水産業、食品加工業の分野における経済分析を行うスウェーデンの公的研究機関。農林水産省の管轄下にある。

そもそもＥＵの漁業協定にあるからだ。

しかし、研究開発のための予算はどうであろうか。実は、使途を指定したこの種の補償金をめぐっても基本的な疑問点が存在する。今日の国際援助において世界的に確立されつつある共通理念や、ＥＵの策定した国際援助ガイドラインに一貫している基本原則は、「途上国における個別プロジェクトに対してお金を援助するのではなく、その国の予算全体に対して援助を行い、具体的な使途については途上国自身に決めさせる」というものだ。ＥＵの漁業協定は、この流れにまちがいなく逆行している。食品経済研究所は、二〇〇四年に発表した報告書「ＥＵと発展途上国との漁業協定の効果」[12]のなかで、「ＥＵが補償金の使途を指定しようとするのはパターナリスティック（後見人的）[13]であり、主権国同士が結ぶ通商協定の原則から逸脱していると考えられる」と述べている。[14]

もちろん、ＥＵが補償金の使途を指定することで、このお金が汚職にまみれた権力者の懐に入るのを阻止していると主張することもできる。しかし他方で、学校教育や医療に使うこともできたお金が、ＥＵの漁業協定自体が引き起こしている問題に対処するためにＥＵ漁船の監視に使われたり、費用のかかる魚の個体数調査に充てられたりしている現状は非常に皮肉と言える。

モーリシャス、アンゴラ、セネガルといった国々は、補償金の使い道を交渉の中で指定することに反対してきた。国の予算をどう使うかは自国で決めたい、とこれらの国々は主張しているのだ。スウェーデン水産庁の報告書「ＥＵの発展途上国との漁業協定――水産資源活用のための進入権からパートナーシップへ？」には、「予算の使途は自分たちで決めたいという主張はもっともだ。スウェーデンをはじめとする多くの国では、国の歳入の一部を特定財源として、ある特定の使途のみ

(13)　Susanna Hughes, “Effekter av EU:s avtal om fiske i u-länder”, Livsmedelsekonomiska institutet, 2004

(14)　理解力や思考力においてまさる者が上の立場から指図をすること。

に充てるようなことはしないという原則をもっている。この事実は、指摘に値することであろう」と書かれている。

基本的な問題点をさらに付け加えるとすれば、EUから多額の経済的支援を受けたヨーロッパの漁師が、そのような支援を受けていない途上国の漁師と輸出市場において競争しているということだ。モロッコはこれを理由に、一九九九年にEUとの漁業協定を破棄してスペインを怒らせた。

モロッコの漁船は、自国の海域でEUの漁船を横目に見ながらタコ漁を行って釣り上げたタコを輸出しようとしたが、EUの漁師たちと同じ価格で日本の市場に輸出するのは無理だった。同じことは、自国周辺でタコがよく獲れるモーリシャスにもあてはまる。EUの漁船は燃料費に対する低減措置をEUからさまざまな形で受けているのに対して、モーリシャスの漁師たちは燃料代や諸費用を自分で払っているため、彼らが使う燃料の価格はEUの漁船の二倍となっている。そのため、EUの漁師より少なくとも三割は高い価格でタコを売らざるを得ない。同じ問題は、さらに途上国の国内でも存在している。もし、ヨーロッパの漁師が途上国の市場で魚を売りさばこうとすれば、地元の漁師は漁で生計を立てるのが難しくなるのだ。

さらに別の問題もある。発展途上国から先進国の市場に新たな販路が開拓されると、途上国の漁師たちは獲った魚を地元市場よりも輸出市場に売る傾向があるということだ。二〇〇〇年に締結されたコトヌー協定(15)によって、EUと漁業協定を結ぶすべての国は関税なしでEUに魚を輸出できるようになった。この協定の結果、いわゆるACP諸国（アフリカ・カリブ海・太平洋諸国）は水産物の輸出の大部分をEUに向けることになった。現在、ACP諸国の水産物の輸出の約六三パーセ

(15)（Cotonou Agrement）EUとアフリカ・カリブ海・太平洋諸国（ACP諸国）79か国との間で締結された協定。貧困の撲滅および持続可能な発展、ACP諸国の貿易促進を目的とし、2000年にベニンの都市コトヌーで締結される。2002年より発効。

ントがＥＵへ、二七パーセントが日本へ、一〇パーセントがアメリカへ輸出されている。

自国で獲れた魚がこうして魅力的な輸出市場へ売られることによって、地元市場では魚の価格が高騰することになる。それが先進国での需要が高い魚となれば、地元市場にはまったく流れなくなってしまう。セネガルでは、以前は余るほどあった底生魚が地元市場で手に入らなくなってしまった。国連食糧農業機関（ＦＡＯ）によると、その原因はこれらの底生魚が輸出に回されたためだという。地元で売り買いされるのは、あまり価値のない漂泳性の魚ばかりとなってしまった。

加えて言えば、数多くの報告書は、今までは見られなかったさらに恐るべき現象が近年確認されていると警鐘を鳴らしている。先進国が途上国の水産資源を次々と自分たちのものにしていくにつれ、アフリカでは陸上生物の狩猟が盛んになっているというのだ。二〇〇六年六月にマダガスカルで開かれた会議では、アフリカで野生動物を対象とした狩猟が恐ろしい速さで増加している、と報告されている。いわゆる「ブッシュミート」、つまり、ネズミやヘビ、カバ、アンテロープ（羚羊）、チンパンジー、ゾウ、ゴリラなどの動物が、今ではアフリカの貧しい人々にとっての安価なタンパク源となっているのだ。また、ガーナ、イギリス、アメリカの専門家がまとめた別の研究によると、アフリカで安い水産資源が手に入りにくくなるにつれてブッシュミートを確保するための密猟が自然保護区で頻発するようになっている、という因果関係が実証されたという。

ＥＵは、控えめに言っても二重人格のような機関だ。一方の手で一つの問題を引き起こしておきながら、もう片方の手でそれを解決しようとしているからだ。たとえば、いまだに何十億ユーロという農業助成金がＥＵ内のタバコ生産農家に降り注いでいる。しかし、その一方では、何百万ユーロものお金が禁煙キャンペーンのために費やされている。

漁業協定に関しても、ＥＵのさまざまな基本的原則がお互いに矛盾しあっている。一方では、ヨーロッパ内の漁業社会を支援し、ＥＵへの安定した食糧供給を実現することを目標として掲げながら、他方では海洋環境の保護や貧困の撲滅、そして発展途上国との連帯が目標として謳われている。

ＥＵのさまざまな条項や条文には、貧困の撲滅と途上国との連帯が何にも勝る重要な目標であり、農業政策や外交政策、漁業政策を決定するときには常に考慮しなければならないと書かれている。アムステルダム条約(16)の第一七八条でも、ＥＵの「国際援助政策と他の政策領域との調和に関する一九九七年六月五日の理事会決議(17)」でも、コトヌー協定の第二三条ｄ項でも、このことが規定されている。では、理念としては素晴らしいこれらの目標は果たして守られているのだろうか。ベルギーのコンサルタント企業ＡＤＥは、二〇〇一年に欧州委員会からの委託を受けて漁業協定のもたらす影響について第三者機関という立場から調査を行っている。その答えはとても単純だった。「まったく遵守されていない」と言うのだ。

ＡＤＥが調査した項目は以下の五つである。

❶ 漁業協定が全体の政治的目標と調和しているか。
❷ 貧困の撲滅に貢献しているか。
❸ 食料の安定供給に貢献しているか。
❹ 持続可能な漁業に貢献しているか。
❺ 漁業協定そのものの持続性があるかどうか。

(16) (Amsterdam Treaty) EUの基本条約の一つ。1999年5月1日から発効。

これらすべての項目において、ＥＵが発展途上国と締結してきた漁業協定は不合格とされた。とくに問題なのは、漁船の監視があまり行われておらず、また協定を結ぶにあたって準備される科学的な根拠が不十分だということであった。またＥＵは、その漁業海域における水産資源の持続可能な管理を協定の相手国が現実的にまったく行えないことを十分承知しながらも、その責任をその国に任せている。さらに、「余っている魚を獲るという原則」にしても信じるに値する十分な根拠がない、とＡＤＥは結論づけている。実際のところ、「余った水産資源」の量の決定は、その海域にどれだけの魚がいるのかといった科学的な調査や、相手国でどれだけの水揚げ量があるのかといった情報に基づいているわけではない。

それ以上に問題なのは、ＥＵが漁獲枠に対する補償金を前払いするために、途上国側はＥＵにより多くの漁獲枠を売却しようとする傾向があることだ。たとえＥＵが購入した漁獲枠の分だけ魚を獲ることができなかったとしても、途上国は補償金の一部を返済する義務はない。一方、途上国が、魚の個体数が減少しているといった理由ですでに売却した漁獲枠を引き下げたい場合には、その分の補償金を返済する義務がある。その結果、途上国は実際に生息する魚の数以上の漁獲枠をＥＵに売ろうとする傾向がある。

ちなみに、実際には存在しない魚は「ペーパーフィッシュ（紙の上だけの魚）」と呼ばれるが、途上国がペーパーフィッシュの漁獲枠まで売る傾向が実際にあることは、ＥＵが購入した漁獲枠分の魚を少なくとも公式には獲り尽くしていないことからも明らかだ。

(17)　(Council resolution) EUの首脳会議である欧州理事会 (European Council) によって採択される決議。

つまり、漁業政策におけるEUの振る舞いは責任ある行動とは言えないし、長期的な持続可能性を欠くために他国のお手本になるようなものではない。むしろ、お金と官僚主義と汚職が大きなスケールで結びつくとどのような悲劇が起こるのかをもっとも端的に表したよい例と言える。そして、この帰結として、弱い者が搾取され、すでに裕福な者にお金が流れている。そして、何よりも重要なのは生態系の破壊が行われているということだ。

平らで不毛な大地に伸びるデコボコ道を車で走りながら、バイラ・ダス・ガタス（Baia das Gatas）という小さな漁村へ向かう。サン・ヴィセンテ島のミンデロから車で三〇分ほど行った所だ。

村には通りが一つしかなく、それに沿って簡素な造りの白い家々が並んでいる。この村に広がる南国独特の浜辺には、少し以前から外国の旅行企画会社が目をつけている。浜辺では、子どもや犬が波打ち際で遊んでいる。浜辺の両側には陸地が突き出ており波から守ってくれるため、トルコ石の色をしたこの海は非常に穏やかだ。子どもたちは笑いながら貝殻を探していたが、私たちを見るとすぐさま写真を撮ってほしいというポーズをとった。そして、同じくらいに素早く物乞いのために手を差し出してきた。

浜辺には、屋根も扉もない古ぼけた缶詰工場があり、片側に赤く歪んだ文字で「廃墟（RUINAS）」と書かれている。その建物の横には、ここカーボヴェルデではおなじみの、カラフルな色をした屋根のない木製の漁船が波にさらわれないように浜辺に引き揚げられ、船底を上に向けた状態で置かれている。時刻は昼間の一二時半。ほとんどの漁船がちょうど浜辺に戻ってきたところだ。しかし、魚はほとんど獲れなかったようだ。二〇人ほどの男たちが浜辺に立って海のほうを凝視している。残る期待は、今戻ってこようとしている二隻の漁船だ。浜辺の手前で帆を折りたたんでいる。「帆」といっても、私たちの想像する船の帆とはほど遠いものだ。

「これを見て！」、私たちのガイドをしているドイツ人のヤニン・ヘッツェル（Janine Hetzel）が言った。彼女はこの島に長年住んでおり、地元の言葉であるクレオール語が話せる。クレオール語は、ポルトガル語とアフリカの言葉が混ざってできた言語だ。彼女が指をさしているのは、漁船の側に横たわる木製の簡素なマストだ。マストには白い帆が巻かれていた。まるでビニールでできた帆のようだ。帆のあちこちにスペイン語の文字が見られたので、私は近づいて見てみた。「米（arroz）？」

「そう。古い米袋を使って帆にしているんです。数週間ほどしかもたないから、そのあとはまた新しいのをつくるんです。エンジンを買う余裕のある漁師はほとんどいません。とても小規模な漁業だってことが分かるでしょ？」

痩せ細った漁師たちや廃墟となった昔の工場、近くをうろつく犬を指しながら、彼女はこう説明した。あたりを眺めてみると、「小規模」という表現すら控えめすぎると思えるくらい貧しいものだ。

私はうなずいた。小規模ね……まったくその通りだわ。

漁船が浜辺のすぐ近くまでやって来た。船から男たちが浅瀬に飛び降りた。浜辺からは十数人の男たちが浅瀬に駆け出ていって、漁船を浜辺に引き揚げるのを手伝っている。帆を巻き、漁船を潮の届かない所まで引き揚げる。私は側に立って、どれだけの魚が獲れたのかを興味津々に見つめた。

ヤニンが私の質問を訳してくれる。すると、三〇歳のマヌエル・ロドリゲス・ロペス（Manuel Rodriges Lopez）という漁師は、苦笑いしながらバケツの底にあるものを見せてくれた。魚が二匹。一つはパーチに似た小さな魚で、体長はせいぜい二〇センチくらいだろうか。もう一匹は銀色をした一メートルほどの長さの魚

EU の共通漁業政策は発展途上国の海までも空っぽにしている。マヌエル・ロドリゲス・ロペスはこの日の漁で獲れた魚を見せてくれる。船の所有者と８人の乗組員で分け合う２匹の魚のうちの１匹である。アフリカの西に位置する島国カーボヴェルデでは、ヨーロッパの漁船がやってきて魚を獲って行くために、モーターも持たない地元の沿岸漁師は魚がほとんど獲れなくなってしまった。（原書より）

で、ウナギのように細く、まるで痩せ細ったダツのようだが頭はダツほど長くはない。彼は、この獲物を親指と人差し指で持ち上げ、恥ずかしそうに笑みを浮かべた。私が写真を撮りたいと思ったようなので、私はその通りに写真を撮った。

　この二つの漁船に乗り込んだ八人の男たちは、実は今朝の五時から海に出て漁をしていたことが分かった。その成果がたった二匹だ。「別に珍しいことではない」と、マヌエルは説明した。ここ数年は魚が獲れないらしい。

「スペインの漁船は延縄《はえなわ》を使って至る所で漁をしているんだ。彼らの漁船は俺たちのよりもずっと大きい。俺たちが魚を獲るチャンスは、今じゃほとんどなくなってしまったよ」と、彼は説明をした。

　私がマヌエルと言葉を交わしてヤニンが通訳をしているうちに、浜辺にいた男たちがみな私たちの周りに集まってきた。私は、外国の漁船がカーボヴェルデの海にやって来て魚を獲っていることをどう思うか、とマヌエルに尋ねた。ヤニンがそれをクレオール語に訳すと、周りの男たちが一斉に大声で笑い出した。マヌエルは意味深な笑みを浮かべながら答え、肩をすくめた。

「彼らは、密漁が頻繁に行われていることをよく思ってはいません。誰かが取り締まらなければならない。彼らが言いたいのは、それだけのようね」と、ヤニンが訳してくれた。

男たちの間で短い議論が交わされている。マヌエルは黄色、赤、青で鮮やかに塗られた漁船を指差して、同じような漁船を買うには二〇万カーボベルデ・エスクード［二六万円］ほどのお金がいると説明した。魚を獲りたいと思えば、最近では近くのサンタ・ルジア島の周りまで行かなければならないが、そのためにはエンジンが必要になる。漁船にエンジンを付けようと思えば、さらに一二万エスクード［一六万円］が必要だ。これは、ホテルのレセプションで働く職員の月給が約一〇〇〇クローナ［一万三一〇〇円］であるこの国においては巨額の資産である。働いて、一つの漁船を買うためにお金を貯めるのは、今ではほとんど不可能だと彼は語った。

「では、今日の稼ぎはどれくらいなの？」と、私は尋ねてみた。マヌエルはバケツに入った二匹の痩せた魚を見せ、そして七人の漁師たちを指差している。ヤニンが通訳した。

「漁船の持ち主が利益の半分を取り、残りを漁師の間で分ける。それが、この国で一般的なやり方です」

日焼け顔をし、白い無精ひげを生やした一人の痩せた老人が、人混みをかき分けて私のもとへやって来た。彼は砂の付いた半透明のビニール袋の中に何かを持っており、それを見せようとした。私が袋のなかをのぞくと、さまざまな形をした貝殻が見え、海の香りが漂ってきた。

「彼はこれを売りたいようですよ」と、ヤニンが説明した。そして、「彼らからいろんな情報をもらったわけだし、買ってあげるのも悪くないと思うわ」とも彼女は言った。

私はポケットをさぐって数百エスクードを取り出し、この老人にすばやくわたした。彼は、笑みを浮かべながらその袋を私に手わたした。私たちが浜辺を立ち去ろうとすると、私に一番たくさんの話を聞かせてくれたマヌエルがとてもがっかりとした顔をしているのに気づいた。その理由が私にはすぐ分かった。この浜辺にいる男たちのなかで、おそらく今日一番大きな収入を得たのは貝殻の袋を持って来たこの老人であったからだ。

その村から車で戻る途中、新しく建てられたばかりの数軒のバンガロー（コテージ風の別荘）の前を通りすぎた。ヤニンは、毎年大きなミュージック・フェスティバルがバイア・ダス・ガタスで開かれ、世界中から数千人の観光客が訪れていると説明した。

私が今日出会った浜辺の男たちは、ある貴重なことを教えてくれたように思う。しかし、私がその教訓に接するのは今回が初めてでなく、そしてこれが最後では絶対にないはずだ。あの漁村は徐々にだが、しかし確実に変化している。私たちヨーロッパ人は、二つの方向から彼らに影響を与えている。彼らの魚をまず奪い、そして今、彼らの漁村でバカンスを過ごそうとしているのだ。

第８章　ＥＵの共通漁業政策と乱獲の義務

二〇〇四年一〇月四日、ブリュッセルのアルティエロ・スピネリ・ビルにて

「漁業委員会」

私はこの銘版を初めて目の当たりにし、正直言って身震いをしている。これまで数か月にわたり、インターネットを使ってＥＵの公式文書を何度も検索してさまざまなことを調べてきた。欧州議会や欧州委員会からの数え切れないほどの決議や答申、報告書などに目を通し、そのたびにＥＵ独特のパッとしないロゴとともに書かれたこの「漁業委員会」(1)という文字を目にしてきたのだ。

その文字が、今私の目の前にある白地の銘版の上に黒い文字で書かれている。ここは、ブリュッセルにある欧州議会の大きなガラス張りの建物の一つである。(2)一階上に上がると、建物のＥ区画に、レセプションで言われた通り議場のＡ１Ｅ２がある。両開きのこの扉の片方に、「漁業委員会」と書かれた銘版が掛けられている。何だか笑いが込み上げてきた。スウェーデンのスモーゲンの漁師から南国カーボヴェルデの漁師に至るまで、

誰もが口にするこの得体の知れないブリュッセルの権力。私にとって遠い世界のものに思われたこの組織が、本当に存在することが実感できたからだ。

あと数分もすれば、この扉の向こうで漁業委員会の定期会合が開催される。議事進行プログラムは私もちゃんと手元に準備している。一番興味深い項目は、欧州委員会[3]の漁業・海事担当委員[4]に新しく任命されたジョー・ボルジ（Joe Borg）に対するヒアリングだ。これは明日行われる予定だ。マルタ出身のボルジは、ＥＵの閣僚理事会[5]から任命を受けて、前任者であるドイツ出身のフランツ・フィッシュラー（Franz Fischler）に代わることになった。

欧州委員会を構成する各委員はＥＵにおける「大臣」であり、五年ごとに任命されている。これに対してＥＵの「首相」に相当するのが欧州委員会の委員長であり、新たに任命を受けたホセ・マヌエル・バローソ[6]に対するヒアリングはこの夏にすでに済み、欧州議会の承認を受けていた。[7]

新しい委員へのヒアリングは一週間あまりにわたって行われる。通常は形式的なものにすぎないが、この二〇〇四年にはちょっとした出来事があった。法務・自由・安全担当委員[8]に任命されたイタリア出身でキリスト教民主党に所属するロッコ・ブッティリオーネ（Rocco Buttiglione）がヒアリングの席上において同性愛者や女性に対する深刻な差別発言を行ったために欧州議会の承認を得ることができなかったのだ。ＥＵの主導権を欧州委員会から欧州議会へとま

（１）（Committee on Fisheries）欧州議会内の常任委員会の一つ。

（２）アルティエロ・スピネリ・ビル（Altiero Spinelli Building）

（３）（European Commission）各加盟国から任命される27人の委員で構成されるEUの行政府。様々な政策・法案および仮予算案の提案、そして政策執行を行う。一国の内閣に相当する。欧州委員会には２万人を超えるEU専属の国際公務員が配属され、各種総局や事務局、法務局などに分かれて欧州委員会の委員組織を支えている。

（４）（European Commissioner for Fisheries and Maritime Affairs）欧州委員会を構成する委員の一つ。

（５）（Council of the European Union）それぞれの加盟国政府を代表する閣僚で構成される。欧州連合理事会、もしくは単に理事会と和訳されることもある。欧州議会とともにEUの立法機関の一つ。

た一歩確実に移すことになった、きわめて稀な出来事であった。

ブリュッセルやストラスブールにあるＥＵのさまざまな機関や権力関係は、ほとんどのＥＵ市民にとっておそらく謎であろう。欧州委員会、欧州議会、各総局(9)、そして閣僚理事会などさまざまな機関があり、ＥＵのなかでどれがどれに対して権力をもっているのかを理解することは決して容易なことではない。私自身も学びはじめたばかりである。

私の目の前にある扉に書かれた「漁業委員会」は、選挙によって選ばれた欧州議会の議員のうち、漁業に関心をもち、この委員会のメンバーになることを自ら希望した議員によって構成されている。メンバーは五五人で、そのうち二二人が補欠となっている。メンバーの多くをスペイン、イギリス、フランス、イタリア、ポルトガル選出の議員が占めており、彼らの多くが自国の沿岸地域を代表している。つまり、彼らは、そこに住む有権者の利害を主張することが自らの役目だと考えているのだ。

言い換えれば、欧州議会の漁業委員会は、水産業という一つの産業が自分たちの利害を政治において代弁してもらうためにＥＵにねじ込んだ長い腕のようなものだ。近年では、欧州委員会が打ち出す革新的な法案を批判的に分析し、そのほとんどすべてに対して反対を唱える非常に保守的な勢力となっている。二〇〇一年のグリーンペーパー(10)、二〇〇二年の共通漁業政策に関する改革案、

(6)　(José Manuel Barroso, 1956～) 男性。2002年から2004年までポルトガルの首相。2004年11月から欧州委員会の第12代委員長を務める。

(7)　(European Parliament) EU加盟国の市民による直接選挙を通して選出された785人の議員で構成される。2009年7月から議席数が736に削減される。

(8)　(European Commissioner for Justice, Freedom & Security) 欧州委員会を構成する委員の一つ。

(9)　(Directorate-General) 欧州委員会の各委員のもと、個別の政策領域を担当するEUの行政組織。

(10)　第2章に登場したEUのグリーンペーパー。26ページを参照。

図11　EU を構成する立法および行政機関

- 欧州委員会（European Commission）
［行政府：一国の内閣に相当］
  - 委員長［一国の首相に相当］
（1999～2004）ロマーノ・プローディ
（2004～）ホセ・マヌエル・バローソ
副委員長
（2004～）マルゴート・ヴァルストローム
    - 各種担当委員［一国の大臣に相当］……… 各種総局［一国の省庁に相当］
総局長［事務次官に相当］
    - 漁業・海事担当委員
（European Commissioner for Fisheries and Maritime Affairs）
1999～2004：フランツ・フィッシュラー
2004～：ジョー・ボルジ
    - 漁業・海事総局
（Directorate-General for Fisheries and Maritime Affairs）
総局長
1999～2002：ステフェン・シュミット
2002～：ヨルゲン・ホルムクヴィスト

- 閣僚理事会（欧州連合理事会、Council of the European Union）
［立法府の一つ：二院制の上院に相当］
  - 常駐代表委員会（COREPER, Committee of Permanent Representatives）

- 欧州議会（European Parliament）
［立法府の一つ：二院制の下院に相当］
  - 各種委員会
  - 漁業委員会（Committee on Fisheries）
議長　フィリペ・モリロン

ＥＵの政策決定過程は非常に複雑であるが、基本的には欧州委員会がＥＵ全体の利益を代表する立場から各種政策の提案や修正を行い、閣僚理事会が各加盟国の国益を代表する立場からこの法案の審議と調整を行い、また、欧州議会がＥＵ市民の代表として審議と民主主義的な統制を行いながら、新たな政策が決定される。審議の多くでは、閣僚理事会と欧州議会がともに最終決定権を持ち、二院制にたとえることもできる。

二〇〇七年から二〇一三年にわたる行政プログラム期間の新方針をめぐる提案のすべてに対して漁業委員会のメンバーは激怒し、さまざまな指摘を嵐のように投げかけた。

ＥＵの漁業政策に影響力をもつ人々はたくさんいるが、漁業委員会のメンバーは、事実上、そのなかでもＥＵ市民に直接選出された唯一の代表者である。また、各加盟国の農林水産大臣も、閣僚理事会を通じてＥＵの漁業政策に大きな影響力をもっている。閣僚理事会では、それぞれの国の人口に応じて投票権が配分されている。ちなみに、スウェーデンの農林水産大臣の提案は閣僚理事会で常に否決されつづけてきた。

では、漁業委員会におけるスウェーデンの代表者はどうだろうか。ここには、スウェーデン選出で環境党所属の欧州議会議員が一人いる。しかし、彼は補欠にすぎない。ストックホルム郊外のダンデリュード（Danderyd）出身で、一九六八年生まれのカール・シュリューテル議員だ。(11) この漁業委員会では、彼を含む四人のメンバーが「ヨーロッパ環境・自由連盟」（ＥＧ―ＥＦＡ）(12) という政党グループに属している。そのほかのメンバーは、キリスト教民主主義や保守主義を掲げる「ヨーロッパ人民党・民主」（ＥＰＰ―ＤＥ）(13) や自由主義を掲げる「ヨーロッパ自由・民主連盟」（ＡＬＤＥ）(14) といった政党グループに所属している議員が大多数を占めている。

---

(11)　(Carl Schlyter, 1968～) 男性。王立工科大学でバイオテクノロジーを学んだ後、アメリカの大学院で石炭の環境汚染について研究。ストックホルム市議会における環境党の政策秘書や「アジェンダ21」(持続可能な発展のための行動計画) をストックホルム市政で実践するための責任者を務めた後、2004年から欧州議会議員。

(12)　(European Greens - European Free Alliance：EG-EFA) 議席数42人。欧州議会の中では５番目に大きい政党グループ。

(13)　(European People's Party - European Democrats：EPP-DE) 議席数288人。欧州議会の中で最大の政党グループ。

(14)　(Alliance of Liberals and Democrats for Europe：ALDE) 議席数101人。欧州議会の中では３番目に大きい政党グループ。

では、この漁業委員会は、ＥＵの政策決定過程においてどのような位置づけにあるのだろうか。スウェーデンでの政策決定における過程はすでに触れたように非常に長い。国際海洋探査委員会（ＩＣＥＳ）を通じた専門家の分析にはじまり、水産庁、農林水産省、さまざまな政治的機関、そしてＥＵへと上っていく。では、ＥＵのなかではどうかというと、こちらはこちらで無限に近いほどの複雑な過程がある。それに加えて、ヨーロッパ全土をまたに駆ける複雑で迷路のような折衝過程まである。

欧州委員会（一国の内閣に相当する）が取り扱おうとする事項は、まず漁業・海事総局(15)（水産庁に相当する）において準備が行われる。漁業・海事総局と一口に言っても実は非常に巨大な組織であり、総局内のさまざまな課を通じて漁業政策に関係するありとあらゆる側面が考慮に入れられる。しかも、漁の制限が地域活性化政策や労働市場政策に影響を与える可能性があろうものならほかの総局とも協議を行わなければならない。そのうえ、加盟国や水産業界の代表者や科学専門家からなるさまざまな審議会も漁業政策の決定にかかわってくる。そのうちの一つが一九七一年に設立された漁業諮問委員会（ＡＣＦＡ）(16)であり、これは水産業界全体と一部の消費者団体の利害を代表している。

ある法案の準備が漁業・海事総局のレベルで完了すると閣僚理事会に送られることになる。この閣僚理事会というのはＥＵ加盟国の意思決定機関である。総局レベルでの準備がいかにきちんとしたものであっても、この閣僚理事会で法案が否決されることもある。閣僚理事会では、すべての加盟国がそれぞれの農林水産大臣を通じてその法案に賛否を直接表明するこ

(15)（Directorate-General for Fisheries and Maritime Affairs、通称 DG Fish）欧州委員会の総局の一つ。

(16)（the Advisory Committee on Fisheries and Aquaculture：ACFA）共通漁業政策をめぐる利害関係者の意見をまとめたり、共通認識の形成を促進する目的で設立された諮問委員会。

とができるからだ。最終的にこの閣僚理事会で可決されなければＥＵ全体の法律とはならない。

閣僚理事会では、ヨーロッパ内外の漁業政策のために作業グループが新たに設立され、加盟国のさまざまな意見をまとめ上げるといった作業が行われる。この長い過程を経たあと、法案は欧州議会の漁業委員会に送られる。そして、そのような法案をめぐる協議が今まさにこれから、私の目の前にある黒いドアの向こうではじまろうとしているのだ。

法案は、漁業委員会や各種審議会、欧州議会での協議を経たあとに再び閣僚理事会へ差し戻される。ここでは、常駐代表委員会（COREPER）[17]が最終決定に向けて準備を行ったあと、閣僚理事会で各加盟国の農林水産大臣による採決が行われる。採決では特定多数決方式[18]が採用され、また各加盟国のもつ票数も人口に応じて配分されている。よく知られているように、スウェーデン政府は長年にわたって、専門家の勧告を無視した過大なタラの漁獲枠が提案されるたびに反対票を投じてきた。しかし、議決に影響を与えることはなかった。

すでに触れたように、漁業政策の決定過程では、スウェーデン国内だけでも例の「社会経済的側面への考慮」という文言が五回も一〇回も登場して政策過程に影響を与えたが、ＥＵレベルの協議でもこの言葉が同じくらい頻繁に登場している。専門家がタラの完全禁漁を勧告しているにもかかわらず、ＥＵがその勧告を無視してきた理由はこのためだとしか考えられない。それどころか、近年ではスウェーデンの漁師が実際に漁獲できるよりはるかに大きな漁獲枠が意図的に設定されたりもしている。

(17)　(Committee of Permanent Representatives：COREPER）閣僚理事会は各国の利害の対立や政権交代に伴う閣僚の変更のために継続性や一貫性を欠くため、この欠点を補いつつ、閣僚理事会の負担を軽くするために設置された。

(18)　各国に異なった票数を振り分けた上で、一定数以上の賛成票や一定数以上の加盟国の賛成といった特定の用件が満たされた場合に提案を可決する方式。

EUの立法府の一つである欧州議会。漁業委員会は欧州議会内の委員会の一つ。（撮影：佐々木晃子）

黒いスカートを身に着け、ハイヒールを履いた名の知れない女性たちが、香水の香りを漂わせながら黒いドアの向こうに消えていく。彼女らは、まるで高級ホテルの受付嬢のようだ。そう言えば、この建物内の雰囲気そのものも高級ホテルの感じがしないでもない。床に敷かれた薄い灰色の絨毯が物音をすべて吸収している。エレベーターがこの階に止まるときの「ピン」という音がときどき聞こえ、静寂を破っている。タバコの香りがわずかに漂い、どこか遠くからフランス語やドイツ語の会話がかすかに聞こえてきた。

「マダム、マダム」

予定の時間になったので私が漁業委員会の会議室に入ろうとすると、優しそうな女性が私を呼び止めた。

「最初の三〇分間は、調整役の関係者だけの会合です。三時半に再び戻ってきてください」

私は、会議室のドアの前に置かれた、黒くて座り心地の悪いソファーに再び腰を下した。「調整役の関係者」と思しき数人の男女が、わりとラフな服装で会話を交わしながら会議室にゆっくりと入っていった。同時に、マルタ人と思われる背広を着た二人の若くて痩せた男性が会議室から急ぎ足で出てきた。おそらくこの二人も、私と同様、予定表に書かれた時刻から会合の傍聴ができると思って会議室に入ったにちがいない。

黒い服装をした数人の女性が、金色のアクセサリーの音を立てながら会議室から再び出てきた。この会合でさまざまな世話をしている女性だと思われる。フランス語やイタリア語を話し、赤色をした木製の豪華な細長い受付台の側に座って各加盟国の言語に翻訳された文書を整理している。赤と青のベストを着て蝶ネクタイをつけた給仕人の一団が突然現れ、コーヒーのポットやカップを銀色のワゴンで運んできた。どの人もていねいで控えめだ。なるほど、ブリュッセルを一度訪れると誰でもたちまち魅了されてしまうという独特の「ヨーロッパ」の雰囲気とはこのことを言うのだと、私も少し納得した。

柔らかい絨毯の上を早足で歩いていく人や、さまざまな言語で会話を交わしながら通りすぎる人を眺めていると、この独特の雰囲気に私もたちまち魅了されてしまった。インスピレーションに満ちた気高い雰囲気だ。この建物には、国際的で有意義な、何かとても素晴らしい空気が漂っている。

同時に私は、「欧州議会」という銘版の一つ一つに一五の言語で「欧州議会」とわざわざ書かれていたり、建物内にある議員向けのバーでバーテンダーがカフェ・コンレチェ、カフェ・オ・レ、カフェ・ラッテ、マキャートなど、各国独自の名前でコーヒーの注文を受けていたりするのを見るたびに滑稽だと思えて仕方がない。「欧州議会」という言葉一つをとっても、またコーヒーの呼び方にしても、まるでそれぞれの国に独自性を主張する権利があり、それがとても重要なんだとでも言いたそうだ。

やっと三時半になった。会合に参加する大勢の議員が会議室前のロビーに集まってきた。受付台の側に座っていた世話役のエレガントな女性たちが立ち上がって会議室の扉を開けた。漁業委員会は、秋から冬にかけて九回の会合を行っている。そのうち、八回の会合は二日連続で開かれている。ヨーロッパ各地に散らばる議員たちが会合に参加しやすいようにするためだ。

私は、会議室の一番うしろへ行った。「報道」と書かれた席が二〇ほど用意されているが、ジャーナリストは私だけのようだ。しかし、ジャーナリズムという一つの公的権力を代表しているのがこの会議室のなかで私一人だけであっても、まったく驚きはしなかった。

ちょうど同じ時期、スウェーデン出身で欧州委員会の副委員長に任命された女性政治家のマルゴート・ヴァルストローム(19)に対するヒアリングがここブリュッセルで行われており、スウェーデンからも大勢のジャーナリストが駆けつけているが、私はおそらくそのヒアリングを取材しない唯一のスウェーデン人ジャーナリストであろう。この当時、漁業を専門にしたジャーナリストはスウェーデンにはほとんどいなかった。スウェーデンだけでなく、ヨーロッパのほかの国でも同じことが言えただろう。

その理由は、漁業というテーマが非常に複雑であるうえ、人々の日常生活にあまり形となって現れてこないからだろう。たしかに、私たちは毎日の生活のさまざまな場面で魚に出合っている。スーパーの冷凍コーナーにある魚の切り身、レストランのメニューにある魚料理、魚をもっと食べようとすすめる健康食推進キャンペーン。それ以外にもスウェーデンでは、ランチや夕食の食材としてどの魚だったら枯渇の心配がなく安心して食べられるかといった議論が頻繁に聞かれるようになってきている。

しかし、行政機関やEU、漁師や専門家から次々と発せられる莫大な量の情報に目を通して、しっかりと吟味する時間のあるジャーナリストがいったいどこにいるというのだろうか。しかもこれらの情報は専門用語だらけなので、ニュースのレポーターも最初の一文で諦めてしまうだろう。「産卵親魚量に関する限界基準値（B lim）」や「漁獲係数に関する限界基準値（F lim）」とは何を意味するだろう。「漂泳性の魚」って何だろう。「生態系モデル」「選択的漁法」とは何のことなの

(19)（Margot Wallström, 1954～）女性。政治家（社会民主党）。社会民主党の青年部会で活動したあと国会議員。その後、文化大臣や社会大臣を務め、1999年から2004年まで欧州委員会の環境担当委員。2004年から欧州委員会の副委員長。

だろうか。

原稿の締め切りが数時間以内に迫っており、しかもデスクの人間もあまり理解がなくてこのレポーターにもっと時間を与えようとしないならば、この複雑な漁業の問題を伝えようとするレポーターにとって打つ手は一つしかない。まず、専門家に電話でインタビューをし、そのあとにこの専門家とは反対の主張をしている人々に電話をしてインタビューをする。こうすることで、その記事やニュース映像がなるべく中立的になるように心がけるわけだが、この結果どのようなニュースになるかは私たちジャーナリストであれば誰でも分かることだ。まず、危機的な状況を警告する専門家のインタビューを流し、そのあとにレポーター自身の「しかし、漁業関係者は別の見方をしており……」といったナレーションを入れて漁業関係者のインタビューを登場させ、彼らの見方を伝える。せいぜいよくて一分二五秒の短いニュースで、このニュースが終わればもっと注目を集めるであろう政治や経済のニュースがつづくといった感じだ。

ともかく、私は今、漁業委員会の会合を傍聴している。そして、ＥＵの管轄する海域はＥＵの陸地よりも大きく、またＥＵの海岸線は六万八〇〇〇キロメートルもあってアメリカの海岸線の三倍はあるのだという考えに耽っている。ＥＵはもうすぐ二七か国に拡大される[20]ため、管轄する内海や外海も、地中海、バルト海、北海、黒海、大西洋、北極海とさらに大きくなる。

これらの海に生息する魚の状況は、植物プランクトンを含めた海の生態系全体に影響を与えている。そして、海は海で私たち人間に大きな影響を及ぼす。アオコの大量発生のために海水浴ができなくなったり、食用魚が枯渇したりといった形で私たちの生活に直接影響を与えるだけではない。

---

(20)　EU加盟国は2004年に15か国から25か国へと増え、2007年には27か国へとさらに増加した。

地球の表面の大半を覆う海は気候の調整弁という役割を果たしているため、間接的な影響も及ぼすのだ。

私はヘッドホンを頭に掛け、椅子にあるダイヤルを回しながら通訳の言語を選んだ。かつてはフランス陸軍の大将であり、現在は漁業委員会の議長を務めるフィリペ・モリロン（Philippe Morillon）が喋っている内容がさまざまな言語で耳に入ってくる。会議場の上方に見える小窓の向こうに、ＥＵの全加盟国からやって来た同時通訳者が座っている。彼らは、難しい漁業用語でも素早く流暢に訳せるように訓練を受けてきたようだ。彼らのすばらしい通訳は、私がメモを書き取るよりもずっと速い。議長のモリロンは、二〇〇七年から一三年にかけてのＥＵの新たな行政プログラム期間や、これまでの漁業開発基金（ＦＩＦＧ）に代わる約七〇億ユーロ［一兆円］のヨーロッパ漁業基金（ＥＦＦ）(21)について簡単に説明している。レジオンドヌール勲章(22)を受勲したことのあるこの元将軍は、漁業の規模をさらに縮小し、海洋環境の保全を図ろうとする欧州委員会の提案に対して「非常に驚いた」と感想を述べた。

「漁業の規模を縮小しすぎたために魚を獲る漁師がいなくなってしまったら、いくら魚を守ったとしても意味がない。だから、欧州委員会の提案は非常に奇妙だと思う。私たちは加盟国の資源を守るというもっともな目標を掲げてはいるが、一方で漁業の現状についての議論が足りないのではないか」

これに対してポルトガルの社会党から選出されたパオロ・カサカ（Paolo Casaca）議員は、「加盟国の資源、つまり魚を守ることが最優先されるべきだ。さもなければ、漁業をつづけようにも獲

(21)　European Fisheries Fund: EFF
(22)　(Légion d'honneur) フランスの最高勲章。ナポレオン１世によって制定された。

る魚がなくなってしまう」と反論した。他方、スペイン選出で、偉そうに構えた感じの金髪女性カルメン・フラガ・エステヴェス（Carmen Fraga Estévez）議員は、欧州委員会の提案に対して、「非常に残念に思う。ヨーロッパ漁業基金のお金が、これまでのように漁船の近代化には使えずに漁船上の衛生面や安全面にしか使えないなんて、私は到底受け入れることができない」と述べた。

二〇〇〇年から二〇〇六年までの行政プログラム期間では、漁船のスクラップのために八億ユーロ［一一四〇億円］（うち三億ユーロは、ＥＵではなく加盟国から直接拠出された）が支出された。同時に、八億ユーロが新しい漁船の建造に、また四億ユーロ［五七〇億円］が既存の漁船の近代化に充てられた。養殖業に対しては四億五〇〇〇万ユーロ［六四〇億円］、港湾設備の建設に対しては三億七五〇〇万ユーロ［五三〇億円］、魚介類の流通業および水産加工業に対しては九億五〇〇〇万ユーロ［一三五〇億円］、そして社会経済的な措置に対しては二億ユーロ［二八〇億円］が支出された。さらに「その他」という項目に二億ユーロ［二八〇億円］が計上され、主に外国海域での漁業権の購入に使われた。その大部分が、発展途上国における漁業権だ。

このような形で自国の漁業に経済的支援を行っているのはＥＵだけではない。国連食糧農業機関（ＦＡＯ）によると、世界全体で見た漁業に対する経済的な支援の総額はなんと三八〇億ユーロ［五兆四〇〇〇億円］にも上るという。間接的な支援などを除いたより控えめな試算でも一五〇億ユーロ［二兆一〇〇〇億円］となる。また、経済協力開発機構（ＯＥＣＤ）(23)が二〇〇三年に発表した先進国における漁業に対する経済的な支援の総額は年間四五億ユーロ［六四〇〇億円］だと言う。その内訳は、第一位が日本の一七億五〇〇〇万ユーロ［二四九〇億円］、第二位はＥＵの一三億ユ

(23)（Organisation for Economic Co-operation and Development: OECD）：経済発展や貿易、開発を促進する目的で1961年に設立された先進国間の協力機構。本部はパリ。加盟国は現在30か国。

ーロ［一八五〇億円］、第三位はアメリカの九億八〇〇〇万ユーロ［一三九〇億円］となっている。

もちろん、税金から支出されるこれらの経済的な支援のそもそもの目的は、良質の魚が安い価格で私たち市民に供給されることだ。しかし、結果はそれにまったく反するものとなっている。魚が私たち市民にとって三重の意味で高くつく商品になっているうえに、水産資源は枯渇していく一方なのだ。

私たちはまず、漁業に対して税金から助成金を支払っている。そして、魚屋に行くと、かつては安くて基本的な食材だったタラのような魚が今ではなかなか手に入りにくい高価なものとなってしまった。さらに、三つ目の費用もある。それは、魚の枯渇によって漁師の生計が成り立たなくなったときに税金を通じて支払われる失業保険や補償金などの費用だ。すでに触れたカナダの例はよく知られているところである。他方、一九九九年にEUがモロッコとの漁業協定の更新に失敗したために漁ができなくなったスペインとポルトガルの漁師に対して、EUが私たちの税金から一億九七〇〇万ユーロ［二八〇億円］を補償金として支払った話はあまり知られていない。EUがアンゴラとの漁業協定の更新に失敗したときにも、このために「損害を受けた」漁師に対して補償金が支払われている。

この漁業委員会の会合の次の協議事項は、まさしくEUが発展途上国と結んでいる数々の漁業協定の一つについてである。イスラム連邦共和国のコモロとの漁業協定が更新されたため、スペイン漁船三八隻、フランス漁船一八隻、ポルトガル漁船五隻、そしてイタリア漁船一隻が、インド洋に浮かぶこの小さな島国の周辺でマグロを獲ることができるようになった。そして、この更新のために税金から二九万二〇〇〇ユーロ［四一五〇万円］が支払われたという。

この委員会の議長である白髪の元フランス陸軍大将のモリロンは、この漁業協定について早口で説明をした。

協定の内容は更新以前のものと同じだという。ＥＵは一九八八年以来、同じような漁業協定をコモロと繰り返し結んできたからだ。今回、唯一異なる点があるとすれば、それは例年よりも半年ほど早く、すでに二月の段階で協定が締結されたことだ。しかし、欧州議会と漁業委員会には、一〇月になって初めて意見を表明する機会が与えられた。

イギリス・スコットランドから選出された自由民主党のエルスペス・アトウール（Elspeth Attwooll）議員は、まったく容認できるものではないと憤慨し、漁船の所有者に対するこの隠れた助成金の真相をつかむために公聴会を開くべきだと提案した。この漁業委員会で唯一のスウェーデン選出議員であるカール・シュリューテルも、目覚めたように議論に加わった。ちなみに、彼は私と同じように、とっくの昔にヘッドホンを頭から外していた。ということは、議場の上方のブースに座っているスウェーデン語の通訳者は誰も聞いていないのに通訳をしていることになる。

シュリューテル議員は、これまでの漁業協定の事後評価がまだ終わっておらず、また新しい協定を締結する際の基礎になるべき魚の個体数の科学的な調査も完了していないのに欧州委員会が新しい協定に署名をしたことを問題視している。私の理解したところでは、彼らが指摘した問題点について、今後、何らかの行動が実際にとられるようだ。

協議項目の第三点目は、大西洋に存在するサンゴ礁の保護についてであった。この議題では、それぞれの議員の立場がより明確になった。

スペイン選出のフラガ議員は、サンゴ礁が報告されている場所に本当にあるのかどうか、そして指摘されているサンゴ礁の損傷が本当に底曳きトロール漁によるものかどうか疑わしいと発言した。議長のモリロン議員は、すべてのことを法律で規定する必要が本当にあるのかどうか、それにサンゴ礁はそもそも法律によって保護すべきなのかと平然と疑問を投げかけた。これに対して、この問題を報告したポルトガル選出のセルジオ・リベイロ（Sérgio Ribeiro）議員は、大西洋に浮かぶアゾレス諸島、マデイラ諸島、カナリア諸島の周囲に存在するサンゴ礁は、領有するスペインおよびポルトガルの法律によって保護されてきたが、両国の海域がEUの一部となった今では国内法だけでは不十分であり、EUレベルで法律を制定するのはEUの義務だと主張した。

これらのさまざまな見方や意見がぶつかりあって、結局どんな結論に至るのかは私には分からない。しかし、協議しているテーマについてそれぞれの議員が共通した予備知識をもっていないというのが私にとっての一番の印象だった。

翌日の朝九時、漁業委員会の次の会合が開かれた。今回は、議場に私と一〇名の議員、それと同数の通訳者しか出席していない。あの金髪の、スペイン選出議員のカルメン・フラガ・エステヴェスはもちろん同席している。私が彼女を覚えているのは、彼女が自信に満ちて、非常に横柄な話し方をし、優雅な服装と真珠のネックレスをつけていたためだ。彼女は、スペインの国民党に所属し、一九九四年以降、欧州議会の議員を務めてきた。そのうえ、欧州議会では保守・キリスト教民主主義を掲げる政党グループ「ヨーロッパ人民党・民主」（EEP―ED）の第一副代表でもあり、また一九九七年から一九九九年にかけては漁業委員会の議長も務めていた。

これから協議されるテーマは、ヨーロッパ南部のメルルーサ（タラの一種）や海ザリガニの保全と回復である。ヨーロッパ南部に生息するこの二つの個体群は急激に縮小しており、個体群の崩壊が危惧されている。そのため、ＥＵは抜本的な回復計画を行うことを決定したのだ。

会合が開始されてまもなく、会議室には突然、あご髭を生やし黒い背広を着た大勢のスペイン人代表団が入ってきた。そして、傍聴席の私の前に陣取った。彼らは、髭剃りのあとにつけるローションの香りを漂わせながら議員のもとに向かい、一部の議員と親愛なる頬キスをはじめた。もちろん、このやり取りの中心にいるのはカルメン・フラガ・エステヴェス議員だ。議事進行プログラムによると、次の議事項目は「漁業関係者との協議」となっている。

傍聴席に乗り込んできたのがスペイン人であったのは、何も偶然ではない。スペインはＥＵのなかでも最大の漁業国であり、ＥＵの水産業の大部分を占めている。ＥＵ全体の水揚げ量の四五〇万トンのうち、スペインだけで一〇〇万トンもある。また、その水揚げ総額を見ても、ＥＵ全体で六二億ユーロ［八八〇〇億円］あるのに対してスペインが一九億ユーロ［二七〇〇億円］を占めている。統計によると、五万五〇〇〇人を超える人々が水産業に従事している。漁船の数も、ＥＵ全体で九万隻近くあるうち、スペインだけで一万四〇〇〇隻となっている。しかも、その多くが非常に大きな漁船である。漁船のトン数で見れば、ＥＵ全体の四分の一を占めている。

スペインに対するＥＵの経済的な支援はどうだろうか。お察しの通りかなりの高額となっている。ＥＵが二〇〇〇年から二〇〇六年にかけて水産業に費やした経済的な支援である六〇億ユーロ［八五二〇億円］のうち、スペインが二五億ユーロ［三五五〇億円］を受け取っている。

つまり、ここＥＵには、スペインの漁業関係者にとって失うことのできない重要な利権が存在するということだ。傍聴席の私の前に座るスペイン人代表団のしぐさから、漁業委員会には何度も足を運んで場馴れしていることが分かる。委員会の会合において、利益団体がこのような形で発言を求めることは別に珍しいことではない。

代表団の一人で、黒い服装をし、身なりを整えた黒髪の女性に発言の機会が与えられた。彼女は、スペイン北西部の片隅に位置するルゴ（Lugo）という町から来た漁師の代表団のスポークスマンだと言い、その名前は、私の手元にある議事進行プログラムによるとメルセデス・ロドリゲス（Mercedes Rodrígues Moreda）と言うらしい。カールのかかった髪をしており、年齢は三〇代であろう。

彼女は発言のなかで、一二五人の漁船所有者を代表していると説明したうえで、もし欧州委員会の提案通りにメルルーサや海ザリガニの漁獲枠が削減されたならば、そのうちの五〇人が影響を受けると抗議した。さらに、一二〇〇人の雇用がなくなるとともに、スペイン漁船三〇〇〇隻とポルトガル漁船二〇〇〇隻が影響を受けるだろうと付け加えた。

「私たちはもちろん、メルルーサを保護することに反対ではありません。しかし、現実を反映していない議論が行われています。そのうえ、保護措置が実行されれば私たちの町が社会的にも経済的にも影響を被ることになるのです」と、彼女は言った。

彼女は発言を突然やめ、額にかかる前髪を払いのけて、効果を狙ってわざとスペイン語から英語に切り替えて言った。

「私が、もし感情的になりすぎているのであれば許していただきたい。でも、私たちの地域に貧困を生み出すようなことは絶対にやめていただきたいのです！」

彼女は深呼吸をして息を整え、海洋生物学のある教授について言及した。この教授は彼女の見方を支持しており、確実に言えることなどは何もないと述べているようだ。

「研究者たちは、メルルーサの数が生物学的に安全と言える水準を下回っていると一五年にもわたって大騒ぎしてきましたが、何も起きませんでした。そして、漁業は今でもつづけられています。メルルーサの個体群がいまだに崩壊していないのはどういうわけでしょうか。数が減っている、などと言うときの比較の基準もあいまいです。生物学的に安全と言える水準もはっきりしたものではありません。本当に対策を取るのだとしたら、まずは科学的事実を明らかにすべきではないでしょうか」

彼女は、再び呼吸を整えてこう付け加えた。

「もちろん、水産資源を保護することはいいことですが、家族や漁師たちを守ることもそれと同じくらい重要なことです。私たちも専門家とともに活動したいとは思いますが、彼らとは常に意見がぶつかりあっているという印象を受けます。私たちもエコロジーには関心があるのですが、専門家の言うことは曖昧で不確実なのです」

そして、彼女は最後の決定打を発した。

「漁獲枠の削減は到底受け入れられません。一度削減してしまえば引き上げられることは二度とないでしょう。世の中は、まるでおかしな方向に進んでいます！」

傍聴席に座っているスペイン人たちは、ウンウンと頷いている。私はふと、スペインの漁船がどうしてここまで際限なく増えつづけたのかという理由をどこかで読んだことを思い出した。こういう言い方をすれば背筋がゾクッとするかもしれないが、スペインのあの独裁者フランコ将軍[24]の亡霊が、二

(24)　(Francisco Franco) 1892年生まれ、軍人、政治家。内戦勃発の1936年から、死去する1975年までスペインの国家元首。

○○四年の今でもブリュッセルのこの会議室に影を落としているのだ。

フランコ将軍の念願の一つは、スペインを世界でもっとも強大な海洋国に再びのし上げることであった。なかでも、漁業はとりわけ彼の好むところであった。そのため、スペイン政府の与えた寛大な助成金のおかげで、一九三九年の内戦終結時には四〇万トンだったスペインの水揚げ量が、フランコが亡くなった一九七四年には一五〇万トンへと三倍以上に増加したのだ。スペインはそれ以降、イギリスをはじめとする他の漁業国とは対照的に漁船の削減をさまざまな方法で避けてきた。

しかし、フランコ将軍の亡霊がさらに別の理由でこの会議室のなかに影を落としていることが分かったのは、実はこのあとにインターネットを使ってカルメン・フラガ議員の名前を検索したときであった。金髪で痩せており、人目を引くような高慢な態度を見せてきたこの五〇代前半の女性は、実はスペインの元政治家マヌエル・フラガ・イリバルネ（Manuel Fraga Iribarne）の娘だった。彼は右派政党である国民党の創設者であり、フランコ政権の協力者のなかではスペイン政界に最後まで居座った人物である。選挙で敗北したために彼が政界を後にしたのは二〇〇五年夏のことであった。

ファシストの典型的な白い軍服を着た彼の写真は、インターネットで検索するとすぐに見つかる。彼は一九六二年から一九六九年の間、フランコ政権のもとで宣伝・観光大臣を務めていた。フランコの死後も権力の座にうまくとどまり、いくつもの政権で閣僚を務めた。また、スペイン南部のパロマレス村（Palomares）に米軍機が墜落して水素爆弾が落下し、その一帯が放射性物質によって汚染されたときには、安全性をアピールするために記者団の前で海で泳いでみせたという話が有名である。そんな彼は、常に「ドン・マヌエル（Don Manuel、マヌエル閣下）」という肩書きで呼ぶことを周りの人間に要求してきた。

ちなみに彼は、ルゴという町の郊外にあるヴィラルバ（Vilalba）という小さな村で生まれた。だから、彼の娘であるカルメン・フラガ議員が、先ほどこの会議場でルゴの漁業生産者協会の代表団と頬にキスを交わしたこともこれで納得がいった。

私はあとになってから、カルメン・フラガ議員が漁業委員会や欧州議会で行ってきた発言や質問、そして議論を議事録のなかから調べてみた。彼女の発言内容は、私が会合の席で二度だけ彼女を見たときに受けた印象と同じくらい明確なものであった。

彼女は、まず流し網の禁止令に疑問を投げかけ、流し網が与えうる危害について新たに科学的な調査を行うべきだと主張している（二〇〇六年二月一日）。また、彼女は刺し網に関する調査報告書にも疑問を投げかけ、そもそもなぜこのような調査が行われたのかと疑問を投げかけている。

「欧州委員会は、なぜこの海域で漁をする漁船団だけをこの調査の対象としているのかについてまっとうな説明ができるのか。なぜ、ほかの漁船団ではなく、まさにこの漁船団に焦点を当てているのか。この調査を行うという提案をしたのはそもそも誰であり、その目的は何なのか。調査において、どのような基準と手段が用いられたのか」（二〇〇六年三月二二日）

さらに彼女は、漁業に対する経済的な支援の規模について「ほかの一次産業に対する支援に比べれば笑ってしまうほどわずかなものだ」と発言している（二〇〇六年九月二七日）し、「今後、ヨーロッパ漁業基金の使途を考えるときには漁船の近代化や古い漁船の刷新の必要性も考慮に入れるべきだ」とも主張している（二〇〇六年六月一四日）。

これだけでなく、彼女と同じスペイン選出のロサ・ミゲレス・ラモス（Rosa Miguélez Ramos）議員が提起して、大きな議論を巻き起こしたサメ漁に関する議論にも口を出している。

ＥＵは、二〇〇三年に非常に残酷な行為とされる「ヒレの切除」を禁止した。これは、価値のあるヒレの部分だけを切り取ったあとにサメを生きたまま海に戻すという行為である。ＥＵはこれを禁止し、ヒレを切除する場合はまずサメを殺し、ヒレ以外の身を海に投棄してはいけないと定めたのだ。

しかし、この規制には奇妙な抜け穴があった。サメのヒレを漁船上で切除すること自体は禁じていなかったのだ。その結果、行政機関の監視員は漁船上のヒレの数が水揚げされるサメの数と同じかどうか、つまり言い換えれば、漁師がサメの身だけを海上で不法に投棄していないかどうかをチェックしなければならず、それが難しいために新たな問題が生じていたのだ。そのためＥＵは、漁船上のサメのヒレが、内臓を取り除いたサメの身の重量の五パーセントを超えてはいけないという規定を定めた。これに対して、専門家や環境団体は直ちに激しい抗議を行った。彼らに言わせれば、サメのヒレは身の重量のせいぜい二パーセントだから、五パーセントは多すぎるというのであった。ちなみにアメリカでは、ヒレの重量は内臓を取り除く前の重量の最大二・五パーセントでなければならないと決められている。

これに対して、スペイン選出で社会労働党に所属するロサ・ミゲレス・ラモス議員は二〇〇六年に自らが発起人となって調査報告書を作成し、そのなかで、ヒレの重量は内臓を取り除いたサメの重量の最大六・五パーセントになりうることを示した。同国選出のカルメン・フラガ・エステヴェス議員もこれに同調し、『悪い法制度』は刷新されるべきだ。ＥＵの漁船団がヒレと一緒に陸に揚

(25)　(Shark Alliance) EU の共通漁業政策の是正を通してサメ類の保全を行う目的で2006年に設立された環境 NGO の連合体。ヨーロッパ10か国から50の NGO が加盟している。本部はブリュッセル。

げるべきサメの重量は、とくにヨシキリザメ（ブルー・シャーク）の場合、これまでよりも少なくてよいはずだ」と主張した（二〇〇六年一一月二七日）。ちなみに、このヨシキリザメは、スペインのサメ漁船が一般的に獲っている種なのだが、ＮＧＯ「シャーク・アライアンス」[25]によれば、このサメは絶滅の危機に瀕した種として国際自然保護連合（ＩＵＣＮ）のレッドリストに近いうちに加えられる見通しだという。

シャーク・アライアンスは、世界中のサメを保護するために活動しているＮＧＯだ。すべてのサメの種のうち三分の一は国際自然保護連合のレッドリストに載せられており、またさらに五分の一は近いうちにレッドリストに加えられる見込みだという。

このＮＧＯは、ＥＵがサメ漁に関する法制度を緩和するのではなく、むしろ厳格化することを望んでいる。サメの身に対するヒレの重量の比率が現行の五パーセントから六・五パーセントに引き上げられたとすれば、三匹のサメのヒレを漁船上で切除して、そのうち一匹の身だけを水揚げすれば済むことになる、とこの団体は主張している。

「サメのヒレ切除に関するＥＵの法制度は、すでに世界でもっとも緩いものの一つだ」

ＮＧＯである「オーシャン・コンサーヴァンシー」[26]でサメの問題を担当しているソーニャ・フォードハム（Sonja Fordham）が、記者発表のなかでこう述べている。

結局は否決されることになったこの提案をスペインが支持したからといって、別に驚くことではない。スペインは、サメ漁やサメの貿易を行う国としてヨーロッパではダントツの一位なのだ。中国のフカヒレスープに使われるサメのヒレは、一キロで一〇〇ユーロ［一万四二〇〇円］もの値段

(26)（The Ocean Conservancy）海洋生態系の保全と多様性の維持を目的として、1972年に設立された環境NGO。本部はワシントン。

がつく一方、サメのほかの部分はあまり価値がない。二〇〇三年で見てみると、スペインのサメの漁獲量は世界第四位であり、しかもサメ製品の輸出に関しては世界第二位なのだ。

フラガ議員のさまざまな発言をＥＵの議事録サイトで検索していくうちに、私は別の議論にも関心をもつようになった。本来は捕えるつもりのなかった混獲魚の海上投棄の問題だ。二〇〇五年一月二八日、漁業委員会の議長であるフィリペ・モリロン議員は、欧州委員会に対して口頭で、混獲魚を減らすためには国際的な行動計画が必要だと訴えている。国連食糧農業機関（ＦＡＯ）によると、毎年七三〇トンの魚やそのほかの海洋生物が混獲物として海上投棄されているという。

「混獲魚を減らす選択的漁法の研究のために、ＥＵの予算から過去一〇年にわたり、毎年八〇〇万ユーロ［一億三六〇〇万円］が四〇〇以上のプロジェクトに費やされてきた。今後は、混獲魚削減のための対策を実際に講じることに重点を移していくことが重要だ」と、モリロン議長は述べている。

イギリス選出のスタイラー（Stihler）議員が付け加えた。

「海上に投棄される魚が七三〇万トンも！　この数字は実に驚くべきものであり、二〇〇二年から〇三年にかけてＥＵの一五の加盟国が水揚げした魚の総量と比べても、そこまで低くはない」

スウェーデン選出のカール・シュリューテル議員も口を挟んだ。

「この問題に何も解決策を見つけることができなければ、私たちの海はもうすぐ、今私たちが座るこの会議室と同じくらい空っぽになってしまうだろう」

実はこのとき、少なくとももう一人の議員が議論に加わっていたことが議事録から分かる。ポルトガル選出で社会党に所属するパオロ・カサカ議員だ。彼の発言は大変インパクトのあるもので、もっと多くの人々の耳に届くべき内容だった。

「私が思うに、いわゆる混獲というのは、まさしく贅沢病以外の何物でもない。数百万トンに及ぶ野生の生き物が、何の目的もなく捕えられて殺されている現状は非常に野蛮なことではないか。殺すこと自体が目的の殺しだ、としか言いようがない。行政のつくる官僚主義的な規則が引き起こしている殺戮だ。そして、自然そのものにまったく価値を見いだそうとしない産業界の『たくさん殺したうえで、必要のないものは捨ててしまえばコストが安くなる』という考え方が引き起こしている殺戮だ。

重要なのは、自然を大切に扱わなければならない、ということだ。自然への配慮なしに持続可能な漁業などできるはずがない。そのことは、私たちＥＵの共通漁業政策が引き起こしているさまざまな問題が証明している。私たちの隣国ノルウェーやアイスランドに目をやるだけでよい。この二国では、海上投棄は禁止されている。ＥＵがこの例から学ばないことに私は驚きを隠せない」

普段は活発に発言するフラガ議員も、このときばかりは何も発言をしなかった。

これから私は、ヨーロッパの漁業において一番大きな力を握っている人物の一人に会うことになっている。彼はスウェーデン人であり、名前はヨルゲン・ホルムクヴィスト(27)という。彼は、欧州委員会の漁業・海事総局の総局長を二〇〇二年以来務めてきた。言い換えれば、ＥＵの「水産庁」、つまり欧州委員会と閣僚理事会と欧州議会の間の調整役を務めている非政治的な行政機関の長官な

(27)　(Jörgen Holmquist, 1947〜）男性。行政職員、EU 官僚、外交官。スウェーデン通商省や財務省、在米大使館などでの勤務を経て、1997年から EU の欧州委員会の行政執行に携わる。予算総局の副総局長を務めた後、2002年から漁業・海事総局長。

EUの行政府である欧州委員会。漁業政策を執り行う漁業・海事総局はこのなかにある。（撮影：佐々木晃子）

のだ。

ホルムクヴィストは問い合わせるとすぐに面会に応じてくれ、私がこれまで調べてきたある重要な問題を分かりやすく解説してくれることになった。その問題とは、私がこの本を書くきっかけとなった疑問だ。スウェーデンは、なぜ、二〇〇二年に沿岸から一二海里の自国の領海においてタラ漁を一方的に禁止することができなかったのか。EU法は、スウェーデンの国内法よりもどの程度まで優先されるべきなのか。つまり、スウェーデン政府が魚を保護するために自国の領海において漁獲量を減らそうとしているのに、なぜEUの決定に従って逆に増やさなければならないのか。スウェーデン環境党所属で欧州議会の議員であるカール・シュリューテルはこの点を指摘して、自国の領海における「乱獲の義務」と呼んでいる。

疑問はまだある。欧州委員会の前の漁業・海事担当委員であり、現在のジョー・ボルジの前任者であったフランツ・フィッシュラーは、スウェーデン政府との最初の会合の際にスウェーデンが自国領海におけるタラ漁を一方的に禁止することについて「EUとしてはスウェーデン政府の決定に反対する意思はない」と発言していた。しかし、その数か月後にはそれを覆したのだ。当時のスウェーデンの社会民主党政権は、環境党とタラ漁の禁止についてすでに合意に

(28)　EUを規定するマーストリヒト条約やアムステルダム条約のこと。これらの条約を一つにまとめて欧州憲法条約を制定する動きがあったものの、2005年にフランスとオランダで行われた国民投票で否決されため、現在リスボン条約という形でこれを達成しようとしている。

至っていたし、水産庁や環境保護庁をはじめとするスウェーデンの行政機関も事前に調査した結果、タラ漁の禁止は問題なく実行できると判断していたのにもかかわらずだ。この経緯は何だったのだろうか。

実際のところ、「ＥＵ基本条約」[28]だとか共通漁業政策（ＣＦＰ）[29]といったあいまいな概念にどこまで正統性があるのだろうか。加盟国それぞれの領海における漁業のあり方を決める際にも、ＥＵが独占的な決定権をもっているというのは本当なのだろうか。

ある情報筋によると、スウェーデン政府による一方的なタラ漁の禁止決定は、スウェーデンの農林水産省がＥＵに公式文書を送り、「環境党と社会民主党が合意に至った通り、タラ漁を禁止してもいいか」と質問して初めてＥＵで問題になったという。一九九〇年代半ばに、バルト海の野生サケが危機的な状況に陥ったことがある。このとき、スウェーデンの水産庁は自らの意思でサケ漁を一定の期間禁漁にした。しかし、水産庁の当時の長官であったパー・ヴラムネルによると、このときはＥＵに許可を得ることもなければ、ＥＵの幹部が口を挟んでくることもなく計画通り実行できたという。

すでに触れたように、欧州委員会の漁業・海事担当委員を当時務めていたフランツ・フィッシュラーは、スウェーデンのタラ漁の禁止について、当初は口頭でゴーサインを出していた。しかし、私が耳にした未確認情報によると、スウェーデンがＥＵに送付した公式文書では、ＥＵが「ダメだ」としか答えられないような書き方がなされていたという。

---

(29)　Common Fisheries Policy：CFP

ＥＵは、共通の憲法と通貨をもつ連合体を目指して発展してきた。また、ＥＵは創設の当初から、共通漁業政策と呼ばれる加盟国共通の漁業政策を定めてきた。実のところ、漁業政策は、現段階でＥＵの共通政策領域だと定められた数少ない領域の一つなのだ。だから、もしそれぞれの加盟国に漁業政策の決定を任せてしまえば、ＥＵが目指してきたこの目標に確実に逆行することになってしまう。欧州委員会はそれを恐れたのだろうか。

欧州委員会の漁業・海事総局のオフィスがあるのは、ブリュッセルのなかでも人のまばらな官庁街にある殺風景な現代風オフィスビルのなかだ。前にはジョセフ二世通り（Rue Joseph II）が走るが、この通りをまっすぐ行った所にある丘には、四つの翼に奇妙な螺旋状のデザインが施された背の高い建物が立っている。これが閣僚理事会のオフィスだ。欧州議会のある大きなガラス張りの建物は、ここから一五分ほど歩いた所にある。

総局長であるヨルゲン・ホルムクヴィストにこれから会うのだが、驚いたことにその面会の間、スウェーデン人の別のＥＵ官僚も同席するという。彼の名前はラーシュ・グローベリ（Lars Gråberg）である。漁業・海事総局に長年勤務してきた中年の男性で「主席行政官（principal administrator）」という肩書きをもっている。灰色のスーツを着た彼は、大変話しやすくて気さくな人物だった。彼は、漁獲枠に関する業務や交渉の準備などを担当していると説明した。そして、五階にあるヨルゲン・ホルムクヴィストの巨大な総局長室に案内してくれた。簡素な装飾の施された大変男性らしいオフィスで、黒皮のソファーや大きなミーティング・テーブルが置かれ、周りには海にまつわる芸術品がたくさん飾られている。まず最初に私が目を奪われたのは、虹色に塗られたボートと魚の骨が描かれた絵画だった。

ヨルゲン・ホルムクヴィストは、痩せて少し皺のよった男性だった。メガネをかけ、知性を感じさせる目つきをしている。彼は、会話を数分交わしただけで要求されている知的レベルを察知する能力をもち、親近感を感じさせる話し方のできる人物である。私も、彼が語ることについ信頼感を感じてしまった。

ＥＵの本部があるこのブリュッセルという町は、町全体にどこかしら「荘厳な」感じが漂っているが、国際的な経験を積み、今背広を脱いだばかりのこの中年の総局長と、灰色のスーツを身にまとったEU官僚の座るこのオフィスにも同じような雰囲気が感じられる。

「スウェーデンが自国の領海でタラを保護しようとして失敗したのはなぜか」と私が尋ねると、彼はまずため息をつき、椅子の背に深くもたれてこうはじめた。

「説明してみましょう。制度的に見ると、スウェーデンは自国の漁師が領海内でタラを獲ることを禁止できた。しかし、沿岸から一二海里を超えた領海外でのタラ漁を禁止するのは不可能だった。それは、スウェーデンの漁師によるタラ漁であろうが、デンマークやドイツの漁師によるものであろうが同じことだ。だから、領海内のタラ漁を禁止しても領海外では漁がつづけられるのだから、結局は漁獲物を各国の漁師の間で再配分したことになるだけで何の効果もなかったのだよ」

彼はさらに、「スウェーデンの漁師にしろ、ヨーロッパのほかの国の漁師にしろ、配分された漁獲枠を活用する権利はある」とつづけた。そのうえ、「ＥＵはバルト海のタラを回復させるために、国際海洋探査委員会（ＩＣＥＳ）の科学的アドバイスに基づいた回復計画をあの時点ですでに決定していた」と言った。ＥＵ全体を視野に入れればその計画のほうがタラの保全には効果的なので、スウェーデン政府の思惑がうまくいかなかった理由もより明確に理解できるだろう、と彼は説明した。

だから、スウェーデンがあの状況において独自の道を突き進むのは適切ではなかった。しかし、それがＥＵ

基本条約に照らしてみて違法であったかどうかは……。「違法だったとも言えるし、違法じゃなかったとも言える」と、ヨルゲン・ホルムクヴィストはとても曖昧な答え方をした。私が同じ質問を投げかけた別の人たちも同じような答え方をしていた。

「それは、EUの法律をどう解釈するかという複雑な法的議論になってくる。タラ漁の禁止といった事項は、EUレベルで決定がなされる必要があった」

「でも、スウェーデンはEUに尋ねることなく、タラ漁の禁止を黙って実行することはできなかったのですか」と私が尋ねると、ホルムクヴィストは首を横に振った。

「ダメだ。そのような事柄はEUが承認しなければならないから、勝手に実行することは無理だった。それに、今思い出せば、スウェーデンの水産業界が政府の動きを察知してこの漁業・海事総局に知らせていたので、私たちも法的な観点からすでに分析をはじめていたんだ。そして、そのあとにスウェーデン政府からの公式文書が送られてきた……」

スウェーデン政府が欧州委員会に送った公式文書では、わざと「ノー」という答えを欲していたかのような書き方がなされていた、という話を私は聞いていた。当時の社会民主党政権は、環境党の強い要求に押されてタラ漁の禁止を打ち出さざるを得なかったのだが、そのために別の方向から批判を浴びており、その苦しい状況から逃れるためだったという（当時、社会民主党党首であり、首相であったヨーラン・パーション(30)は、退陣後に公開された彼の首相時代を追ったドキュメンタリー番組のなかで、二〇〇二年秋の総選挙直後、強い要求を突きつけてくる環境党にどれだけ苛立ったかを自ら語っている。環境党は小さな政党にもかかわらず、キャス

(30)　（Göran Persson, 1949～）男性。政治家（社会民主党）。1979年以降、地方議会の執行委員や国会議員を務める。財務大臣を経験した後、1996年に党首に選ばれ、それから2006年までスウェーデン首相。

ティングボードを握っている立場を利用して、もし社会民主党がこの要求を飲まないのであれば中道右派政党と手を結んで連立政権を築く、と脅しをかけていた(31)。

ヨルゲン・ホルムクヴィストは答えにくそうな顔つきをしていたが、ラーシュ・グローベリは納得するように頷いている。

「スウェーデン政府は、『ノー』という答えを期待しているのだと私は判断したよ。環境党は、タラ漁の禁止を主要な公約の一つとして掲げていた。環境党との閣外協力を必要としていた社会民主党はジレンマに立たされていた。社会民主党としては、欧州委員会が『ノー』と言うことに反対はしていなかったと思う。ＥＵでは、加盟国それぞれがＥＵ全体を覆う共通政策に対して一定の義務と権利をもっている。だから、私たちとしては、ある国がその共通政策を無視して勝手なことをするのを憂慮していた。そんな政策を行えば、スウェーデンの漁師がＥＵの共通市場のなかで差別されることになる、と私たちは考えていた」と、グローベリは語った。

私は、ヨルゲン・ホルムクヴィストのほうに目を移した。彼は言葉を慎重に選びながら、自分の見解をまとめようとしている。

「たしかに……、環境党はタラの枯渇問題に関心をもっていた。社会民主党としてはあまり乗り気ではなかった。おそらく、社会民主党のなかにはタラの禁漁を行いたくない議員がいたのだろうが、党全体として禁漁に反対していたわけではないと思うよ」

彼は、外交官のように慎重に答え、これ以上、このことについては話してくれなかった。

スウェーデンが一九九〇年代に一時的にサケ漁を禁止した際、ＥＵから反対の声が何も上が

(31)　2002年９月の総選挙の結果、左派ブロック（社会民主党・左党）が174議席、右派ブロック（保守党・中央党・自由党・キリスト教民主党）が158議席を獲得し、残る17議席は環境党が獲得した。環境党がもし右派ブロックと組めば175議席となった。環境党は、最終的に左党とともに閣外協力という形で社会民主党の単独政権を支持。

らなかったことについては、「EUが柔軟性をもっていることの証《あかし》だ」と答える。では、なぜ漁業・海事担当委員であったフランツ・フィッシュラーは、タラ漁の禁止を当初は容認する発言をしたのか？　これについて、彼はコメントを避けた。ただ単に、フィッシュラーが熟慮せず急いで発言したのだ、と一般には言われているが、この説に彼はあえて反論はしない。私は話題を変えて、この豪華なオフィスに毎日のように訪れていると思われるロビー団体の活動について尋ねてみた。

「ロビー団体の活動が何か悪いものだなんて考えるのは、非常におかしな話だ。その一方で、EUの行政を司《つかさど》る私たちは、周りの声に十分に耳を傾けていないと批判されている。ロビー活動は禁止されているわけではない。むしろ、欧州委員会の一部である私たち総局こそ彼らの声を聞かなければならない。私たちのもとには、スコットランドのタラ漁師やイギリスの漁師、環境団体、水産加工業の代表団など、さまざまな人々が訪れる。私たちは、すべての利害関係に耳を傾けている。もし、誰かが私たちと話をしたければ、いつでも時間を見つけて話を聞くように私たちは努力している。もちろん、偏った意見に影響を受けすぎないように注意しなければならないが、今のところ問題はないと考えている。水産業という産業ほど、欧州委員会に批判的な声を上げている産業はあまりない」

ホルムクヴィストは、「環境団体は、水産業界に比べたら私たちに対してあまり怒ってはいない」と再び指摘した。たしかに、彼の言うことにも一理ある。二〇〇一年、欧州委員会の漁業・海事総局はグリーンペーパーを発表して議論を巻き起こした。すでに触れたように、スウェーデンの環境党が漁業の問題に関心をもつようになったのはこのグリーンペーパーがきっかけだった。EU行政のほかの報告書に比べたら、かなり自由に意見を述べ、自己批判的であったあのグリーンペーパーは、世界有数の漁業国であるEUにおいて怒りの渦を巻き起こした。フランス人は激怒し、ポルトガル人は憤慨し、イタリア人は激高し、そしてもちろん、もっとも怒り狂ったのはスペイン人であった。

このグリーンペーパーのおかげで、二〇〇二年春には正真正銘の「魚の茶番劇」がブリュッセルで展開された。研究や科学技術、環境問題に関する話題を専門に扱うスウェーデンの週刊新聞〈ダーゲンス・フォシュクニング（Dagens Forskning）〉は、そのときにブリュッセルの舞台裏で展開された奇妙な策略や陰謀、駆け引きを詳細に伝えている。ヨルゲン・ホルムクヴィストの前任者として漁業・海事総局長を務めていたデンマーク人のステフェン・シュミット（Steffen Smidt）は、この茶番劇の結果、理由を告げないまま突然辞任を表明した。

欧州委員会は、このグリーンペーパーに基づいて二〇〇二年春に漁船の新規建造に対する経済的支援の撤廃や、ＥＵ全体の漁船の数（トン数）を八・五パーセント削減することなどを含む漁業政策の改革案を提示していた。これに対してフランス、イタリア、ポルトガル、ギリシャ、アイルランド、スペインは「漁業の友（Les Amis de la Peche）」という非公式の外交グループをつくり、あらゆる手段を使ってこの提案を阻止しようとした。

当時の新聞を読むと、漁業政策の改革案に反発する「漁業の友」の圧力はとても凄まじいものであったことが分かる。なかでも、スペインからの圧力が強かった。欧州委員会の運輸担当委員であったスペイン人のロヨラ・デ・パラシオ（Loyola de Palacio）は、漁業・海事担当委員のフランツ・フィッシュラーに極秘裏に電話をし、改革案を撤回するよう働きかけたという。また、スペインの首相ホセ・マリア・アスナル(32)も欧州委員会の当時の委員長であったイタリア人のロマノ・プローディ(33)に極秘に電話をし、

(32)　(Jose Maria Aznar, 1953～）男性。国民党に所属し、1996年から2004年まで首相。

改革を阻止してくれれば、スペインは見返りとして新しく設立されるEUの欧州食品安全機関（EFSA）の立地候補としてイタリアのパルマ（Parma）を支持することを約束するという取引をもちかけたとも言われている。

一方、スペインの農林水産大臣であったミゲル・アリアス・カニェーテ（Miguel Arias Cañete）は、包み隠すことなくテレビカメラの前でおおっぴらに次のように発言した。「私たちは、欧州委員会に座っている自国出身の委員に、この改革を阻止させるよう伝えてある」

ここでの「私たち」とは、「漁業の友」の構成国を指している。彼は、こう発言することでスペインの漁師たちをなだめようとしたのだった。[34] ただ、彼はその後、「あの発言は誤解だった」と弁明している。

スペインにとっては、おそらく少しは成果があったようだ。改革案の詳細の提示は一か月ずれ込むことになったし、漁船の新規建造に対する経済的支援も二〇〇三年末まではつづけられることになった。そして、漁業・海事総局の総局長だったステフェン・シュミットはなぜか解雇されることになった。

しかし、なぜだろう？　スペインはこの過激な内容のグリーンペーパーを作成したのが彼であると判断し、改革案の責任を彼に押し付けたのだ、と見る人もいる。他方で、それとはまったく逆で、彼がインパクトに欠けたのが原因だと見る人もいる。漁業・海事担当委員であったフランツ・フィッシュラーは、この改革を遂行するために自らの補佐である

(33)　(Romano Prodi, 1939～) 男性。1996年から1998年までイタリア首相。1999年から2004年まで欧州委員会の第11代委員長。

(34)　欧州委員会の各委員は、出身国の国益を優先したり、個別の加盟国から直接指示を受けたりすることは許されず、EU全体の利益のみを常に最優先しながら独立して行動することが求められている。また、各加盟国が委員に直接働きかけて自国に利益を誘導することも許されない。

漁業・海事総局長にはより力強い人物を必要としたのではないかというのだ。

おそらく、両方の説が正しいだろう。しかし、彼の後任として、今私の目の前に座っているメガネをかけたこのスウェーデン人が選ばれたことを考えれば、むしろ二つ目の説のほうがより適切かもしれない。いずれにしろ、スペインは漁業・海事総局長の後任にヨルゲン・ホルムクヴィストが任命されたことを知ったときまったく喜ばなかった。

「欧州委員会が漁業・海事総局長を再び北ヨーロッパの国から選んだことに、私たちは驚きを隠せない。漁業政策の改革をめぐって今後つづいていく協議の行方を、私たちは非常に憂慮している」

スペインの漁業関係者からなる業界団体である「スペイン水産業団体連盟（ＦＥＯＰＥ）」[35]の代表ハヴィエル・ガラト・ペレス（Javier Garat Perez）は、二〇〇二年八月二日付のスウェーデンの週刊新聞〈リークスダーグ・オ・デパルテメント（Riksdag och departement）〉[36]のインタビューにこう答えている。

ヨルゲン・ホルムクヴィスト自身は、漁業政策の改革をめぐる騒動の話が話題に上ると耳を塞ぐという。

「スペインは、欧州委員会に圧力をかけようとした。しかし、それで彼らの希望が通るほど物事は単純ではなかった。実際のところ、欧州委員会にとって、ある加盟国が圧力をかけてきたからといって態度を変えるようなことはあってはならない。非常にデリケートな問題なのだよ」

(35)（Federación Española de Organizaciones Pesqueras）13の加盟団体からなり、所属する漁船数は437隻に及ぶ。

(36)　スウェーデン議会が発行している週刊新聞。直訳すると「議会と省」という意味になる。政府や議会の政策決定過程やブリュッセルにおけるEU政治の動きを中心に伝えている。

私は、インタビューの最後に将来について尋ねてみた。今後どうなって行くのか。漁業・海事総局として、何か過激な解決策でも用意しているのか。それとも、二〇〇七年から一三年までの行政プログラム期間における漁業政策もこれまでとあまり変わらないのか。漁業を、漁獲枠によって規制していくつもりなのか。果たして、それが一番いい方法なのか。魚の海上投棄は今後も認めるのか。生態系モデルはどのように考えられているのか。

ホルムクヴィストはまず、それぞれの質問に対してありふれた反論を行った。漁獲枠による規制には長所と短所があるが、重要なのは、それぞれの国が以前の漁獲量に応じた割合の魚を今後も獲ることができるようにしながら安定した制度を築いていくことだ。海上投棄はよくないことだが、一方で幼魚まで陸に揚げてしまうと幼魚が市場で取引されるようになるので、これも望ましくないということだ。

生態系モデルについてはどうだろうか。生態系モデルというのは、ある魚の漁獲可能量（TAC）[37]を判断するときに、生態系全体を考慮に入れたモデルを使うことだ。つまり、タラの漁獲可能量を決めるときには、タラだけでなくニシンや動物プランクトン、植物プランクトンのへの影響も考慮に入れるやり方だ。白いワイシャツを着た総局長は、この質問に対してニヤリと笑いを浮かべて水産官僚らしいこんな冗談を言ってみせた。

「生態系モデルを使って魚の個体群を分析するのは非常に難しい。私たちが心配しているのは、魚の個体数の推計を行っている研究者たちが、まもなく絶滅の危機に瀕してしまうのではないかということだよ」

(37)（Total Allowable Catch：TAC）ある１年に漁獲が許可された魚の量。魚の種類および個体群ごとに設定される。

時間もずいぶん経ったので、私は収穫の多かったこのインタビューに応じてくれたホルムクヴィストにお礼を言って、オフィスを後にした。彼は、漁業・海事担当委員の次に重要である漁業・海事総局長というポストに二〇〇七年の年明けまで就くことが決まっている。そしてそのあとは、ＥＵの単一市場を担当する域内市場・サービス総局の総局長に就任する予定だ。

ブリュッセルでの次の予定は、欧州委員会の新しい漁業・海事担当委員に任命されたジョー・ボルジに対する欧州議会のヒアリングだ。ＥＵの加盟国のなかでもっとも小さいマルタ出身で、以前は法学の大学講師をしていた彼は漁業の世界ではまったく無名だが、欧州議会でのヒアリングをうまく切り抜けることができれば、先進国の漁業においてはもっとも影響力をもつ人物となる。

ヨーロッパ全土から集まってきた報道関係者のために、一〇〇人分以上の作業スペースが用意された大きなプレスルームに来た。このホールに掲げられたあちこちのテレビモニターには、イタリア人のロッコ・ブッティリオーネの丸顔が映っており、私が顔をどちらを向けても彼の顔が目に入ってくる。彼は法務・自由・安全担当委員に任命されており、ちょうど今、欧州議会でヒアリングを受けている。彼に厳しい質問を突きつけているスウェーデン選出のマリア・カールスハムレ議員(38)の姿がモニターにチラッと映るが、私は内容にじっくり耳を傾ける暇がない。

ブッティリオーネに対するヒアリングのあとは、漁業・海事担当委員に任命されたジョー・ボルジに対するヒアリングがはじまる。私は、コートをプレスルームに預け、その会場となるポール・ヘンリ・スパーク・ビル（Paul-Henri Spaak building）の「１Ａ２」という議場を探した。

(38)（Maria Carlshamre, 1957～）女性。大学教官として哲学を教えた後、ジャーナリストとして活躍。1996年に国内最大のジャーナリスト賞を受賞。2004年に自由党所属の欧州議会議員に選出されたが、その２年後にフェミニスト党に所属を移した。

驚いたことに、この大きな議場の外にあるホールは人々で埋め尽くされていた。何人か見覚えのある顔もいる。漁業・海事総局長のヨルゲン・ホルムクヴィストも、くつろいだ格好をしながら議場のドアが開くのを待っている。ほかの人々は、男性も女性もスーツに身を包んで大声で話をしている。空気にはある種の興奮感が漂っている。

欧州議会の職員が議場のドアを開けると、待っていた人々が一斉になかに入っていった。座る場所がないのではないかと気掛かりだったが、どうやらそれは無用の心配だったとすぐに分かった。議場は大きく、欧州議会の議員席のほかにも、「報道」「ゲスト」「外交官」「常駐代表部」「閣僚委員会」などと黒い文字が書かれた白い紙が傍聴席に貼られている。私は、報道関係者向けの席に顔見知りのジャーナリストと隣同士で座ることになった。

青色の背景が映し出されたテレビモニターには、これから三時間にわたって行われる「委員候補者」ジョー・ボルジに対するヒアリングについての紹介がされている。そして、彼がこれから座る席の後方には青色の幕が掛けられ、二台のテレビカメラが向けられている。

少し太めで、白髪交じりのボルジは、どこかしら旧ソ連の書記長ミハイル・ゴルバチョフに似ているところがある。彼は着席すると、まず所信表明演説を彼の母国語であるマルタ語ではじめた。

ヒアリングは三時間にわたって行われる。私の手元にある議事進行プログラムを見ると、非常にしっかりと準備されていることが分かる。彼の経歴やヨーロッパの漁業政策をめぐる彼の見方については、予想される質問への回答がすでに文書で配布されている。質問者の時間も、欧州議会内の政党グループごとにきちんと配分されている。

欧州議会のなかでは最大であり、保守系政党からなる「ヨーロッパ人民党・民主」（ＥＰＰ―ＥＤ）には四四分が与えられている。ちなみに、このグループの副代表は私が漁業委員会ですでに目にしたカルメン・フラガ議員だ。次に大きい社会民主党系の「ヨーロッパ社会党」（ＰＥＳ）(39)には三二分、そして、環境政党系の「ヨーロッパ環境・自由連盟」（ＥＧ―ＥＦＡ）には八分が与えられている。コーデュロイの背広を着た、スウェーデン選出で環境党所属のカール・シュリューテル議員の背中が前のほうに見える。果たして、彼に質問の機会が与えられるのだろうか。

ヒアリングが開始された。取り上げられるテーマも、魚の海上投棄や途上国との漁業協定、密漁の取り締まり、地域委員会の今後、そして二〇〇七年から一三年にかけての行政プログラム期間における漁船への経済的支援など、幅広いテーマが次から次へと話題に上った。さまざまな議題が取り上げられる一方で、一つ一つの議論は深みがなく表面的だという印象を受けた。私は、ジョー・ボルジがしばしば口にする曖昧な回答を一生懸命スウェーデン語に翻訳している同時通訳者の声に耳を傾けた。同じ言葉が、繰り返し何度も強調されている。

「そういうことも可能かもしれない……、一部の人々にとっては……、……に配慮して……、規制……、対話を行う用意がある……、バランスをとりながら……、そのほかの財源によって……」

ジョー・ボルジはバランス感覚を保ちながらとても慎重に答えているが、奇妙なことに、出席している議員のほとんどが不満の様子だ。ヒアリングをはじめる前には、担当委員に任命されたことを祝福したりヒアリングの成功を願ったりしていたフラガ議員やそのほかのスペイン議員団も、挑戦的な

(39)　(Party of European Socialists：PES) 議席数215人。欧州議会の中では２番目に大きい政党グループ。

質問を投げかけはじめた。

漁船の燃料価格が上昇しているが、そのための補償を漁船にちゃんと行うつもりなのか？　ＥＵ海域の境界付近における漁業に対して、特別の経済的支援を行うつもりはあるのか？　ノルウェーとの漁業協定についてはどのようにお考えか？　メルルーサの回復計画を実行すれば、ポルトガルでは六〇〇〇隻もの漁船が影響を被ることになるが、これについてはどうお考えか？　漁業によって成り立つ沿岸地域の「社会経済的側面」についてはどのようにお考えか？　魚の生息数を推計するときの基礎となる生物学的データが常に最新のものであることをどのようにして保証するのか？　モロッコとの漁業協定締結に向けた交渉をＥＵが再開するように働きかけるつもりはあるのか？

ジョー・ボルジは、鋭い質問を器用にかわして答えたが、おそらく多くの議員ががっかりしたことだろう。彼は、ＥＵの新しい行政プログラム期間において、漁船の新規建造への助成金を復活させる気はないと言う。また、研究者に非難の矛先を向けるつもりもないと言う。彼らは自分たちの仕事をこなしているだけだ、と彼は付け加えた。また、ＥＵが発展途上国と結ぶ漁業協定については、相手国の沿岸漁師への補償や経済的支援を今まで以上に多く含むものでなければならない、と語った。

「『魚を獲るだけ獲って、さあ次の場所へ（Fish and go）』というやり方はもうやめにしなければならない。そんなやり方はまちがっている。それに、ＥＵが漁業協定に基づいて相手国へ支払う補償金のより多くの部分を、ヨーロッパの漁船所有者が負担しなければならない」と、彼は述べた。

モロッコとの漁業協定の復活について尋ねたスペインのミゲレス・ラモス議員に対しては、非常に明確にこう答えた。

「そもそも、モロッコ側に私たちＥＵとの交渉を再開する気があるとは私には思えない。そうだとすれば、協定を締結するのは難しいだろう」

その後は、ポーランドやスペイン・ガリシア地方、ポルトガル領アゾレス諸島などでの漁業に対する彼の見方が問われた。そして、ついにスウェーデンのカール・シュリューテル議員に質問の番が回ってきた。彼はヘッドホンを外すと、スウェーデン語で質問を投げかけた。その内容は、スウェーデン政府が二〇〇二年に見送ることになったタラ漁の禁止についてだった。私は、耳の神経を尖らせた。

「もし、ある加盟国がＥＵの水産資源保護計画では不十分だと判断し、自国の領海において独自の対策を行おうとした場合、欧州委員会はそれを強制的にやめさせることができるのか」と、シュリューテルは尋ねた。

これに対するジョー・ボルジの回答は、同じ日に漁業・海事総局長のホルムクヴィストから耳にしていたものと同じだった。

「欧州委員会としては、スウェーデンが一方的に禁漁を行うことには反対だ。この種の決定は、ＥＵの共通漁業政策の枠内で行うべきだからだ。しかも、ＥＵも水産資源の回復計画を実行しているので、一国が独自の対策をとる理由はまったく見当たらない」

シュリューテル議員は再び発言を求めて質問をした。今度は、かなり鋭い質問だ。

「ある国が自国に与えられた漁獲枠を使用しないと決めた場合、あなた方はそれに反対するのか。ある国が自主的に漁獲枠の不使用を決定したにもかかわらず、欧州委員会がそれに反対して『それでも魚を獲れ』とおっしゃるのであれば、私はこれを『乱獲の義務』とでも解釈するが、それで構わないか」

私はジョー・ボルジを注意深く見つめた。彼は、ヘッドホンで通訳を聞いている。通訳が「乱獲の義務」という言葉をどうにかうまく訳したのだろう。彼の表情が、ほんの一瞬しかめっ面に変わった。その彼の回答は、ホルムクヴィストがすでに私に説明したこととまたもや同じものだった。

「もし、ある国が自分たちの漁獲枠を使用しないならば、それはほかの国に配分されることになる。この問題については現行の制度を検討する必要があるかもしれないが、私としては一国が漁獲枠の不使用を交渉にもち込んで決定するのは難しいと思う」

環境政党系グループの時間はこの時点で終わりになり、スウェーデンに関する質問はこれ以上はなかった。ヒアリングの内容は再びそれまでと同じような単調なものになり、ヘッドホンの通訳からはまたもや「一部の人々にとっては……、……に配慮して……、対話を行う用意がある……、その他の財源によって……」というお決まりの文句が流れてくる。

私はふと、スモーゲンで会った漁師ボー・ハンソン（コルノー島のボッセ）や、彼のまとめた沿岸漁業の調査報告書や提案などを思い出した。ボー・ハンソンが考えていたことは、EU行政のなかでどのくらい生かされているのだろうか。今この場にいる人たちは、スウェーデン水産庁の海洋漁業試験場に勤務する研究員ヘンリク・スヴェードエングが日々行っている研究の成果をどこまで参考にしているのだろうか。

ヒアリングが終わり、みんなが議場から出ていこうとするとき、私は漁業委員会のメンバーのなかで唯一のスウェーデン人であるカール・シュリューテル議員をつかまえて、「明日、一緒にランチを食べる時間はあるか？」と尋ねた。「大丈夫だ」と、彼は答えてくれた。

「ヘミサイクル（半円形）」と呼ばれる、欧州議会でもっとも大きな議場の外にある銅像の前で彼と待ち合わせた。エレベーターで一二階に行くと、そこは議員レストランとなっている。明るく、天井は高く、窓からはブリュッセルの町が一望できる。経済的支援を本来必要としない人々にお金をばら撒く傾向があると批判されるＥＵだけあって、このレストランでも、議員報酬をたくさんもらっている欧州議会の議員たちが公費からの補助金をたっぷりもらった格安のランチを食べていることは何も驚くことではない。ランチは四・二ユーロ［六〇〇円］、ブリュッセルの街中のレストランの半分の値段なのだ。おまけに、さまざまなメニューのなかから食事を選ぶことができ、サラダとパンがついている。

「少し前に値上げされたんだけど、そのときは議員から苦情が殺到したんだよ」と、シュリューテル議員は笑いながらゴシップを語った。

腰を下ろすと、「漁業委員会を選んだのは、実は妻がギリシャ人で、地中海での乱獲の影響を自分でも目の当たりにしたからなんだ」と彼は語った。しかし、彼はほかにも三つの委員会に正規メンバーとして加わっているため、漁業委員会は彼にとって一番重要な活動というわけではないと言う。

「本当のことを言えば、漁業委員会はあまり人気がないんだよ。ほとんどの議員は、もっと魅力のある委員会のメンバーになりたいんだ。サンゴ礁よりも森林の問題にかかわったほうが楽しいと思われているんだ。魚は『助けてくれ！』って叫んだりしないだろ。魂がないんだ。だから、気に掛けようとする人も少ないんだ。もし、魚がイルカのように可愛い生き物だったら状況はもっと違っていただろうね。保護のために、世論を盛り上げるのがずっと簡単だっただろうから」

漁業の問題に関しては、彼はまだ勉強している最中だと言う。この前日、欧州議会のヒアリングを受けた漁業・海事担当委員ジョー・ボルジは、政策秘書の手を借りて事前に勉強していたようだが、シュリューテルも同じように、欧州議会内の環境政党系グループで働く漁業政策の専門家から情報をもらって事前に勉強していたという。ちなみに、彼はボルジをかなり評価している。

「漁業政策に関して言えば、欧州委員会は改革に積極的だ。それに比べたら、欧州議会や閣僚理事会は常に改革に反対しようとしている」

「欧州議会の議員は水産業界のロビー団体にどのくらい影響されているのか」と私が尋ねると、業界と議員の間にはたいてい密接な関係があると答えて次のように説明してくれた。

「業界のロビー団体の多くは、議員が面会してくれて当然と考えているようだ。ほかのロビー団体、たとえばNGOとは態度がまったく違うんだよ」

彼は、業界のロビー団体に一回会うごとに、NGOや、特定の利益に絡んでいない研究者や専門家と一回は会合をもちたいと考えているという。自分の頭のなかでバランスを保つためだ。

「当然ながら、私たち議員はロビー団体の影響を受ける。そんなことはありえない、なんて考えるのはあまりにナイーブすぎる。そうじゃなかったら、彼らはそんなロビー活動なんかしないだろう」

実際のところシュリューテル議員は、私がすでに知っている以上の情報をあまりもち合わせてはいないようだ。彼が語ってくれる話は、漁業委員会ではスペイン人が力を握っていること、そしてEUが発展途上国と結んでいる漁業協定は、彼自身の表現によれば「倫理的に見て非難されるべきもの」だということくらいだ。

「だったら、なぜ漁業協定をいつまでもつづけていると思う？　それはね、スペイン政府が自国の漁師たちに恨まれて、自宅に魚が投げつけられるようなことになっては困るからなんだ」

さらに彼は、漁業協定は締結されたあとになって初めて欧州議会にその報告がなされることが多いため、問題だと言う。締結の前に欧州議会で議論を行い、それが紛糾でもして締結に失敗するのを恐れている強い勢力が背後にあるからだとも言う。

「インド洋で漁獲されるマグロ類の四割はＥＵが獲っているんだよ。それだけ、大きな経済的利権が絡んでいるってことなんだ」

ランチを食べ終わり、私たちはトレイを手にしながらレストランのなかを歩いていった。まるで温室のようなこのレストランは、天井が高く丸いアーチ状になっている。私は、その感想を彼に言った。外側から見れば、欧州議会の建物だと一目で分かる特徴的なデザインだ。私たちは窓のそばに立ちながら、眼前に広がるブリュッセルの郊外をしばらく眺めた。

「ＥＵの人間たちは、この建物をまるで司令塔のように感じたがっているんだ」と、シュリューテルは言った。

彼は、窓の外を見ながら大きく頷いて、皮肉を込めてこう付け加えた。

「そうさ。俺たちはここからヨーロッパ全体を支配しているのさ」

第9章 魚の養殖──果たして最善の解決策か？

二〇〇五年九月、ノルウェー北部、オクスフィヨルド

水面は、鏡のように一面が銀色だ。フィヨルドの河口からは一隻の小さな漁船がゆっくりと近づいてくる。背の高い山々の頂上には白い薄雲がかかっている。そして、このすべての自然美が水面に映し出されている。水色の青空、黄緑色の山の斜面、カモメ、そしてちっぽけな漁船。見わたすかぎりの自然は人間の手がまったくつけられておらず、このうえなく美しい。私たちが今いるのはオクスフィヨルド（Øksfjord）。ノールカップ（Nordkap）[1]や、現時点で世界最大と言われるタラの個体群が生息するバレンツ海は、ここからそれほど遠くない。

しかし、バレンツ海のタラも危機に瀕している。漁業のために死ぬタラの数は、警戒原則に基づく漁獲可能量（TAC）を一〇年以上も前から大きく上回っている。一方で、漁獲量は減少している。一九六〇年代終わりから一九七〇年代初めにかけては毎年一〇〇万トンものタラが獲れた。しかし、二〇〇〇年代に入ってから

は、漁船が非常に効率的になって漁も活発に行われてきたにもかかわらず、漁獲量が半分以下になってしまった。一九九〇年以降だけを見ても、ノルウェーのトロール漁船の漁獲能力は七割も増加している。

バレンツ海では、ノルウェーとロシアの双方の漁船が過度に効率的な漁業を数十年にわたって行ってきた。そのうえ、違法操業も大規模に行われてきた。国際海洋探査委員会（ＩＣＥＳ）の推計によると、二〇〇六年には一六万六〇〇〇トンのタラが違法操業で漁獲されたという。バルト海で合法的に漁獲されるタラの実に二倍だ。そのため、バレンツ海のタラもバルト海やカナダ沖のグランドバンクスのタラと同じ運命を辿る危険性が高まっている。国際海洋探査委員会は二〇〇七年に警告を発し、バレンツ海でのタラの漁獲量を三分の一減らすように勧告した。また、ノルウェー沿岸部のタラ漁については、数年前から全面的中止を勧告している。国際海洋探査委員会によると、ノルウェーの沿岸部のタラの個体群はこれまでにないほど数が減り、崩壊の危険があるという。

しかし、ノルウェー人は減少が懸念される野生の魚に対しては秘伝の解決策を用意している。そして、三〇年以上にわたってその技に磨きをかけてきた。世界の魚を救うための解決策が「養殖」であるならば、それはノルウェーにある。ノルウェー人は水力発電所の建設や乱獲のためにサケやマスがおびやかされた一九六〇年代終わりからサケの養殖を小規模ではじめた。そして現在では、養殖魚がノルウェーの漁獲量の半分以上を占めるに至っている。

そして今、サケでの成功物語をタラでも繰り返そうという計画がある。私がノルウェーにやって来た理由は、タラの新しい養殖施設を見学するためなのだ。今のところ、タラの養殖は初期段階な

（1） ノールカップ（Nordkap）。ノルウェー北部、マーゲロヤ島（Magerøya）の岬。ヨーロッパの最北端と称されることもあるが、実際のヨーロッパ大陸の最北端はノールカップから70キロほど東にあるシンナロッデン（Kinnarodden）である。

らではのさまざまな問題にぶつかっているという。

私は、タラの養殖場へ行く前にまずオクスフィヨルドに立ち寄って、サケの養殖を見ることにした。サケの養殖は長い間つづけられてきたため、タラの養殖が抱えているような問題もすでに解決しているにちがいないと期待したからだ。

ノルウェーでは、現在、八〇〇人がサケの養殖に携わっており、養殖サケの生産では世界一となっている。第二位はチリだが、ノルウェーの生産量の半分ほどでしかない。そして、イギリスやカナダ、デンマーク領フェロー諸島などでの生産量はノルウェーにはるかに遅れをとっている。ノルウェーは、二万一〇〇〇キロに及ぶ長い海岸線と深い入り江をもつフィヨルドのおかげで、養殖に大変適した環境といえる。外海での養殖は、嵐のために施設が破壊されたり、魚が逃げ出したりすることが頻繁にあって大きな困難を伴うが、フィヨルドでは養殖場が高い波から守られるおかげで養殖にはもってこいなのだ。

また、大きな川の多くがフィヨルドに河口をもっているため、新鮮な水が養殖魚の生け簀《す》のなかを流れて、養殖がもたらす大量の汚染物の一部を洗い流してくれる。汚染物というのは、サケの排泄物や餌のかす、そして薬の残留物のことだ。人口の密集地で養殖をすれば、これらの汚染物が大きな環境問題をもたらすであろう。実は、一〇〇〇トンの魚を養殖するときに排出される栄養塩類の量は、人間一万人が排出する富栄養物の量に匹敵する。そしてこれが、海の富栄養化の原因となっている。つまり、ノルウェーで行われている魚の養殖は、ノルウェーの全人口が排出する富栄養物の量に匹敵するということなのだ。

私は、分厚いつなぎの作業着を来た男性二人と一緒にモーターボートに乗り、銀色に輝くフィヨルドの水面に顔を出している六つの丸い生《い》け簀《す》に向かった。二人の男性は、「ヴォルデン・グループ株式会社」(2)という、ノルウェーでは比較的小さなサケ養殖企業の従業員だ。この企業は、このフィヨルドのほかにも七か所でサケ養殖の認可を受けている。年間に一万トンのサケを生産する能力をもっているが、ノルウェー全体の養殖サケの生産量である五〇万トンと比べるとわずかなものだ。私たちの乗ったボートは、二筋の波を銀色の水面に残しながら進んでいく。数分もすると、生け簀《いけす》の緑の網がはっきりと見えてきた。そのなかで、サケが飛び跳ねている。

「今は、サケジラミがたくさん発生しているんだ。だから、こんなに飛び跳ねているんだ」と、男性の一人が説明した。この言葉のおかげで、私がそれまでこの養殖場に対して抱いていた幻想は断ち切られた。このことさえ聞かなければ、私はこの会社の「北極海の大自然で一万年」というキャッチコピーの虜になりつづけていただろう。

この人里離れた海に生息するサケとマスは、独特の品質を育んできた。この壮大な自然美のなかで、そして氷のように冷たい底知れぬフィヨルドと白夜のもとで、人間と動物は野生の情熱を熱くし、海は独特の銀色をさらに精錬させる。その名も、ブルー・シルバー（登録商標）。この青色と銀色のなかで育つ、堅実で真っ赤な肉をもつサケとマス。ヴォルデン・グループの名は何世代にもわたって、この類いまれなる品質と同義だと考えられてきた。

北極海の大自然で一万年もつづいてきた歴史と伝統の最高傑作である味わいの集いに是非とも招待されたし。私たちが提供するのは最高級の品質のみ。そして、またとないこの味わいの興奮

（2）（Volden group AS）2007年にグリーグ・シーフード（Grieg Seafood）によって吸収合併される。新企業の本社はベルゲンにある。

を皆様に提供できることを誇りに感じる。ブルー・シルバー（登録商標）の味わいを。

ボートには、サケジラミのための薬が用意されていた。この薬はサケの表面にヌルヌルとした膜を張り、サケジラミが付着しないようにするものだ。ちょうど今は、サケジラミがサケのエラに付く時期である。サケにとってはたまらなく痒《かゆ》い。だから、生け簀のなかで絶え間なく飛び跳ね、そのたびに体を横にして着水して鞭を打つような大きな音を立てている。飛び上がってエラを水面に叩きつけるのは、サケなりの体の掻き方なのだと私は理解した。

ノルウェーにあるサケの養殖場では寄生虫や病気がたびたび襲い掛かってくるのだが、このサケジラミ（Lepeophtheirus salmonis）も無数にあるそのような寄生虫や病気の一つだ。サケジラミは海に存在する寄生虫だが、もちろんサケがたくさん集まっている所を好む。この生け簀は、全周が九〇メートルで深さは約一〇メートル。一立方メートル当たり二五キロのサケが密集しているから、血を吸うこの小さな茶色の生き物にとってはご馳走の食べ放題というわけだ。

しかし、サケジラミの一番怖い面は、養殖サケに危害を加えることではなく野生のサケに伝染することだ。サケジラミは、養殖サケが生け簀から逃げ出して野生のサケと交わることでも伝染するが、それ以上にサケジラミ自身が野生のサケを探し求めて寄生するケースがよくある。ニュージーランドのオークランド大学の新しい研究報告によると、サケジラミは健康な野生サケに寄生するために外海に出て五〇キロも移動することができるという（学術雑誌〈寄生虫学の最新研究（Trends in Parasitology）〉二〇〇六年九月号）。

また、二〇〇六年秋にアメリカの学術雑誌〈国立科学アカデミーの報告（Proceedings of the National Academy of Sciences)〉に発表された別の調査によると、サケジラミは川から海に出ようとする野生サケの幼魚にとっても大敵だという。多くの川の河口ではサケの養殖が行われており、サケジラミが大量にいる。そこを、サケの幼魚は通過しなければならない。その調査を行った研究者アレクサンドラ・モートン（Alexandra Morton）とマーティン・クルコセク（Martin Krkosek）によると、サケの幼魚を死に至らしめるにはサケジラミがたった一、二匹で十分だという。

カナダでは、もっとも被害が少ない所でも、野生サケの幼魚の九パーセントがサケの養殖場からやって来たサケジラミのために死んでいる。そして、被害がもっとも激しい所になると死亡率は何と九五パーセントになるという。すでに人間活動の影響を大きく受けて危機に瀕している野生のサケにとっては、あまりにも恐ろしい数字だ。

この調査は似たような調査のなかでもとくに徹底的に行われたものであり、ノルウェーで行われた調査結果ともよく一致している。ノルウェー海洋研究所(3)とノルウェー・ベルゲン（Bergen）大学の動物学研究所が一九九七年に発表した研究報告によると、一億匹以上のサケが養殖されているノルウェー南西部地方（Vestlandet）では、川から海に出ていく野生サケの幼魚のほとんどがサケジラミのために死んでいるという。ソグネフィヨルド（Sognefjord）では死亡率が一〇〇パーセント近く、またノールフィヨルド（Nordfjord）では約六〇パーセントとなっている。

養殖サケの生産が増えたおかげで野生サケへの需要が減ってきた。そのため、養殖サケは野生サケを救うための画期的な解決策だとこれまでは期待されてきたが、逆に野生サケの命を奪う悩みの種になってしまった。

（3）（Havforskningsinstituttet）700人の研究員および職員を抱えるノルウェー最大の海洋研究機関。水産省の管轄下にある。ベルゲンの本部の他、沿岸各地に試験場をもつ。

屋根つきの鉄製ボートが、フィヨルドの入り江に浮かぶ丸い生け簀《いす》に横付けされている。このボートが、生け簀の監視と餌やりを自動で行っている。それぞれの生け簀の上に取り付けられた筒から、数分に一回、ドッグフードに似た茶色のペレット状の餌が放出される。サケは水中を高速でグルグルと泳いでいるので、この茶色のペレットを食べにわざわざ水面に上がってくることはしない。そのうち、沈んでいくペレットで生け簀のなかはいっぱいになるので、サケは口を開けさえすればいつでも餌を食べることができる。サケは二年間にわたってこうして生け簀のなかで過ごし、体重が四キロになると屠殺される。養殖サケはノルウェーの動物保護法の適用を受けているため、特別な屠殺場できちんとした管理のもとで屠殺が行われる。屠殺場へは特別な輸送ボートで運ばれ、屠殺される前には麻酔がかけられている。

水面に吐き出される茶色の餌は、大部分が魚粉と魚油、そして人工的につくられた色素アスタクサンティン（astaxantin）とカンタクサンティン（cantaxantin）でできている。この人工色素はサケの身を赤くするためだ。野生のサケはエビなどの小さな甲殻類を食べることでアスタクサンティンを自然に体内に取り入れるが、養殖サケは人工的につくられた色素を餌に混ぜることで取り入れている。そうしなければサケはビタミン不足に陥り、身が黒ずんでしまうのだ。

人工的につくられたこの色素には問題もある。人間の食用に直接用いることは許されていないし、有機養殖のサケに与えることも禁止されている。しかし、養殖サケが食べる餌の一番の問題点はこの色素とはまったく別のことである。実は、この餌をつくるためにはたくさんの野生の魚を必要とするのだ。どれくらいの魚が必要かについては、さまざまな情報があるが、多くの専門家によれば生産される養殖サケの二倍から三倍の魚が必要だという。一方、ノルウェーのサケ養殖業界の説明では、養殖サケ一キロを生産するのに必要な魚はわずか一キロ余りだという。

いずれにしろ、増加の一途をたどる肉食魚の養殖は、まもなく大きな問題になると見られている。国連食糧農業機関（ＦＡＯ）の試算によると、養殖が今の速さで増えつづけていけば、数年以内に世界中で飼料のために漁獲される魚のすべてをサケやタラといった肉食魚の養殖に回さなければならなくなるという。もちろん、この問題を解決するよい方法は、私たち先進国の人間が食習慣を改め、コイやティラピア(4)などの草食性の養殖魚を食べはじめることであろう。国連食糧農業機関はそれを期待している。ちなみにコイは、養殖魚の生産が世界一である中国が昔からその大半を生産している。

エネルギー消費を考えた場合、さらに効率的な方法は、飼料とするために漁獲されている魚を私たち人間が直接食べることであろう。北欧では、ニシンやスプラット、イカナゴ、シシャモなどに含まれる良質なタンパク質や脂肪酸オメガ３（omega 3）(5)の多くが非常に遠回りして私たちの口に入っている。まず、スウェーデンの大型トロール漁船が産業的に漁獲した魚がデンマークの魚粉工場へ送られ、そこでつくられた魚粉がノルウェーのサケの養殖場で餌となり、そのサケを私たちが食べているのだ。しかも、ときには屠殺されたサケが一度アジアに送られて切り身にされ、包装をされてからスウェーデンに戻ってくることだってある。

では、三〇年以上にわたって失敗や成功などさまざまな経験を積み重ねてきたノルウェーの養殖場のサケは、現在どの程度健康なのだろうか。まず、一九八〇年代終わりから一九九〇年代初めにかけては抗生物質であるペニシリンが恐ろしいほど大量に使われていたが、現在はそ

(4)　アフリカや中近東原産のスズキ目シクリッド科の淡水魚であり、現在では世界各地の河川に持ち込まれ食用とされているが、在来種を駆逐する外来生物として危惧されてもいる。体長は50～60センチで、外観や食感はタイによく似ている。

の使用量はほんのわずかとなった。その理由は、さまざまな病気に対するワクチンが開発されたからだ。これは、もちろん喜ばしいニュースである。

一方、あまり喜ばしくないニュースもある。新たな病気の出現に常に悩まされていることだ。ノルウェー獣医学研究所[6]は、二〇〇四年、奇妙なＣＭＳ症候群の症状を見せるサケの成魚が急増している、と発表した。ＣＭＳ症候群とは、簡単に表現すれば一種の心不全だ。この症状は、北はフィンマルク（Finnmark）から南はローガランド（Rogaland）に至るまで、ノルウェーの西海岸全土にわたって六九の地域で見つかっている。しかし、おそらく実際の数はこれよりも多い可能性が高い。

ノルウェーの海洋研究所によると、同じ二〇〇四年に見つかったほかの病気としては、ウイルスによる感染症であるＩＳＡ（infectious salmon anaemia）が十六の養殖場、膵臓《すいぞう》の病気が四四の養殖場、また、伝染性膵臓壊死症（ＩＰＮ：infectious pankreasnekros）が何と一七二の養殖場、心臓と骨の炎症であるＨＳＭＩ（heart and skeletal muscle inflammation）が五四の養殖場で見つかっているという。さらに、バクテリアやカビの感染症もよく見られるし、サケジラミや線虫などの寄生虫、そのうえ腹膜炎や奇形といったワクチンによる副作用も見られる。

これらの病気の多くは、野生のサケにももちろん広がる可能性があり、しかも現実に起きている。私がノルウェーを訪れるたった一週間前にも、二つの養殖場で事故が発生して数千匹のサケが生《い》け簀《す》から逃げ出している。統計で見ると、生け簀から逃げ出したサケの割合はわずか

（５）　不飽和脂肪酸の分類の一つ。動脈硬化や高脂血症などの予防や改善、さらには脳の発達によいと言われ、実証のための研究が続けられている。

（６）（Veterinærinstituttet）獣医学および食品安全に関する研究を行う公的研究機関。本部をオスロに置く。

〇・三パーセントと低いものだが、ノルウェー全体で毎年三億から四億匹のサケが生産されていることを考えれば、毎年一〇〇万匹のサケが逃げ出していることになる。そして、逃げ出すサケの多くがこれらの病気をもっている。

サケが逃げ出すことによって生じる別の問題は、野生サケが養殖サケと交わることによって遺伝子が影響を受けることだ。実際のところ、養殖サケはかぎられた数のサケから卵を採取して育てられるため遺伝的な多様性が小さく、それらが交われば近親交配になる恐れもある。また、養殖サケは餌を豊富に与えられ急激に成長させられるため、頭のわりに体はずんぐりむっくりと肥っている。その結果、野生サケに比べると自然界における生存率が低い。さらに、社交的な能力を欠いているという問題もある。野生サケの産卵場所で一群の養殖サケが発見されたが、彼らはまるで獰猛なフーリガンのように振る舞い、野生サケの産卵を邪魔していたという。

どのくらいの野生サケが養殖サケとの合いの子であるのかは現在のところ分かっていないが、この研究はノルウェーの海洋研究所で盛んに進められている。しかし、河川に生息する野生サケと、サケジラミから逃れようと私の目の前で必死で飛び跳ねている肥えた養殖サケとの間の遺伝的な違いは、まもなくかなり小さくなるだろうと見られている。

私たちは餌やりを管理するボートを点検し、生け簀のなかで疲れを知ることなく泳ぎ回っているサケを水中カメラで見学した。そして、その直後、私はこのオクスフィヨルドで最大の体験をすることになった。陸に戻るためにモーターボートを進めていると、私の視界の端っこのほうに、突然、大きな魚の背中のようなものが

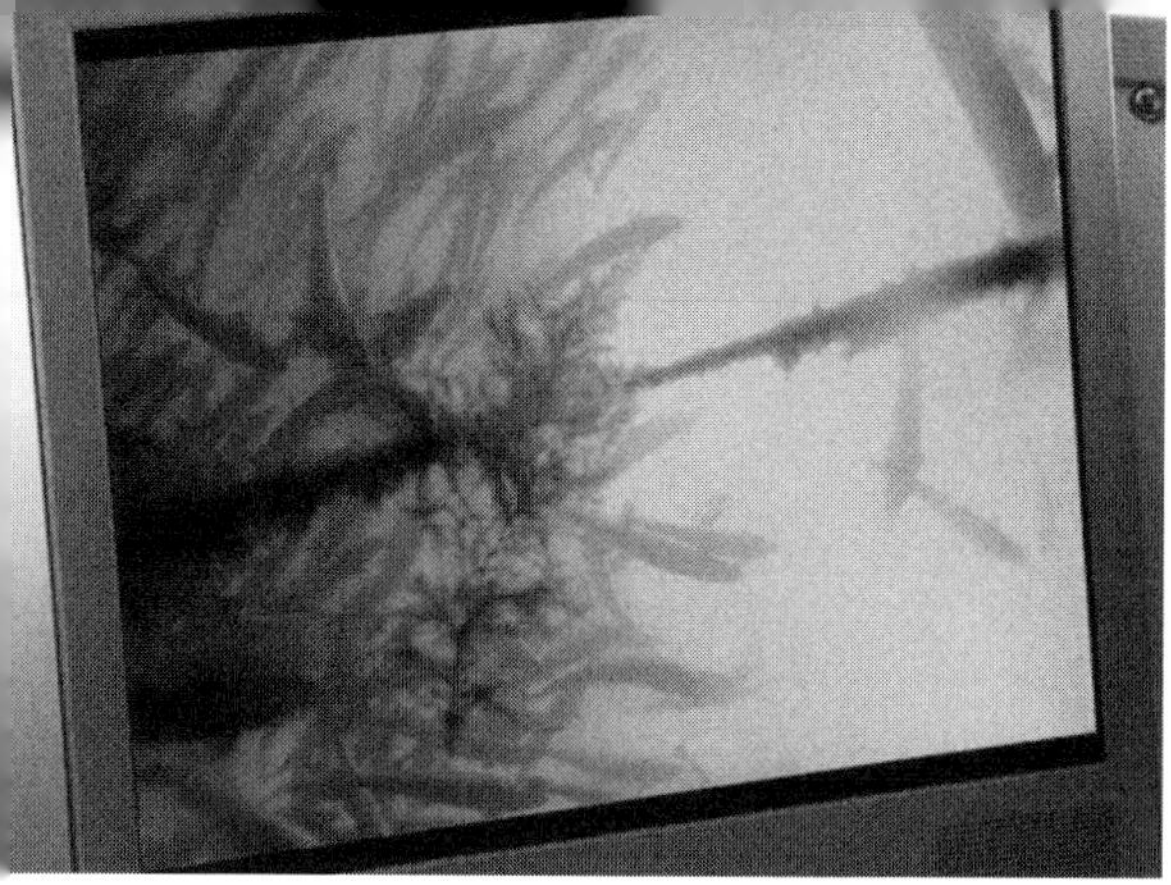

ノルウェーのオクスフィヨルドで、養殖場の従業員が水中カメラを使ってサケを観察している。生簀のなかには最大でも1㎡当たり25キロのサケが飼育されている。ノルウェー全体で見ると毎年50万トンのサケが出荷されている。サケが密集する生簀のなかは、サケジラミなどの寄生虫がもっとも好む環境であり、野生のサケにも伝染する可能性がある。（原書より）

見え、フィヨルドを満たしている銀色の水面を突き破ったのだ。そして、もう一匹！　黒くて丸い背中と小さなヒレが二つ並んで、海面に再び浮かび上がってきてはまた潜っている。スウェーデン語で「トゥンムラレ（tumlare）」、ノルウェー語で「ニーセル（niser）」と呼ばれる黒いネズミイルカだ。このイルカは、国際自然保護連合（ＩＵＣＮ）のレッドリストでは危機に瀕した種に長い間分類されてきた。バルト海ではほぼ絶滅してしまい、スウェーデンの西海岸でも急激に数が減っている。

この小さな哺乳類は、有史以前からスカンジナヴィアの冷たい海で脂ののったニシンを豊富に食べて生きてきたが、一九七〇年代に入ってから姿を消しはじめた。おそらく、一九六〇年代から一九七〇年代にかけてのニシンの乱獲や環境ホルモンが原因ではないかと考えられる。今日ではニシンの数も回復し、ネズミイルカも保護されるようになったものの、トロール網や流し網、刺し網にイルカが引っかかってしまうという問題がまだ残っている。今でも毎年多くのイルカが網に引っかかり溺死しており、その多くは生後三年未満の子どもである。イルカが繁殖できるようになるのは生後三、四年経ってからであり、またメスは子どもを隔年に一匹しか産まないので、若いイルカの死は絶滅の危機に瀕しているこの種の将来にとっては非常に大きな損失なのだ。「この二匹は、おそらく母親とその子どもだろう」と、私を案内してくれているノルウェー人が説明してくれた。ニシンの群れを追いかけながら、フィヨルドの入り江のなかに泳いできたのだろうと言う。

私たちのボートは陸に向かって進んでいくが、私は静かになった銀色の水面をしばらく見つめていた。ネズミイルカが二度と水面に姿を見せることはなかった。さっき目にした小さな丸い背中は、私がネズミイルカを見た最初で最後の機会だったのかもしれない。そして、これまで何度も感じてきたことだが、野生動物を一目見ることで人間はこんなにも幸せな気分になれるのかと実感した。

私はノルウェー西海岸を結ぶ定期フェリーである「フッティーグ・ルッテン（Hurtigruten）」(7)に乗り、人口一三〇〇人の漁村ハーヴォイスンド（Havøysund）へと向かった。ノールカップの一つ手前の停泊港だ。この漁村は空をカモメが埋め尽くしており、海は群青色、漁船は鮮やかな赤色や白色をしている。世界中でタラがもっとも多く生息しているバレンツ海はまさにこの沖合いなのに、漁船の大きさは想像していたよりもずっと小さい。

「ハーヴォイスンド漁業組合（Havøysunds fiskelag）」の代表をしているイェハード・オールセン（Gerhard Olsen）は、人気のない船着場に停泊する自分の漁船に私を招待してくれた。操縦席には二人分ほどの空間があり、暖かくて乗り心地がよい。とはいえ、これからこの静かな港を離れ、ノールカップの方角に向かって広大な海に出ていくことを考えたら、この漁船はあまりにも小さすぎるように思う。

しかし、船には最先端の機器が備え付けられている。イェハードは、モニターの一つにここ数年の漁でトロール網を沈めて曳いた場所の記録を映し出してくれた。モニターには、バレンツ海を示す水色を背景にして赤い線が映し出されている。一部の場所では、絡んだ糸のように赤線が入り乱れてい

（7） ノルウェー南西部のベルゲン（Bergen）からロシア国境に近いキルケネース（Kirkenes）を結ぶ定期フェリー航路。

る。「今どきの漁師たちは、近代技術の恩恵を大いに受けているんだよ」と、彼は語った。漁に出るたびに、漁を行った場所の座標が記録される。その記録を頼りに、前年にタラがたくさんいた浅瀬にまったく同じ時刻に漁船を進めて漁をするのだ。

イェハードはノルウェーの伝統的な毛糸セーターを着ている。私にインスタント・コーヒーを差し出してくれた彼の目は青く、あごひげが生え、とても気さくで陽気な人だ。しかし、この付近の漁業の話になると気掛かりなことがいくつかあると言った。

「石油タンカーだ。ここは、一〇万トン級の巨大タンカーが通過する。タラの産卵場所で事故が一度でも起きてみろ、タラにとっては大打撃だ」と言う。

それから、違法操業も問題だと言う。とくに、ロシアの漁船がひどいらしい。ノルウェーの沿岸警備隊は、宝の宝庫ともいえる毎年数十億ノルウェー・クローナ［数百億円］の水揚げ高を誇るこの広大なバレンツ海を監視しようとしているが、それは不可能に近い任務といえる。それに、違法操業しているのはロシアの漁船だけではない。ポルトガルやスペインの漁船もこの海にやって来て違法操業を行っている。大型漁船にはＶＭＳ発信機(8)を取り付けることが数年前から義務づけられたため、現在は行政機関が衛星を通じて漁船の居場所を把握できるようになって状況は少しは改善したという。

「最初は、うちの漁業組合の漁師たちもＶＭＳ発信機の取り付けには反対していたんだけど、今ではいい制度だとみんな思っているよ。大きな経済的利益がかかっているんだ。巻き網漁船は、一回網を沈めるだけで数百トンの魚を獲ってしまうからね」

船着場から少し離れた所に、ハーヴォイスンド漁業組合の事務所がある。イェハードはここでもコ

（８）（The Vessel Monitoring System）衛星を利用した漁船監視システム。

ーヒーを差し出し、ノルウェー海洋研究所が発行した報告書などを見せてくれる。事務所の壁には白黒の古い写真が飾られている。縁がうしろに長い漁師向けの防水帽をかぶった男たちや、巨大なタラが写っている。

そして、イェハードはこの村全体が漁業によって支えられていることを説明してくれた。漁師の妻たちはさまざまな活動をする独自のグループを組織しているし、村の真ん中にあるトーボー・フィスク（Tobø fisk）という魚の加工工場では、女性や若者を中心として八〇人ほどが働いている。ブロック状の切り身や魚のフライに加工されて冷凍された白身魚が、毎年、四〇〇〇トンもこの工場からアメリカやヨーロッパに輸出されている。村全体がまさに漁業によって成り立っているのだ。

これだけタラが豊富に残された海は世界でもここが最後だと言われている。「この海のタラをあまり獲りすぎてはいけない」と語るイェハードの言葉には、真剣な思いが込められている。「誰のためにもならないし、一番困るのは俺たち漁師だ」と、彼は言った。

しかし、残念ながら、バレンツ海のタラも危ない状況にあることを示す証拠がすでに現れはじめている。漁船の漁獲能力が向上し、漁が今まで以上に盛んに行われているのにもかかわらず漁獲量は減少しているのだ。この事実だけでも大変恐ろしいのに、さらに衝撃的な事実がある。漁獲されるタラの年齢分布を見てみると、若いタラばかりが多い。これは、タラが乱獲されていることを示している。この事務所の壁にかけられた白黒写真に写っているような大型のタラどころか、中型のタラすらほとんどいなくなった。タラはまだ海にたくさん生息してはいるものの、若い魚ばかりなのだ。そして、乱獲に対してタラが生物学的に適応しようと、以前より早く繁殖適齢期を迎えていることを示す現象すら現れている。

この恐ろしい現象を私が初めて耳にしたのは、スウェーデンの調査船アンキュルス号に同乗した際に、乗組員がカナダ沖のグランド・バンクスで一九九〇年代初めに起きたタラの個体群の崩壊について説明してくれたときだった。実は、このバレンツ海のタラも早熟の傾向を見せるようになったのだ。以前は、生後九年経ったころに最初の繁殖を行っていたタラが、今では生後六年ですでに繁殖適齢期を迎えている。先に触れたように、早熟の原因はますます効率的になる漁業のおかげで熟齢の大きなタラがどんどん獲られてしまい、生殖活動が若いタラに任せられるようになったためだと考えられる。生殖活動とは次の世代に自分たちの遺伝子を残すことだが、その役目をまだ小さくて成長の速度も遅い若いタラたちが担わざるを得なくなったのだ。

バレンツ海のタラは、かつては二〇歳にもなり、体長も体幅も人間と同じくらいになることもあったが、今では効率的な漁法のおかげで、漁獲が許されている最低基準である四七センチを大きく上回ることがほとんどなくなってしまった。遺伝学の専門家は、このような漁業をペットの悪徳なブリーダー業者にたとえている。まだ若いのに子どもを産ませて、子を産んだ親は売り払ってしまい、その子にも若くして子どもを産ませて金儲けをするということだ。しかし、漁業では逆効果となって収益にはつながらない。同じ一トン獲るために、小さなタラならより多くの個体を殺さなければならない。そして、これが理由でタラがさらに乱獲の危険にさらされるという悪循環が起きている。

しかし、生息するタラがどんどん小さく幼いものになることだけが問題なのではない。個体数自体も減少しているのだ。若いメスが産む卵の数は、熟齢のメスよりもずっと少ない。産卵期を初めて迎えたタラは一度にだいたい四〇万個の卵を産むことしかできないが、歳を取ったタラであれば最大一五〇〇万個も産むことができる。このようなことを考慮すれば、タラの漁獲量が近年減っているのは、個体数の自然な増減だけが原因ではないということになる。

イェハードによると、ここハーヴォイスンドでは、現在、約一〇〇人の漁師が漁を行っているという。夏の間だけ漁に出る個人の漁師もいれば、数人でグループをつくって巻き網漁をする漁師たちもいる。バレンツ海のタラはノルウェー語で「スクレイ（skrei）」と呼ばれるが、この漁には栄光に輝く長い歴史がある。ポルトガルやスペイン、ブラジルで「バカラオ（bacalao）」と呼ばれ、イタリアでは「ストッカフィッソ（stoccafisso）」と呼ばれるタラの干物は、ノルウェーの漁師たちが何世紀にもわたって提供してきた。実際のところ、ノルウェーは今でも水産物輸出では世界第三位であり、その輸出額は毎年三〇〇億ノルウェー・クローナ［四〇〇〇億円］に上っている。

しかし、輸出の統計を注意深く見てみると、水産物の輸出額全体に占める養殖魚の割合が近年ますます上昇していることが分かる。ノルウェーでは数年前からタラの養殖に大々的に取り組む動きがあるが、野生のタラが減少している現状を考えればそれほど驚くことではないかもしれない。私がこのハーヴォイスンドにやって来たのも、タラの養殖の噂を聞きつけたからなのだ。

私はイェハードに別れを告げ、この漁港から数キロ離れた所にある小さなフィヨルドに向かった。このミュールフィヨルデン（Myrfjorden）周辺は、高緯度のせいか木もなければ小さな繁みすらない。以前は靴屋を営んでいたアルドー・ヨハンセン（Aldor Johansen）は、この冷たく深い入り江に置かれた五つの丸い生け簀を管理している。私はここに来るまでにサケの養殖場を数え切れないほど見てきたが、このタラの生《い》け簀《す》は、遠くから見ただけでもサケのものとは大きく違うことに気づいた。サケの生け簀では魚が盛んに飛び跳ねていたのに、タラの生け簀は水面が穏やかなのだ。しかも、アルドーのボートに乗って近づいてみると、別の違いにも気づいた。

サケは、止まることのない脱水機のように高速で常に泳ぎ回っていた。それに対して、本来は海底に近い所に生息する肉食魚であるタラは、本能に突き動かされて動き回ることはあまりない。サケよりも落ち着いており、知恵をひねりながら冷静に行動をしているようだ。ノルウェー海洋研究所によると、養殖タラの約一割が生け簀から逃げ出すという。タラは頭を働かせながら、諦めることなく常に逃げ道を見つけ出そうとしている、とアルドーは語った。

「でも、この養殖場ではタラの脱走は大きな問題じゃない。逆に、野生の魚がときどき網のなかに入ってくることがある。たとえば、小型のタラやシロイトダラ（セイス）が生け簀のなかの餌を求めて網の目から入って来るんだ。でも、出ようと思っても、大きく成長してしまって網から逃げられなくなってしまうんだ」

現在はタラでも養殖の実験が行われている。しかし、サケの養殖よりも非常に難しいようだ。タラどうしの共食いや生簀からの脱走、そして次々と見つかる新しい病気といった問題のために、タラの養殖の将来性は明らかではない。（原書より）

水揚げを間近に控えたタラの生け簀の水面では、一群のタラがゆっくりと礼儀正しく並んで泳ぎながら水面の近くをパトロールしている。なかには、仲間とは逆の方向に泳いでいるタラもいれば、生け簀を横切って泳いだあとに潜っていくタラもいる。泳ぎをやめた多くのタラが私たちのほうを見上げている。水面に頭を出し、こちらをじっくりと見つめているタラが二匹以上はいる。サケと違って小さな餌の粒でおびき寄せることもできるが、飛び跳ねているタラは一匹もいない。一方で、腹を上のほうに向けながら斜めに泳いでいるタラが二、三匹いる。

「養殖タラの死亡率は一二パーセントから一五パーセントだ」と、ア

漁村ハーヴォイスンドの近くにあるミュールフィヨルドという入り江に並ぶタラの生簀。この入り江の外にはバーレンツ海が広がるが、ここに生息する野生のタラの個体群は世界でも最大である。（原書より）

ルドーは語った。なぜ、これほどまでに死亡率が高いのかは明らかになっていないという。

タラの養殖自体が非常に最近はじまったものだからだ。ただし、タラを襲う寄生虫は一五〇種類以上あることがすでに分かっている。そのほかにも、カビの侵食、ウイルス、バクテリアも危害を加える。ノルウェー海洋研究所の報告書が集められたファイルを開けると、赤く変色したエラや皮の上に現れた白い斑点、やけどのように赤や白の水膨れができる皮膚の障害などといった病気の写真を見ることができる。タラの養殖はまだ規模が小さいのにもかかわらず、二〇〇五年に獣医が養殖魚のために処方したペニシリン（抗生物質）の半分は養殖タラに使われたようだ。

アルドーは小さな餌の粒を投げ入れてタラをおびき寄せ、網で捕まえてボートの上に引き揚げた。このタラは大きくてどっしりしている。しかし、腹が赤く染まっており、丸い傷跡がある。何らかの病気をもっていることが分かる。しかし、アルドーは別の問題を語ってくれた。

「似たような大きさのタラを生け簀に入れるようにしている。そうしないと共食いがはじまってしまう。私たちも過去の失敗から学んで対策を講じるようになったので、この問題も減ってきてはいるんだけど……」

彼は、タラを生《い》け簀《す》に投げ入れた。彼は海を眺めながら、「この養殖も今のところそれほど収益が上がっていない」と正直に語ってくれた。海に出れば、きれいで、病気のない新鮮なタラが手に入る。養殖には投資が必要だし、さまざまな認可を申請しなければならないし、問題も山積みなのだ。人工孵化させたタラの稚魚のかなりの量が成長過程で背骨に奇形が見られるため、この問題を回避するために研究がつづけられている。

また、タラの養殖の大きな問題は、稚魚の段階で生きた餌が必要であることらしい。サケは孵化してから腹につけた黄色い袋に入った卵黄を使い切った直後からペレット状の魚粉を餌とすることができるが、タラの場合はそうはいかないという。

それから、さらに別の問題として、タラが生け簀のなかで過度に早く繁殖適齢期に達することを防ぐことが挙げられる。生け簀のなかで交尾をすれば、卵子や精子が自然界に無制限に放出されることになる。そのうえ、タラが力尽きて体重が減ってしまい、価値がなくなってしまう。この問題を防ぐために、冬の間魚を電灯で照らすらしい。

「そう、タラを養殖するのはあれこれと手間がかかるんだよ」と、彼は説明した。

しかし、サケの養殖が大成功したことや、タラが世界的に枯渇していることを考えれば、タラの養殖は大きな潜在的な可能性を秘めているとも考えられる。ノルウェーでは、別の魚でもすでに養殖実験がはじまっている。タラの次は、たとえばモンツキダラ（ハドック）やホテイウオによる養殖実験が待ち構えている。

一方、タラほど養殖に危険が伴う魚はいないようだ。もし、この小さなミュールフィヨルデンの養殖場で事故が起こり、養殖タラが逃げ出して深刻な病気がバレンツ海に生息する野生タラの個体群に伝染することになれば……。そうなれば、数十億クローナが水の泡だし、生物学的な損失もその額は計り知れない。しかも、病気の伝染は、タラが生け簀から逃げ出さなくても十分に起こりうることを私は自分の目で確認した。生け簀の周りには野生タラが集まってきているのだ。生け簀から溢れた餌のおこぼれをもらいに来ているのか、もしく

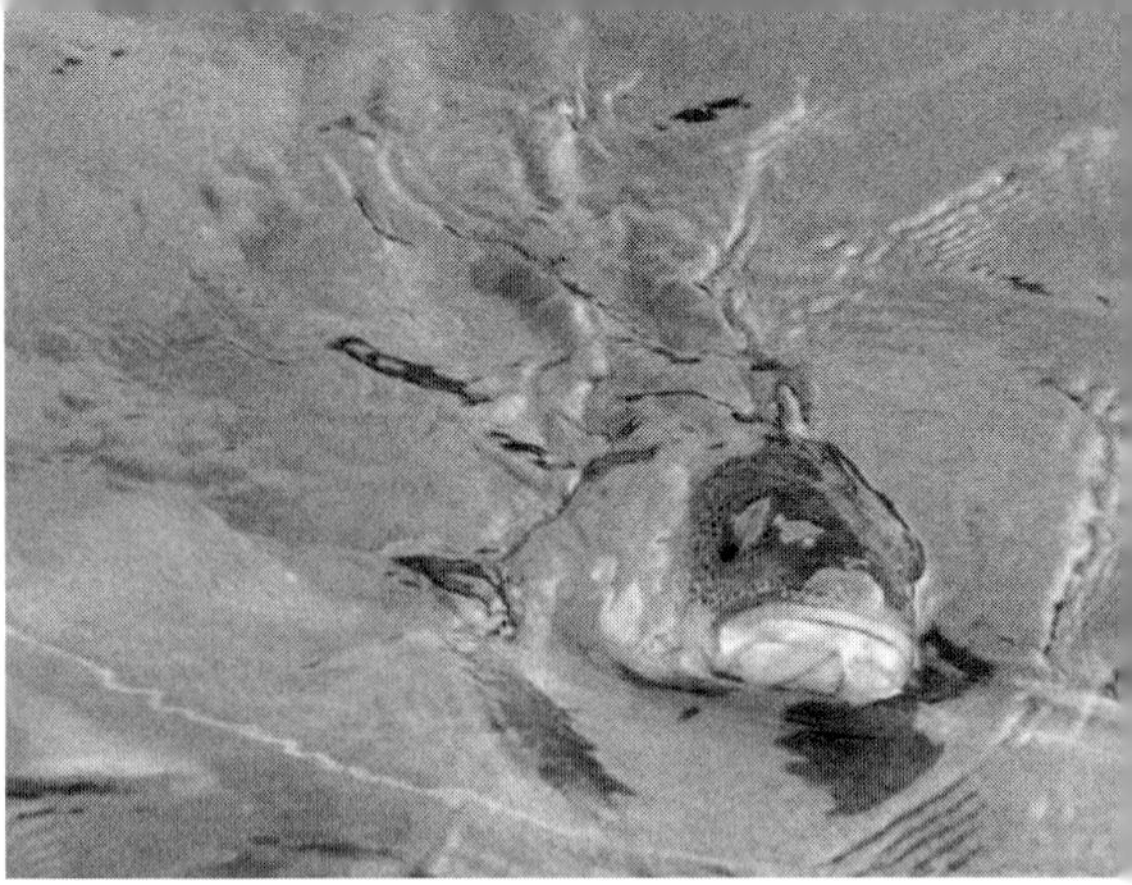

好奇心の旺盛なタラは、人が近づくと水面まで上がってくる。生け簀の外にはたくさんの野生の魚がえさを求めて集まっており、養殖のタラからの病気の伝染が心配される。タラに死をもたらすフランシセッラ種という新しい病気はノルウェーの養殖場で初めて発見されたものだが、スウェーデン西海岸に生息する野生のタラにも伝染しているのが見つかっている。（原書より）

はただ単に生け簀に閉じ込められている仲間に興味をもっているだけなのだろうか。

タラの養殖にはさらに恐ろしい問題があることが二〇〇六年の冬に明らかになった。株式市場に上場された初めてのタラ養殖会社「コッドファーマーズ（Codfarmers）[9]」は、死をもたらす新たな病気が養殖場で発見されたために、生け簀に飼われていたタラの推定価値額を一気に一〇〇万クローナ［一三三〇万円］も引き下げることになった。この病気はフランシセッラ種（Francisella sp.）というバクテリアによるもので、写真で見るとこの病気がいかに恐ろしいものかがよく分かる。感染したタラは、体の表面がまるで水疱瘡《みずぼうそう》のようになっており、発疹は口から喉にまで達している。しかも、内臓はバクテリアの侵蝕がさらにひどい。白くて大きな斑点が、肝臓や脾臓、腎臓、それに心臓にまで広がっている。内臓全体がまるで粗挽きソーセージのように見える。

ノルウェー南西部のベルゲンにある獣医学研究所が、感染した養殖タラからこのバクテリアのサンプルを採取したのは二〇〇五年のことだった。このバクテリアは、これまで魚でも温血動物でも感染が見つかっていない新しい種だった。一方で、この近種であるフランシセッラ・

（9） 2002年に創業、2006年より株式市場に上場される。従業員数は約70人。本社はオスロだが養殖場は北極圏内の沿岸部にある。

トゥラレンシス（Francisella tularensis）というバクテリアは、野兎病《やとびょう》を引き起こすことで知られている。野兎病とは、陸上の小動物やネズミなどの仲間にときたま大流行する感染症である。(10)

この新種の病気が枯渇の懸念される野生タラの群れに伝染することになれば、それは悪夢となる。私は、たまたまスウェーデンの国立獣医学試験場(11)が発行している機関紙〈スヴァーヴェット（SVA-vet）〉（二〇〇六年第四号）のなかで、ノルウェーのタラ養殖場で見つかったのと同じフランシセッラ種のバクテリアがスウェーデン近海の野生タラから採取されて特定されたという記事を読んで非常に驚いた。見つかったのは、スウェーデン西海岸のボーフースレーン地方北部であり、ノルウェー沿岸からそんなに遠くない所だった。スウェーデンの漁師が見たこともない奇妙な皮膚病や内臓の病気をもつタラを見つけて、それを水産庁に通報したのだ。水産庁はこれを受け、二〇〇四年秋に試験漁を数回行い、感染の疑いのあるタラを獣医学試験場に送った。ほとんどの試験漁では病気をもつタラは一匹も見つからなかったが、ノルウェー国境に近いスカゲラーク海峡で袋網を使って何回か試験漁を行ったところ、捕えたタラの何と二割に皮膚の病気が確認されたという。

このニュースは、二〇〇七年の春にスウェーデン全土に流れた。獣医学試験場の水産部長であるアンデシュ・ヘルストローム（Anders Hellström）は、この病気がバルト海の野生のタラにまで伝染する恐れがあると真剣に警告している。それがすでに起こっているのかは、二〇〇七年の時点においても誰も分からないのだ。というのも、この病気の調査を継続するための予

(10)　この病気に感染した野生動物と接触することで人間にも感染し、発熱・頭痛・吐き気などの症状を引き起こし、放置すれば死に至ることもある。人間同士の感染はない。
(11)　(Statens veterinärmedicinska anstalt) 農林水産省に所属する研究機関。陸上動物・海洋生物の伝染病の調査を行っている。所在地はウプサラ（Uppsala）。

算が二〇〇五年も二〇〇六年もまったく計上されなかったからだ。

アンデシュ・ヘルストロームはこのことに憤慨している。彼はさらに、魚の個体数を把握するための試験漁を定期的に行っている水産庁に働きかけて、試験漁で捕えた魚を使ってこの病気の調査ができないかと働きかけたのだが協力は得られなかったという。環境保護庁も、この病気の調査のために予算を計上しようとはしなかった。実際のところ、この病気が野生タラにどのくらい感染しているのかを調査するための予算はスウェーデンにはまったくない、と彼は語っている。

すでに説明したように、この病気は二〇〇四年にノルウェー国境に近いスカーゲラーク海峡で野生のタラに感染しているのが見つかって深刻な問題となっているのだが、私が二〇〇七年の時点で水産庁のホームページ上でこの病名「フランシセッラ」を検索しても、一つも情報が見つからなかった。

今日では、養殖魚が世界中の水産物生産量の三分の一を占めるようになっている。さて、養殖魚の生産をこれ以上増やすことは可能なのだろうか。野生の魚の数が世界中で減少しているなかで、魚の養殖は有効な解決策となりうるのだろうか。この疑問に答えるのは簡単なことではない。最大の問題は、もちろん、肉食魚を養殖するためにはその餌を自然界の魚に頼る必要があるうえ、一キロの養殖魚を生産するのにそれ以上の量の魚が餌として必要になることだ。

これに対して、植物を食べて育つ魚の養殖には大きな期待がもたれている。パーチに似たティラピアがその一つの例だ。この魚は、底生魚であるレッドスナッパーによく似ているため、アメリカではすでに人気を博しつつある。養殖されたコイも、アジアや、私たちに近い所ではポーランドなどで珍味として食されている。しかし、西ヨーロッパやアメリカでも需要を高めようと思えば、おそらく私たちの好みの転換が必要となるだろう。

養殖場からの病気の伝染や魚の逃亡といった問題は、養殖が行われはじめてから三〇年経った今でも解決する方法が見つかっていないし、ノルウェーのように裕福で何もかもが行き届いた国ですら頭を抱えている。これらの問題への解決にもっと力を入れなければ、魚の養殖は野生の魚を救うどころか、むしろ野生の魚にとって最大の脅威となってしまうかもしれない。そしていつの日か、海がもはや野生動物の棲む所ではなくなり、代わりにタラやサケをブロイラーのように丸々と肥らせて育てるだけの養殖の場と化してしまうかもしれない。これまでに何も意識ももたなかった私たち市民や消費者は、あるとき突然、こんな現実に直面する日が来るかもしれない。

腹に小さな赤い傷をもつタラが生け簀《いす》のなかに戻された。私たちはボートで陸に戻り、車に乗ってミュールフィヨルデンを後にした。養殖場を営んでいるアルドーは、それでも今の仕事に満足しているという。このハーヴォイスンドの村は、一九四五年にドイツ軍によって村全体が灰にされたものの、その後、港や学校、教会、そしてホテルもすべて再建された。この村の生き残りを支えてきたのが漁業だった。今後、野生の魚が数少なくなっていけば、代わりに魚の養殖が食料を安定的に供給してくれると期待されている。

「なるようにしかならないさ。俺は、靴屋を二八年もつづけて疲れてしまった。こっちのほうがずっと楽しいんだ」と、最後にアルドーは語った。

第10章　解決への糸口

二〇〇五年秋、オブザヴァトーリエ博物館でウナギに関するシンポジウムが開かれた。私も参加したこのシンポジウムでは、欧州委員会がウナギ保護計画を発表したもののさまざまな問題が指摘された。人間が自然界にまったく関与しなかった場合に存在したであろうウナギの四〇パーセントを保護するという少々哲学的な目標は、その後、何度も再検討されることになった。

それでも、二〇〇七年六月初めに開かれたEU加盟国の農林水産大臣による閣僚理事会の会合では、四〇パーセントのウナギが産卵のためにサルガッソ海に戻れるようにするという方針が結局は決定された。一方、ウナギ漁を毎月一日から一五日の間のみ許可するという案は、水産業界、政治家、専門家、そしてもちろん欧州議会の漁業委員会によってことごとく却下されていた。二〇〇六年五月一五日の漁業委員会の会合では、スペイン選出のカルメン・フラガ・エステヴェス（Carmen Fraga Estévez）議員が水産業界を声を代弁する形で、ウナギ漁が月の動きと密接にかかわっていることを無視した欧州委員会の提案は「ばかばかしい以外の何物でもない」と言い捨てた。

このような反対があったため、欧州委員会の提案した計画の実施は一年遅れることとなった。つまり、EU

全体のウナギ保護計画は、二〇〇八年に入ってからやっと実施されることになったのだ。しかし、スウェーデンの水産庁はこれを待つことなく、今すぐにも絶滅が懸念されるウナギを保護するために独自の対策を取ることを決めた。二〇〇六年一二月に出された記者発表を見ると、この対策が本当に革新的なものだということが分かる。

「水産庁の理事会は、今日、スウェーデン近海におけるウナギ漁を二〇〇七年五月一日以降、ウナギを獲るすべての人に対して全面的に禁止することを決定した」

しかし、見かけ上は妥協の余地を与えない断固としたこの禁漁令に束の間喜んだ人も、その次に書かれた文を読んで同じくらい落胆したことであろう。というのも、「ウナギを獲るすべての人」には以下のような例外規定が設けられていたのだ。

「ウナギ漁に経済的に強く依存している、沿岸や湖沼の漁師は例外とする」

ウナギ漁の禁止令における例外対象となったのは、禁止令が発令される以前に毎年四〇〇キロ以上のウナギを獲っていたすべての漁師であった。つまり、結局のところ、一般の人々や釣り愛好家にしか適用されないのだ。そんな禁漁令をそもそも準備し、発表する水産庁の気は知れたものでない。

この決定の前には、公聴制度を通じて県行政や漁師全国連合会、一般の人々からさまざまな意見が提出されたが、私はこれらの意見を集めた分厚い資料に目を通しながらそんな感想を抱いた。意見を寄せた人々や団体、行政機関は、ウナギの数が九九パーセントも減少しているという事実をまったく無視していたようだ。一五ページにわたるこの意見集には、漁獲可能最低基準、キロ数、補償金、例外措置、漁の道具の大きさ、ＥＵの比例原則といったお決まりの専門用語が散りばめられている。結局のところ、この意見集のなかで意味があるのは最後の一文だけのようだ。
「意見を寄せた機関や団体、人々の一部からは、ウナギの置かれた現状が危機的だと判断されるならば全面的な禁漁以外に取る手段はない、との意見も寄せられた」

ウナギに関する研究は少しずつはじまったばかりだ。ある研究プロジェクトが二〇〇六年秋に開始されたが、これはずっと以前にはじめられるべきものであった。データ収集のための機器をウナギに取りつけて海に放ち、水深や水温を一分ごとに計測するというものだ。一六匹の銀ウナギに機器を取り付け、スウェーデン南東部カルマル（Kalmar）沖合いの浅瀬に放したところ、八匹がそれから二四日以内に再び捕獲された。集められたデータを分析したところ、研究者たちはこの不思議な魚についてますます困惑し、同時に魅了させられることになった。

分析の結果、ウナギが一日を通してどのように行動するのかが詳しく分かった。ウナギは夜行性であり、日中は海底でじっとしているものの、日没の直前になると海面近くまで浮上し、夜を通して海のなかを活発に泳いでいる。そして、日の出の直前になると再び海底に沈んでじっとしている。しかし、ウナギのなかにはちょっと違う行動をとるものもいる。たとえば、あるウナギは海の深い所を日中でも活発に泳いでいた。別のウナギは、夜中じゅう海底でじっとしていた。

しかし、この調査によって明らかになった新たな発見とは、実はウナギがときたま素早く潜行することであった。あるときは海底まで、あるときは海水温が急に変化する境界（水温躍層、または「サーモクライン」と呼ばれる）である一五メートルから二〇メートルの深さまで潜っている。このような急速潜行を一時間に一回か二回行うのだが、その理由は明らかではない。一つの説は、急速に潜ることによってウナギは海の深い所の水の流れを把握し、バルト海から大西洋に出るための道を見つけようとしている、というものだ。

ウナギがなぜ海面近くを泳ぐのかという点についても、たしかなことは分かっていない。一つの説は、ウナギには一部の渡り鳥と同じように、方角を見分ける力やもしかしたら地球の磁場を感じとる目をもっているのではないかというものだ。鳥には、基本的に磁場の方向が「見える」ということが明らかになっている。しかし、この能力もまったくの暗闇では働かない。磁場の感知器官が機能するためには、星の明かりのようなわずかな光が必要なのだ。ウナギに詳しい水産庁の研究員ホーカン・ヴェステベリ（Håkan Westerberg）は、漁師全国連合会の機関紙〈イュルケス・フィスカレン〉の記事のなかで、ウナギには鳥と同じような磁場感知能力があるのではないかという説を展開している。

しかし、はっきりしたことは分かっていない。バルト海に放流されたウナギが、バルト海から大西洋に抜ける道を本当に見つけられるのかどうかも分かっていない。この実験でデータ収集の機器を取り付けられて放流され、その後、捕獲されたウナギのすべてがブレーキンゲ地方の沿岸やスコーネ地方の東海岸で捕獲されている。いずれもスウェーデンの南東部だ。南海岸や西海岸では一匹も見つかっていない。このことからも、人工的に放流されたウナギがサルガッソー海に戻れるのかどうかは謎のままなのだ。

ウナギの生殖能力が低下したのは環境ホルモンであるＰＣＢ(1)のためではないかという説もあ

（1）　ポリ塩化ビフェニルという化学物質。熱に対して安定的であり、電気絶縁性もあることなどから、電気機器の絶縁材や可塑剤としてかつては用いられた。しかし、毒性が高く、ガンやホルモン障害を引き起こすことが明らかになったため、現在では生産や使用が禁止。

るが、これまで長い間にわたってこれは調査されていない。メキシコ湾流の勢いが弱くなったために、ヨーロッパまで漂流してくるウナギの仔魚であるレプトセファルスが以前より減ったのではないかという疑問についても調査は行われていない。「ウナギ・ヘルペス」という病気がデンマークやオランダのウナギ養殖場から伝染し、野生のウナギに広がった可能性もある。

スウェーデンの獣医学試験場は、漁獲された野生のウナギのなかにこの病気に感染したウナギを見つけた。絶滅の危機に瀕しているウナギにとっては、さらなる打撃となることはまちがいない。また、ヨーロッパ全体では数千に及ぶウナギが水力発電ダムのタービンに巻き込まれて死んでいるが、ここでも対策が必要とされる。

しかし、何よりも明らかであり、専門家や漁師や行政担当者のすべてが認めているのは、ウナギが確実に絶滅への道を歩んでいるということだ。そして、この残されたウナギの命を確実に脅かしている最大の脅威とは、私たち人間が今でも「捕獲し」、「殺し」、「食べている」ということだ。水力発電ダムでの対策ももちろん必要ではあるが、発電タービンをうまく切り抜けて生き残ったウナギが、何の規制もないウナギ漁によって川の河口で漁獲されてしまうのであれば、そんな対策も実際のところまったく役に立たないことになる。

今日の水産行政においてさかんに聞かれて称賛されているキーワードは、協力と対話だ。対話はブリュッセルにある欧州議会の漁業委員会の議場で行われているし、スウェーデン議会やヨーテボリに本部が置かれたスウェーデンの水産庁でも行われている。対話は、さらに環境団体と漁師との間でももたれているし、研究者と漁師の間でも、さらにはEUに新たに設けられた地域諮問委員会（RAC）(2)でも非常に組織的に行われている。

この地域諮問委員会は、三分の二が水産業界の代表によって、そして残りの三分の一が研究者や環境団体の代表によって構成されているが、数年前からEUの漁業政策に公式に影響力をもつことになった。ちなみに、北海とバルト海の地域諮問委員会の委員長を務めるのは、以前にスウェーデン漁師全国連合会（SFR）の代表としてスウェーデンの水産行政を牛耳っていたヒューゴ・アンデショーン（Hugo Andersson）とレイネ・J・ヨハンソン（Reine J Johansson）である。

しかし、世界中の魚が直面している危機的な現状を前にして、対話が果たして本当にとるべき道なのだろうか。それに、公共の利益を明らかに損なっている人々と「対話」をもつことで何が得られるのかという疑問もある。私はこれまで、現状に落胆した研究者に何人もインタビューしてきたが、そのなかの一人であるヘンリク・スヴェードエング（Henrik Svedäng）はやるせなさを次のように表現している。

「私たち研究者が一方の側にいて、漁師がもう一方の側にいて、それぞれが自分たちの利益を守るために争っていると一般的には考えられているようだが、それはまったくまちがいだ。漁師たちには守るべき経済的利権があるが、私たち研究者にはそんなものはない。『魚が枯渇している』と叫ぶことが、私自身の経済的利益につながるわけではない。そんなことをしなくたって、私は給料をちゃんともらえるんだから。漁師と研究者の主張をぶつけて妥協点を見いだそうなんて考え方は、この問題の捉え方を根本的にまちがえている。私たち研究者は、事実を知りながらそれをねじ曲げて妥協するようなことはしない。研究者と漁師との間の喧嘩は、仲介者を立てれば解決するようなものではない。問題はむしろ、研究者の側があまり喧嘩をしてこなかったことだろう」

漁業の問題は、長い間、メディアの伝えるニュースのなかで優先順位が非常に低かった。そのため、

（２）（Regional advisory council）

政治家の関心を引いて、彼らに抜本的な対策を打ち出させるのが非常に難しかったし、惨状をよく知っている人々が変革を起こそうとしてもほとんど報われることはなかった。

水産行政に携わる政策担当者は、水産業界の人質と化してしまったとも思える。行政管理の対象となる水産業が存在することによって、自分たちの職業が存立しているためだ。彼らは、まるで呪文のように「対話」という言葉にこだわり、漁師たちが考え方を自ら改めてくれることを望むようになってしまった。

しかし、私たちが投げかけるべき本当の問題は、変革を起こすためにはまず意識の改革からという考え方が本当に正しいのかどうかということだ。実際は、逆なのではないだろうか。つまり、変革が意識の改革をもたらすのではないのだろうか。

このことを明確に物語る二つの例がスウェーデンにある。スウェーデンでは、レストランやパブが禁煙となった。また、首都ストックホルムでは都心部で車の乗り入れ税が導入された。これらの制度の導入に先駆けては、あたかも「この世の終わりだ」といった口調で激しい反対の声が一部の人々から寄せられた。しかし、実際に導入されてみると、世論は数日もしないうちにまるで魔法にかかったかのようにガラリと変わってしまった。愛煙家でさえ、レストランできれいな空気が吸えるのは素晴らしいことだと考えるようになったのだ。ドライブ好きの人でさえも、市内で渋滞に巻き込まれることがなくなり、路上では鳥のさえずりが再び聞かれるようになったというよい変化を嫌々ながらも認めざるを得ない状況となっている。さまざまな点が改善されたと感じる人がたくさんいる一方で、いまだに反対している人の数は驚くほど少ない。

世界中の政治家や水産行政の担当者が現実を直視して、漁業の抜本的な改革を実際に行うならば、これらの例と同じようにうまくいくことはまちがいない。本当にやる気になればできることはたくさんあるのだ。うまくいった前例もたくさんあり、そこから学ぶこともできる。

まず、第一に必要なことは、漁業政策そもそもの視点を変えることだ。つまり、水産業をほかの産業活動と同じように扱うのではなく、天然資源をいかに管理するかという資源管理の問題なのだ捉える必要がある。そのうえで、世界の水産資源は水産業という産業の所有物ではなく、私たち市民のものだと認識しなければならない。では、私たちは何をすべきなのか。そして、魚が豊富に生息する健全な海を取り戻すと同時に、漁業の収益を上げていくためには長期的に何が必要なのかを以下で見ていくことにしよう。

カナダ人の海洋生物学専門家ダニエル・ポーリー(3)の書いた本『完全な海――北大西洋の漁業と生態系の現状』(4)には、北大西洋の海面や海中がかつてはどのような姿をしていたのかが数ページにわたって書かれている。「ピルグリム・ファーザーズ」と呼ばれるイギリスの清教徒(ピューリタン)たちが、一六二〇年、メイフラワー号で新天地アメリカのケープコッド(Cape Cod)に渡ったとき、彼らが陸地に向かって船を進めているとクジラの群れに取り囲まれたという。また、チェサピーク湾(Chesapeake Bay)に移り住んだ別の入植者たちは、クジラだけでなく、大きなウミガメや小さな船やカヌーをひっくり返してしまうくらい大きな、体長六メートルほどのチョウザメの群れについて記録している。

海底はロブスターや牡蠣《かき》、ムール貝で満ちあふれ、海はニシンやイカナゴで沸き立っていた。サケやシーバスは豊富に生息しており、岸辺から少し離れた所では、体長は二メー

---

(3) (Daniel Pauly, 1946～)男性。フランス人の海洋生物学専門家。現在は、ブリティッシュ・コロンビア大学の漁業センター(Fisheries Centre)教授。漁業に対する公的助成金の廃止や海洋自然保護区の拡大を訴えている。

(4) Daniel Pauly, "In a perfect ocean - the state of fisheries and ecosystems in the North Atlantic Ocean", Island press, 2003

トルを超える巨大なタラが誰にも邪魔されることなくイカ、ウミウシ、小魚などを食べていたという。海面にときたま現れる影は、海面近くを高速で泳ぐ巨大なクロマグロや、独特の音を響かせながら泳ぐクジラであった。

私たち一人ひとりの人生は短いものだ。だから、今生きている私たちは、現代の産業的な漁業がどれだけ大きな変化を海にもたらしたかをなかなか判断できない。ダニエル・ポーリーは、このことを念頭に置く重要性を私たちに教えている。

ポーリーは、これを「基準点の推移（shifting baselines）」(5)と呼んでいる。今日、漁を行っている漁師たちは、現在の海が昔の海と比べてどう変化したのかを考えてみようにも、せいぜい一九六〇年代の記憶と照らし合わせることしかできない。それ以上昔にさかのぼろうとしても記憶がないのだ。しかし、ケープコッドの入植者たちが、その地を「ケープコッド（タラの岬）」と名付けてしまうくらいたくさんいたタラやクジラやウミガメが今ではほとんどいなくなってしまったというニュースを聞いたら、いったいどんな反応をするだろうか。そして、チェサピーク湾の入植者たちは、海底を埋め尽くし、湾全体の海水をきれいにしていたムール貝の何と九九パーセントが姿を消してしまい、湾が富栄養化のためにヘドロであふれているという現状を知ったらどんな反応を示すだろうか。

私たちはみんな、アル・ゴア(6)のドキュメンタリー映画『不都合な真実（An Inconvenient Truth）』に登場するカエルなのだ。カエルは、次第に温められていく鍋の水のなかから飛び出そうとはしない。徐々に熱くなっていく水に次第に慣れていくのだ。

（5）　私たち人間は現在と過去とを比較しようとするとき、より最近の時点を基準にする傾向があること。

（6）　アル・ゴア（Al Gore, 1948〜）クリントン政権の下で1993年から2001年までアメリカ副大統領。温暖化問題を扱った2006年のドキュメンタリー映画『不都合な真実』は世界的に大きな反響を呼び、2007年にはアカデミー賞を受賞。また同年、国連の気候変動パネル（IPCC）とともにノーベル平和賞を受賞。

スウェーデンの漁師でも、高齢の人であれば昔の海がいかに多くの命を育んでいたかを覚えているかもしれない。オーレスンド海峡でも、一九六〇年代の初めにはイルカやサメ、さらにはクロマグロまでもがたくさん生息していた。釣り愛好家でも、多くの人が以前は両手を広げても足らないくらい大きな獲物が獲れたことがあったと記憶しているはずだ。おそらくそれは、魚の大きさ自体がかつては大きかったからだろう。

しかし、比較の対象となる基準点が少しずつ推移したため、私たちの多くは、漁獲量が減っているのは自然に起こるサイクルによるものであり、あるときはこの魚がたくさん獲れて別の魚が獲れなくなり、時間が経てば別の魚がよく獲れるようになるものなんだと思い込むようになってしまった。

残念なことに、一般の人々には海面下で起きている変化を自分の目で確認することができない。生命であふれていた海は、今ではその海底がトロール網に付けられた重い開口板によって一年に何度も掻き乱されている。タラやポロック（タラ科）、ウナギ、クロジマナガダラ、モンツキダラ（ハドック）、ターボット（イシビラメ）、オヒョウ（カレイ科）、メガネカスベ（ガンギエイ科）、ヤツメウナギ（ウミヤツメ）、ウバザメ、ガンギレイ、メジロザメ、ネズミザメ、トラザメ、オンデンザメ、ヨロイダラ、アブラツノザメが次々と姿を消しはじめ、最後には動植物データバンク(7)のレッドリストに絶滅の恐れがある種として分類されるにまでに至った現状は、たまたま海を通りがかった人が簡単に観察できるものではない。多くの人々が海に関してごくかぎられた知識しかもっていないために、バルト海やカッテガット海峡、スカーゲラーク海峡の海面下が一〇〇年前はどれだけ生命に満ちあふれたものであったかをわずかでも想像することができないのだ。

（7） 第2章の訳注(27)を参照。

私は現在の海底を映した写真を目にしたことがあるが、その写真では、海底がトロール網の開口板によってきれいに均《なら》されて植物の生えない不毛地帯と化していた。生命に満ちあふれていたころの海を一つの基準点としながら、この写真に映された、この世の終末とでもいうべき光景を比較してみるとよい。こんな海底には、どんな生き物も棲むことはできない。小さな魚が身を隠すための海草すらないのだ。

一九世紀、私たち人間は水産資源が尽きることのないものだと考えていたが、何ら罰を受けることなくその資源を獲得するにも限度がある。その限界を、私たちはまちがいなくすでに通り越してしまった。私たちは何か行動を起こさなければならない。でも、何をすればいいのだろう？

海洋自然保護区を設けよう！

海の一部の生態系を部分的に回復させ、本来の姿に少しでも近づけるための即効力のある方法が実はある。海洋自然保護区を設定し、そこでは漁業を禁じるというやり方だ。世界中の海洋生物学専門家がこの方法を主張している。そして、世界の海の三割から四割を海洋自然保護区に指定して漁を禁じるべきだ、と口々に要求している。

今日、漁業が禁じられている海域は世界の海の〇・一パーセントにも満たない。自然の一部を国立公園や自然保護区として保全するアイデアは、一〇〇年以上も前に生まれたものである。陸上では当然のこととして考えられているこのアイデアは、残念ながら海に対しては適用されてこなかった。海洋生物学専門家たちは、海中の生態環境を漁業から保護する必要性を認識してきたものの、これまでは水産業界によって常に反発にあってきた。ちなみに、スウェーデンには二〇〇六年夏になるまで漁業が禁止された海域は一つも存在しなかった。スウェーデンで初めて指定された海洋国立公園はコステル海（Kosterhavet）[8]だが、ここですら漁師による漁業活動は禁止されていない。

もちろん、漁業だけが魚の数の減少をもたらしているわけではない。環境ホルモン、富栄養化、そして地球温暖化などの影響による可能性を排除するのは不可能だ。いや、少し考えてみよう。果たして、本当に不可能なのだろうか。海の生物を脅かしているのが漁業なのか、それともほかの要因なのかをより確実に判断できるよい方法がある。ある海域を試しに海洋自然保護区に指定し、そこでは漁業を禁止し、その後の変化をほかの海域と比べてみればよいのだ。

世界中では、わずかではあるが、漁業を禁止した海域が設定されている。これらの海域を周辺の海域と比べてみると、驚くほど大きな違いがあることが明らかになっている。有名な例は、アメリカ・フロリダ州のケープ・カナヴェラル（Cape Canaveral）沖だ。ＮＡＳＡのケネディ宇宙センターに隣接するこの海域では、スペースシャトル打ち上げ計画に伴う安全上の理由や警備上の理由から、漁船を含む船舶の航行が一切禁じられている。その結果として、この海域ではほかの海域にないほど大きく成長した魚を釣りの愛好者が釣り上げている。レッドフィッシュの大きさの世界記録上位二〇のうち、実に一八がＮＡＳＡの立ち入り禁止海域のすぐ近くで捕獲されている。

一九八六年に起きたスペースシャトル・チャレンジャー号の事故のため、アメリカの宇宙計画はしばらく休止された。このとき、アメリカの海洋生物学専門家は、一九六二年以来、漁業が完全に禁止され

（８）　第３章の地図に示されたコステル群島周辺の海域。

ていたケネディ宇宙センター沖合いの約三〇平方キロメートルの立ち入り禁止海域を初めて調査することが可能となった。マイアミ海洋漁業局（Miami National Fisheries Service）に勤務する海洋生物学専門家ジェームス・ボーンサック（James Bohnsack）は、二〇〇二年七月二二日付の〈ロサンゼルス・タイムズ（Los Angeles Times）〉で次のように述べている。

「非常にたくさんの魚が集まっていた。こんな光景を目にしたのは初めてだ」

立ち入り禁止海域の外側と比べると、魚介類や水生生物の生息密度が一二倍も高かったという。しかも、以前に見たことないほど大きく成長したレッドフィッシュやニベ、ホソアカメ、ブラウントラウトといった魚が確認された。

「それほど奇妙なことではない。これらの魚は、一夜にして大きく成長したわけではない。レッドフィッシュは三五年は生きるし、ニベは七〇年生きることだってある」と、ボーンサックは語っている。

歳を取り、大きく育った魚のほうが大きな卵を数多く産むことはよく知られている。さまざまな理由から海洋自然保護区に指定されて漁業禁止となったほかの海域も、ある種の「繁殖場所」となっている。ここでは稚魚が非常に数多く生まれ、それが周辺の海域にも広がっている。

アメリカの研究者であるロッド・フジタ[9]は、このような海域を「未来のための保険」と呼んでいる。たとえば、海洋生物学専門家が漁獲枠や「持続可能な漁業のための漁獲可能量」の計算を誤り、たとえ魚の個体群が崩壊してしまったとしても、このような海洋自然保護区が確保してあれば生態系の一部は手つかずで残ることになり、将来のために保全できるからだ。

フジタはさらに、海洋自然保護区を「銀行に預けた安全なお金」にたとえている。賢い人間であれば、すべてのお金をただ一つの株につぎ込んだりはしないだろう。それなのに、世界中の水産行政担当者や政治家はそれと同じようなことをしている、とフジタは指摘している。そして、世界中で今日行われている漁業を一つの多国籍企業にたとえて、「社長が企業の資産の九〇パーセントを大博打につぎ込んで無駄にしてしまい、たったの〇・一パーセントの資産しか安全な債券に投資しないのと同じことだ。そんな社長は、とっくの昔に辞めさせられている」と述べている。

実は、スウェーデンでは海洋自然保護区を六か所に設けようとすでに準備が進められている（二〇〇六年秋に誕生した新しい中道右派政権が、前政権によるこの決定を果たして実行するのかという不安は残る）。いずれにしろ、予定通りにいけば、バルト海の三か所と、オーレスンド海峡やスカーゲラーク海峡の三か所が二〇一〇年までに海洋自然保護区に指定される予定だ[10]。そして、早くも二〇〇六年、最初の海域としてゴットランド島のゴッツカ・サンドオーン島（Gotska Sandön）の周辺の三五平方キロメートルが指定された。

スウェーデンの水産庁はこの決定に先駆けて、世界のほかの国々ですでに指定されている八九か所の海洋自然保護区の調査を行っているが、その結果は目を見張るものであった。漁獲が禁止されてからわずか二、三年の間に、とてつもなく大きな変化が起きているのだ。平均的に見れば、海洋自然保護区ではその外側の同様の海域と比べると魚介類の生息密度が二倍になり、生物量は三倍になり、それぞれの魚も大きく育って植物相や動物相の多様性も拡大していた。

（9）（Rod Fujita）男性。アメリカ人の海洋生物学専門家。水産資源の保全と水産業の発展を両立させながら、持続可能な漁業を実現するための研究に携わってきた。アメリカのフロリダ沖やカリフォルニア沖での海洋自然保護区の実現に貢献した。現在は、「エンヴァイラメンタル・ディフェンス基金（Environmental Defense Fund）」という研究財団の研究員。

さらに素晴らしい例が存在する。ニュージーランドのゴート島海洋自然保護区（Goat Island Marine Reserve）は科学的調査を目的として一九七七年に指定されたが、ここではマダイの一種がその外側よりも八倍も大きくなり、魚の数も比較可能なほかの海域と比べて一四倍も増えた。しかも、この海洋自然保護区のおかげで予期しなかった副次的な効果が得られた。学校の子どもたちや家族、アウトドアの愛好家がこの保護区に駆けつけて、ダイビングをしたりシュノーケルをつけて海中観察をするようになったのだ。

この海洋自然保護区は、このように生き物にあふれる海の素晴らしさを一般の人々に伝える絶好の広告塔となった。魚がまばらに泳ぐ海でしか海中観察をしたことがなかった若者や、最悪の場合には、切り身にされて冷凍食品コーナーで売られている魚しか見たことがない子どもたちに、比較のための新たな基準点を提供してくれたのだ。

一方で、長い間乱獲がつづけられたために、漁業の禁止をせっかく行っても以前のような海にまったく回復しなかった例も存在する。もっとも有名な例は、カナダのグランドバンクス（Grand Banks）やアメリカのジョージスバンク（Georges Bank）である。これらの海域では、ムール貝やモンツキダラ（ハドック）、カレイ類などが増えたものの、以前はあれだけたくさんいたタラは回復しなかった。つまり、生態系が元通りになる保証はどこにもないということだ。

かつて勢力を振るっていた種に代わって別の種が繁栄するようになり、新しいバランスが自然界で保たれるようになったのかもしれない。もちろん、この変化は漁業の視点から

(10)　水産庁は2008年３月に報告書を発表し、この中で海洋自然保護区の指定によって保護することが望まれる地域的個体群を提案している。ここにはカッテガット海峡の南東沿岸部に生息するタラやバルト海北部の沿岸部で繁殖を行うニシン、ボーフースレーン地方やヨーテボリ地方の沿岸部に生息するタラ、ロブスター、ヒラメ類などの底生魚が含まれている。水産庁は、これらの個体群の保護のために実際にどの海域を保護区とするかを2008年から2009年にかけて協議していくと発表している。

見ればば必ずしも悲観的なニュースであるとはかぎらない。カナダの漁師たちは、以前タラを獲っていたときと同じくらいの収益を貝類の漁で上げている。しかし、生態系という視点から見た場合には大きな悲劇だ。カナダの海洋生物学専門家ダニエル・ポーリーは、「食物連鎖の下方に向かって魚介類を獲っている」と表現している。

海に生息する最大の哺乳類であるクジラをほとんど獲り尽したあと、今では次に大きな海洋生物であるマグロやメカジキ、サメ、タラ、サケを獲っている。それらを獲りつくすと今度はエビや貝、小魚とつづき、私たちの食卓に最後に残るのは……。ポーリーの表現を借りるならば、「クラゲのサンドイッチとプランクトンのスープ」だけになる。ちなみに、一部のクラゲ漁はオーストラリアやアメリカですでに行われており、日本へ輸出されている。

「一〇年前、私は冗談で言ったつもりだったが、今では現実になってしまった」

ポーリーは、スウェーデンの日刊紙〈ダーゲンス・ニューヘーテル〉(二〇〇六年一一月二二日付)のインタビューにこう答えている。

では、スウェーデンで海洋自然保護区を設けたとしてもよい効果が期待できるのだろうか。たとえば、漁業を禁止した海域で本当にタラが回復するかどうかを予測するのは難しいが、いくつかの調査によるとその可能性は高いと見られている。スウェーデンの近海で海洋自然保護区を設定しようとすると反対の声が上がるが、そのなかでよくある意見は、魚は広範囲にわたって回遊するのだから一か所だけを保護区にしても意味がないというものだ。しかし、水産庁の研究員ヘンリク・スヴェードエングの調査によると、カッテガット海峡[11]やハーヴステーンス・フィヨルデン(Havstensfjorden)、グルマッシュ・フィヨルデン(Gullmarsfjorden)などには、一定の沿岸部のみを生活の場にするタラの個体群が生息することが明らかになった。これらのタラは、禁漁によって回復する可能性があると考えられる。

　また、タラに極小の発信機を取り付けて回遊の経路を追ったところ、タラは以前考えられていたほど広範囲を泳ぐわけではなく、ある特定の好みの場所に集まることも明らかになった。ということは、その場所を海洋自然保護区として指定すればよいことになる。また、別の調査では、ヨーテボリ群島の沖合いにあるヴィンガ島（Vinga）の周辺に設置された人工魚礁では、二〇〇三年から二〇〇五年にかけて漁業が禁止された結果、ロブスターの数は比較可能な別の海域と比べて一五倍に増えただけでなく、驚いたことに、タラの数も三倍多く、しかもかなり大きく成長したタラであったことが明らかになった。

　だからこそ、スウェーデンでこれから指定される六つの海洋自然保護区はある意味で「預金口座」として機能するのではないか、と大きく期待されている。私たちの次の世代に魚をちゃんと残していけるし、この保護区で生まれたたくさんの稚魚が保護区の周辺海域へ広がっていくという形での「利息」も期待できるのだ。

　とはいえ、スウェーデンで考えられている海洋自然保護区に関して懸念がないわけでもない。最初の海洋自然保護区としてはゴットランド島に近いゴッツカ・サンドオーン島周辺の三五平方キロメートルの海域が選ばれたが、選び方が非常に消極的だったのだ。そのほかの候補としては、リッラ・ミッデルグルンド（Lilla Middelgrund）やフラーデン（Fladen）、アスクオー島（Askö）／ハッツオー島（Hartsö）[12]、グルマッシュ・フィヨルデンなど一五か所の漁場が挙がり、それぞれで調査が行われたものの、水産庁はゴッツカ・サンドオーン島周辺の海域を最終的に選んだ。しかし、水産庁はその理由とし

(11)　第3章の地図を参照。

て、この海域では何年も前から漁が行われていないからという非常に奇妙な説明を行っている。「ゴッツカ・サンドオーン島周辺が選ばれた主な理由は、ここ十数年にわたって事実上漁業が行われてこなかったことだ。そのため、海洋自然保護区を設けて漁業を禁止することでどれだけの効果が現れるかを、効果的な形で早くも二〇一〇年までに示すことができる唯一の海域だ」と、水産庁は説明している。

どこかで聞いたことのある言葉じゃないかって？　ウナギを獲ることをすべての人に禁止するが、ウナギ漁を行っている人は例外とする。漁業を禁止した海洋自然保護区を設定するが、そこではとっくの昔から漁が行われていない。

水産庁が行った独自の調査によると、この海域には以前はタラが非常に豊富に生息していたが、一九八六年から一九八八年にかけて枯渇してしまったという。同じころ、大規模なターボット（イシビラメ）漁がはじめられたが、この魚も一九九五年に姿を消してしまった。この海域に今でも生息する魚といえば、ニシンとスプラット（ニシン科の小魚）くらいしかない。

本来は生態系の一部を成しているはずの魚が一五年から二〇年ほど前にほとんど姿を消してしまい、その後はまったく漁が行われていないのにもかかわらずこれらの魚は回復していない。そんな海域において、水産庁は禁漁の効果を「もっとも意味のある形で」観察しようというのだ。少なくとも、私には大きな謎だ。

しかし、この決定に自ら関与した水産庁の研究員ヘンリク・スヴェードエングは、ゴッツカ・サンドオーン島が選ばれた唯一の理由は、漁業がこの海域にもはや経済的利益をもっていなかったからだ

(12)　ここに挙げられた漁場のうち、アスクオー島／ハッツオー島はストックホルム南方の沿岸海域であり、それ以外はスウェーデン西海岸に位置する（第３章の地図参照）。

と包み隠さず明言した。彼自身は、この海域が選ばれたのはある種の「ジョーク」だと思っているという。

底曳きトロール漁を禁止しよう!

初期の底曳きトロール漁は、一九世紀にまず帆船で使用されはじめ、次第に外輪汽船によって行われるようになった。底曳きトロール漁は、三角状に広がる網を海底に沈めて船で曳く漁法だ。それ以前にタラ漁に用いられていた延縄《はえなわ》や擬似（ルアー）、刺し網を使った漁法は、蒸気機関の登場とそれにつづく産業革命が理由で突然時代遅れのものとなってしまった。

「オッタートロール（otter trawling）」と呼ばれるトロール網は、一八九二年にスコットランドで初めてつくられた。それまでのトロール網は網の入り口がつっかえ棒によって広げられていたが、これは平らな海底でしか使えなかった。それに対して、この新しいトロール網には金属でできた滑車や球形の車輪が取り付けられたため、デコボコの海底でも簡単に前に進めるようになった。しかも、海底で網の入り口を水平に開くための「開口板」と呼ばれる二つの重い扉が取り付けられた。

このオッタートロールは、トロール網のモデルとして今でも引き継がれている。現在では、より滑らかで強い素材でつくられた近代的なトロール網が使われている。漁船の馬力もますます強くなって漁の経費は増えつづけ、網の規模もさらに大きなものとなり、網を海底で引きずり回す時間もさらに長くなっている。一方、獲れる魚の数はますます少なくなっている。私たちは、こんなことをいつまでつづけられるのかを考え直すときに来ている。長期的な視点に立った場合、果たしてこの方法がもっとも効率的で、経済的にも収益が上がる方法なのだろうか。

すでに少し触れたが、世界中の人々がもっと注目すべき非常に興味深い例がある。スウェーデンとデンマークに挟まれたオーレスンド海峡の例だ。ここでは、海運交通の安全上の理由からトロール漁が一九三二年以降禁止されている。一方、デンマーク側とスウェーデン側の双方では漁業活動が盛んに行われている。ただし、刺し網を使った漁のみだ。

この小さな海域では、農業や産業からの排水、海運交通、そして二〇〇〇年に完了したオーレスンド大橋の建設など、海中生物の暮らしを妨げかねないさまざまな人間活動であふれている。それにもかかわらず、不思議なことにタラやモンツキダラ（ハドック）、ホワイティング、ババガレイは周辺の海域よりも豊富に生息している。そのうえ、このオーレスンド海峡には、ほかのスウェーデンの漁場と比べても大きく成長した魚がたくさんいる。統計を見ればこの違いは非常に明らかであり、議論の余地はほとんどないと言ってよい。

オーレスンド海峡で行われた試験漁によると、一九九〇年代全体を通して、体長五〇センチ以上の大きな魚は一時間当たり五〇〇匹近く獲れた。これに対して、カッテガット海峡では二〇匹にも満たなかった。また、これと同じくらい驚くべきことは漁獲された若いタラの数だ。体長二〇センチから五〇センチのタラが一時間に一五〇〇匹も網にかかったのに対して、カッテガット海峡では約五〇匹ほどだった。どうして、こんなことが起こりうるのか。ここまで読んでくださった読者のみなさんなら、研究者たちの説明はすでに聞き覚えのあるものだろう。

「大きく成長し、繁殖能力がもっとも強い個体が大切に守れているからだ」

トロール漁は、獲りたい魚だけを獲る選択的な漁法ではない。海底にあるものすべてを掻き獲ってしまうのだ。獲るはずのなかった魚、古いゴムタイヤ、小魚、そして運がよいときには巨大な魚までもがトロール網で引き揚げられてしまっている。これに対して、刺し網による漁はより選択的なものだ。魚の大きさに合わせた大きさの目の網を使うからだ。網の目よりも小さな魚は通り抜けることができるし、大きな魚は「はね返される」のだ。

それならば、どうしてこの成功例がもっと注目を浴びないのだろうか。それに、どうして漁師たちはこの例から学んで、試験的にでもよいから底曳きトロール漁を互いの合意のもとで自粛しようとしないのだろうか。

それはおそらく、言うは易しだが実際に実行するのは難しいからだろう。これまでの習慣が根強いし、合意に至るためには困難が伴い、共有地の悲劇という例もあるし、「もし、俺が獲らなければほかの奴が獲ってしまう」という危険性があるためだろう。しかも、漁船の燃料が非課税であるため、トロール漁が経済的に可能なことも大きな理由だ。

前にも触れたように、すべてのレストランで禁煙が実施されはじめたときには、愛煙家は激しく反発したものの、その後、効果が分かると愛煙家自らがこの決定を賞賛するようになった。これと同じように、底曳きトロール漁の全面的な禁止といった急進的な政策決定が行われたとしても、その結果として数年後には魚の数が回復しはじめれば漁師たちはおそらく受け入れるであろう。問題が改善されたならば、あらゆる立場の人々が喜び、その効果に驚いて感謝を示してくれるのではないだろうか。

改革の兆しは、実は私たちが考えているよりも早くやって来るかもしれない。私がこの本の最後の章を書き上げている今、太平洋南部の二〇か国以上の国々がサンゴ礁を保護するために底曳きトロール漁を全面的に禁止することで合意したというニュースが飛び込んできた。南極から赤道にかけてとオーストラリアから南アメリカにかけての、世界の海の四分の一に相当する海域において、二〇〇七年九月三〇日以降は底曳きトロール漁が禁止されることになったのだ。

魚の海上投棄を禁止しよう!

トロール漁がさかんに行われていることと、多くの混獲魚が海上で投棄されているという事実が密接に関連していることは誰もが想像のつくことだろう。しかし、多くの人にとっては、一人の漁師が通常どのくらいの混獲魚を網にかけているのかは想像できないだろう。実は、トロール網にかかって引き揚げられる魚の二割から八割の魚が海上で投棄され、まもなくカモメなどの海鳥の餌食となっている。投棄される理由は、その魚が商業的に価値のない魚であったり、水揚げが許可される最低基準以下の小さな魚であったり、その魚種の漁獲枠がいっぱいであり陸に揚げることができないなどといったものだ。

最近では、望まない魚がトロール網に入るのを防ぐ、いわゆる選別格子の取り付けが義務づけられている。その結果、海ザリガニを獲るためのトロール漁では、トロール網にタラが入りにくくなった。とはいえ、今でも本来ならもっと大きく成長したはずの若いタラがトロール網にかかって海上投棄されて死んでいる。この現状が果たして合理的だといえるのか、漁師自身がこれを疑問視している。

混獲魚を減らすために漁師たちが提案しているのは、漁獲枠ではなく漁に出る日数によって漁獲規制をするということだ。この方法だと、魚の重量によってではなく、海に出て漁を行う時間によって漁を規制することになる。たとえば、ある半日のうちに獲った魚のすべてを漁獲枠に関係なく陸揚げすることができるということだ。このやり方はいくつかの国で試されており、その結果はさまざまである。

アラスカでは、さかんなオヒョウ漁を漁の日数によって規制しようとしたが、結果は非常に恐ろしいものとなった。オヒョウ（カレイ科）の生息数が減少をつづけたため、行政機関はオヒョウ漁の許可日数を毎年のように減らしていき、一九九四年にはついに年に二日間だけとした。しかし、規制の強化にもかかわらず、漁師たちはオヒョウ漁の夢をあきらめることはなかった。むしろまったく逆効果となり、オヒョウ漁がまるである種のスポーツに転じてしまったのだ。

毎年、解禁日の二日間が近づくと、ありとあらゆる装備を完璧に施した数々の漁船が港で時報が鳴るのを今か今かと待ち構えた。そして、時報が鳴ってから四八時間のうちに、とにかくできるだけ多くの魚を獲ろうと必死に漁に励んだ。この「オヒョウ漁レース」がもたらした結果は悲惨だった。漁船同士が大きな衝突事故を起こしたり、海中に落とされた漁具が、誰もいないのその後何年にもわたって魚を獲りつづけることになった。

そのうえ、水揚げされたその年のオヒョウが水産加工業やレストランに一度に供給されるようになったため、歪んだ市場構造ができあがってしまった。魚の供給が一度に行われれば価格が下がる。そのため、漁師の収入もあまりよくない。しかも消費者は、その数日以外は冷凍保存されたオヒョウしか食べられなくなった。では、この制度のおかげでオヒョウの個体数が回復したのかというと、その傾向はまったく見られなかった。つまり、言い方を変えれば、勝者のいない競争となってしまったということだ。

この狂気の沙汰は、一九九五年に個人漁獲枠（ＩＱ）[13]という別の制度が導入されたことで終止符が打たれることとなった。オヒョウ漁の期間が二四五日に拡大され、オヒョウ漁船の二割が売却され、残った漁師たちも落ち着いて漁ができるようになった。オヒョウの個体数を守ることが、すべての漁師の利益につながるようになったのだ。自分に与えられた個人漁獲枠がたとえ漁獲枠全体の一パーセントであっても、オヒョウの個体数が多ければ多いほどその一パーセントも多くなるのだ。

スウェーデンのカッテガット海峡では、漁に出る日数によって漁獲規制を行う制度が二〇〇六年に試験的に導入された。そして、今後スウェーデンとデンマークが合意に至れば、二〇〇八年中には正式に導入される見込みだ。この新制度のよいところは、漁業によって実際にどれだけの魚が死んでいるかをより正確に把握できるという点である。漁師が魚を獲っても、その魚の漁獲枠がすでに満たされているからといって海上投棄することがなくなり、すべての魚が陸揚げされるからだ。

もう一つのよい点は、漁師が「何をしようが結局はまちがいになる」という良心の呵責に苛まれなくて済むことだ。良質なタラがせっかく獲れたのに、タラの漁獲枠がすでにいっぱいだからといって海に捨ててしまうことは漁師としても心が痛い。しかし、だからと言ってそれを陸に揚げてしまえば法律違反となってしまう。漁師たちは、このような良心の呵責にこれまで常に苛まれてきた。

カッテガット海峡で試験的に導入された操業日数による漁獲規制によって、あることが明らかになった。この制度のもとでは、漁獲枠による規制に比べて漁師たちがより多くの魚を獲る傾向にあるということだ。とくに、タラ漁でその傾向が強い。デンマークのフェロー諸島でも漁獲枠に代わって操業日数による規制が導入されたのだが、その結果は似たようなものであった。漁師は獲った魚の分だけ収入が増えるので、漁が許可された日にはできるだけたくさんの魚を獲ろうとするのだ。

---

(13) (Individual Quota : IQ) 漁を営む企業(自営の漁師も含む)ごとに漁獲枠を配分する制度。これに対し、配分された漁獲枠の売買を可能にした制度が譲渡可能な個人漁獲枠(ITQ)である。

このような教訓からフェロー諸島では漁の完全禁止海域を設けたり、ほかの国と同じように、漁法や漁具の規制をするという制度を併用するようになった。

とはいえ、フェロー諸島で導入された操業日数の規制はよい効果もたくさんもたらした。とくに、魚の海上投棄がほとんどなくなり、獲られた魚のすべてがきちんと利用されるようになったのだ。そして、この結果、すべての漁獲データや水揚げ量データが一致するようになった。この点は、産卵適齢期に達した魚が海中にどれだけ生息するかを海洋生物学専門家が推計するときに重要となる。

操業日数の規制によってタラ漁を制限する制度は、試してみる価値があるように思われる。しかし、この制度を今カッテガット海峡に導入しようという動きは非常に懸念すべきことだ。なぜなら、国際海洋探査委員会（ＩＣＥＳ）の専門家たちは、長年にわたってカッテガット海峡ではタラ漁を完全に禁止するように推奨してきたからだ。カッテガット海峡では、タラにかぎらずそのほかの多くの食用魚が乱獲にさらされてきたため、個体数を回復させるためには漁の全面的な禁止が必要だと専門家たちは訴えている。そのため、操業日数制限という制度をこの海峡に今導入して、スウェーデン版のタラ漁レースに発展させてしまうような事態は避けなければならない。

しかし、魚の海上投棄の問題は操業日数の規制を導入すればそれで解決するものかというと、実はそうではなく別の問題も絡んでくる。魚の乱獲が進むと、魚の年齢分布が偏って若い魚が多くなっていく。その結果、漁師は漁を行えども価値の低い小さな魚ばかりが網にかかるようになる。そうなると、漁師のなかには高く売れる大きな魚だけを陸に揚げて小さな魚は海に投棄する者も出てくる。この現象は「ハイ・グレーディング（high grading・格上げ）」と呼ばれるよく知られた現象だ。

魚の卸し市場でのセリ価格を見れば理解できないわけではない。二〇〇七年春の価格は、一等級（体重七キロ以上）のタラが一キロ当たり五〇クローナ［六〇〇円］だった。一方、一番小さい五等級（〇・三キロから一キロ）のタラは、一キロ当たりたったの一〇クローナ［一三一円］の値段しかつかなかった。

魚の個体群が乱獲にさらされているときにハイ・グレーディングまでが行われていれば、個体群の崩壊という結末に向けて着実に歩んでいると言える。カナダでも、ニューファンドランド島の沖合いでタラの個体群が崩壊する直前の数年間にこのハイ・グレーディングの問題が顕著になっていた。カナダ空軍のあるパイロットは、当時、空から目にした光景をダニエル・ポーリーの『完璧な海——北大西洋における漁業と生態系の現状』のなかで次のように表現している。

ある朝、四〇隻から五〇隻に及ぶスペインのトロール漁船が、対になりながらグリーンバンクで漁を行っているのを確認した。一部の漁船には、尻尾のようなものが付いているのが見えた。もう少し近づいて確認すると、それは死んだ魚だったのだ。数百万匹の魚であったにちがいない。それだけたくさんの魚が、ちょうどトロール網を引き揚げたばかりの漁船のうしろに連なっていたのだ。漁船の甲板では、漁師たちが獲った魚を仕分けしている最中であり、小さなモンツキダラやそのほかの不要な魚をまるで紙くずのように海に投げ捨てていたのだ。

隣国ノルウェーでは、ずいぶん前から魚の海上投棄を全面的に禁止している。獲った魚はすべて陸揚げしなければならない。その結果として、一般の人々は漁師たちに対してより強い信頼を寄せるようになったし、それと同時に、漁師たちも自分の仕事に対してより大きな誇りをもてるようになった。自分が「正しいこと」をやっていると、実感できるようになったからだ。また、行政機関は、陸に揚げられた魚のなかに幼魚が大量に含まれていないかを素早く確認できるようになった。そして、本来は海でそのまま成長するはずだった幼魚が大量に確認された海域では、一時的な禁漁を手際よく発することが可能になった。

スウェーデンでも、ノルウェーのやり方にならって海上投棄を禁止したり、一時的な禁漁を可能にする提案がなされれば漁師から反発の声が上がるのはまちがいない。しかし、それと同じくらいまちがいなく言えることは、そのような禁止が導入されれば、漁師たちの反発も仕事に対する喜びや誇りにすぐさま変わるということだ。それは、自分たちがやましいところのない素晴らしい漁業を行っていることを消費者に示せるようになるからだ。スウェーデン近海で日常茶飯事に行われている意味のない殺戮を止めるために必要なのは、大胆な政治的リーダーシップだ。それ以外考えられない。

考え方を転換しよう！

漁獲枠による水産資源管理という現行制度に代わる制度としては、操業日数の規制のほかにも、いわゆる「譲渡可能な個人漁獲枠（ＩＴＱ）」[14]という制度がある。オーストラリアやニュージーランド、それにアイスランドなどで導入されているこの制度は、漁師一人ひとりが漁獲枠を所有し、売買すること

(14)　(Individual Transferable Quota：ITQ)

水産資源の持続可能性に配慮して漁獲されたことを示す、マリン・ステュワードシップ・カウンシルの認証（箱の左下）（撮影：佐藤吉宗）

も認めるという制度である。この制度のよい点は、漁師が短期的な視点から魚を獲るだけ獲って収益を上げようとするのではなく、漁獲枠の所有者として長期的な視点に立って計画的に漁を行うようになるという点だ。

農地を管理する農家の人にたとえることができる。つまり、収穫の時期までに作物が豊かに実るように農地をきちんと管理しないといけないし、農地を将来売るときには、高い値段で売れるようにその価値を高める努力をしなければならない。これと同じような考え方で、漁師も水産資源を管理するようになるということだ。

オーストラリアやニュージーランドで導入されている制度では、これに加えて水産行政や水産資源に関する研究の費用を水産業界が自ら負担するという仕組みが取り入れられている。そのため、研究者が漁獲量の制限を推奨すれば、漁師たちはそれを不公平な要求と見なすのではなく、魚の個体数を高い水準に維持し、生態系の観点から持続可能な漁業を行うための合理的なアドバイスだと見なすようになる。世界中でも数少ない漁業エコロジー・マーク（マリン・ステュワードシップ・カウンシル[15]の認証）つきの魚の一つが、ニュージーランドの沖合いで獲れるホキであるのも偶然ではないだろう。

---

(15)（Marine Stewardship Council）1997年ロンドンで設立されたNPO。持続可能な漁業を奨励するために、水産資源の管理をきちんと行いながら漁を行う漁業者や、そのような配慮のもとで漁獲された水産物や加工品に環境認証ラベルをつける取り組みを行っている。認証は、国連食糧農業機関（FAO）が定めている「水産物エコラベルのガイドライン」に則って作成された基準をもとに第三者機関が行っている。2009年４月現在、2,400を超える製品がこの認証をもち、日本を含む49か国で販売されている。

ただし、譲渡可能な個人漁獲枠（ＩＴＱ）は水産資源をきちんと管理するためにはよい方法だということが明らかになったものの、地域経済の振興という観点からはあまりうまく機能しないようだ。とくに、アイスランドでは、一人ひとりの漁師に配分された個人漁獲枠が大きな企業に買い取られてしまい、最終的にはごくわずかの人々の手に集中するようになった現状に大きな懸念が寄せられている。他方で、この制度を推奨する人々はそのような傾向は避けられないという。ほかのすべての産業がその根底から変革することを余儀なくされる時代に、漁業だけがこれまでずっとやってきた方法で今後も活動をつづけたいなどとは言っておれないと彼らは主張している。農業がそのよい例だ。

個人漁獲枠が一部の人々に集中することによって、漁業の経費が削減される。漁師一人ひとりに与えられる個人漁獲枠は、毎日漁ができるほど大きなものではない。そのため、もし譲渡が認められていなければ、港にはたまにしか使われない何隻もの小型漁船が停泊することになり、漁師たちは漁で得られるわずかな収入で生計を立てていかなければならなくなる。漁獲枠の集中によって「規模の経済」が働くことで銀行のローンや利子、燃料代といった経費が節減されるならば、その経費を支払うために漁獲される魚の数も少なくて済むことになる。

しかも、「規模の経済」のおかげで漁業の監視は非常に容易となる。行政機関は、数百に及ぶ漁船を監視する必要がなくなり、数隻の大型漁船だけに情報提供を求めるだけで済む。この点は、納税者にとっても明らかな利点だといえそうだ。

スウェーデンでは、個人漁獲枠の導入に向けた最初の取り組みが、二〇〇七年にニシンやスプラットなどの漂泳性の魚を獲る漁船を対象に行われることになった。対象となるのは八〇隻の漁船であり、配分された漁獲枠は売買可能となる。水産庁としては、これらの漁船のうち約半数が漁獲枠を売り払って漁業から撤退することを期待している。漂泳性の魚を獲る漁船の数が現在は多すぎ、漁獲能力全体が過大であるからだ。

譲渡可能な個人漁獲枠（ＩＴＱ）の制度は多くの長所をもっている。おそらく一番大きな長所は、魚というものをある個人が所有する一つの資源として見るという、今までとはまったく別の考え方をさせてくれる点であろう。そして、この考え方の転換は、現在の水産業界に必要とされる全体的なシステム転換を引き起こしてくれるだろう。

漁師というのは、誰にも邪魔されない自由な海で自由に漁をするもの、という昔からの夢に固執することはもはやできない。技術は次々と進歩し、私たちの社会も大きく変わっていくなかでそんな夢を描けた時代もすでに遠い過去のこととなってしまった。今では、一人の個人漁師ですら過度に効率的な漁をすることが可能だ。海は「タダだ」といつまでも考えていては、海のほうがもはやもたなくなってしまう。

このような問題の解決策として、ＩＴＱがたとえ最善の策ではないにしても一つだけ確実に言えることがある。それは、現在の制度よりもさらに悪い制度なんてありえないということだ。現在の制度のおかげで魚の個体数は悲劇的なまでに減ってしまい、漁業の収益も大きく落ち込んでしまった。さらに、漁業のために私たち納税者が負担している費用も、数十億クローナ、そしてまた数十億クローナと際限なく膨らんでいる。

しかし、どんな制度を取り入れるにしても、本来魚は私たちみんなのものだということを忘れてはならない。魚という水産資源を利用しようとする人はそれ相応の支払いをし、その管理に責任を負わなければならない。今の時点で言えるＩＴＱの欠点は、水産資源の活用によって利益を得ている民間主体に対して国が漁獲枠をいとも簡単に配分してしまう傾向にあるということだ。

すでに触れたように、スウェーデンではこれからＩＴＱの試行が行われていく。しかし、赤字つづきで国に一クローナも納税してこなかったあの漁船トールオーン号（Tor-ön）とトールランド号（Torland）に、水産庁はかなり寛大な漁獲枠を配分している。これは疑問視すべきであろう。この二隻の漁船には、合計一万トン近くのニシンやスプラットの漁獲枠が与えられている（トールオーン号が五〇一三トン、トールランドが四八五一トン）。漁獲した魚の総額を控えめに見積もって一キロ当たり一・五〇クローナ［二〇円］とすれば、年間一五〇〇万クローナ［二億円］の売り上げということになる。

この二隻の漁船は、新制度のもとではより大きな収益を上げるようになるのだろうか。この二隻にこれだけ大きな漁獲枠の配分をすることが、私たちの社会にとっても海にとっても果たしていいことなのだろうか。重要なことは、ＩＴＱによる漁獲枠の配分がいい加減に行われるようなことがないようにし、そして配分のあり方を常に再検討することだ。海の資源が乱用されることになれば、漁師に代わって別の誰かが管理を行わなければならない。海はあなたのもの、そして私のもの、そして私たちみんなのものであるからだ。

漁船の監視を強化し、罰則を厳しくしよう！

多くの専門家の推計によると、バルト海で違法操業によって漁獲される魚は、合法的に水揚げされる魚の三五パーセントから四〇パーセントに相当する量だという。ポーランドの新聞に掲載された情報によると五〇パーセントにも達するというし、スウェーデンの漁師たちはもっと多いかもしれないと推測している。

違法操業は世界的な問題だ。この問題に対処するのがいかに難しいかは、ブルース・ネクト[16]の書いた非常に興味深いドキュメンタリーの本『銀むつクライシス――「カネを生む魚」の乱獲と壊れゆく海[17]』に悲劇的なまでに明確に描かれている。この本は、オーストラリアと南アフリカの沿岸警備隊が共同で密漁船を追跡した話を扱っている。一か月にわたる追跡劇の末に拿捕してみると、ウルグアイ籍の漁船「ヴィアルサ号（Viarsa）」には枯渇が危惧される深海魚マジェランアイナメ（銀むつ）が満載されており、その価値は数百万クローナ［数千万円］に及んだという。

オーストラリアの沿岸警備隊は、この魚がオーストラリアの領海で密漁されたという証拠を確保したあとにこの漁船をオーストラリアに曳航し、そこで長期に及ぶ裁判となった。ヴィアルサ号を所有していたスペイン人の富豪アントニオ・ヴィダル・ペゴ（Antonio Vidal Pego）は、オーストラリアでもっとも名の知れた敏腕弁護士に弁護を依頼し、裁判において陪審員ができるだけ躊躇するような展開に運ぼうとした。

オーストラリア沿岸警備隊がこの漁船を拿捕した際には、実はウルグアイ政府の漁船監視員が同乗していたのだが、彼は突然裁判への出廷を拒否した。そして、彼は漁船に乗っていた間ずっと船酔いに悩まされており、自分の乗っている漁船が今大西洋にいるのか、インド洋にいるのか、はたまた南極海にいるのかまったく検討がつかなかったと言い出したのだ。

この裁判は、違法操業を扱ったものとして世界中の注目を浴びた。疑いの発覚から、漁船の拿捕、逮捕、そしてさらには裁判にまで至った非常に稀な例だったからだ。しかし、長引くことになったこの裁判も、結局二〇〇五年九月に無罪判決が言い渡されて終了した。ヴィアルサ号の漁労長は直

（16）（Bruce Knecht）男性。アメリカ人のジャーナリスト、作家。経済紙〈ウォールストリート・ジャーナル〉の記者。

ちに新しい漁船を調達し、新たな漁に旅立っていった。若い漁船監視員の運命は定かではないが、たとえ彼が突如として大金を手に入れていたとしても別に不思議ではないだろう。

世界的に見ると違法操業は大問題だ。密漁者が多額の収入を得るのに対して、それに立ち向かう発展途上国の沿岸警備隊は、装備も貧弱であるうえに漁船監視員はわずかな収入しか得ていない。スウェーデンの近くでいえば、バルト海における大規模な違法操業が問題となっているが、この問題を解決する一つの方法は、バルト三国やロシア、ポーランドの沿岸警備隊職員の所得や労働環境を改善することで、彼らが密漁者と通じて違法操業を野放しにするのを少しでも減らすことだと、多くの専門家が述べている。

各国独自の取り組みだけでなく国境を越えた協力や国際的な圧力は、違法操業を減らすための「い・ろ・は」と言える。ＥＵは現時点で、違法操業の疑いのある漁船をブラックリストに掲載する国際制度に参加している。しかし、密漁船はこの制度を簡単に回避することができる。違法操業に対する取り締りがあまり厳しくない発展途上国で陸揚げをして、コンテナに入れて陸路でＥＵにもち込めばよいからだ。アジアの国に水揚げをして、そこで魚をさばき、包装したあとにＥＵにもち込むケースが一般的となっている。

欧州委員会が最近公表した調査報告書の推計によると、スウェーデン近海で違法操業によって漁獲された魚は、合法的な水揚げ高の少なくとも二一パーセントに相当するといわれている。この推計は、水産庁の水産資源管理部もまちがいないと認めている。この推計の主な根拠となっているのは、沿岸警備隊の抜き打ち検査を受けた漁船と受けなかった漁船の漁獲量の違いだ。平均的に見る

（17）（Bruce Knecht, “Hooked:Pirates, Poaching, and the Perfect Fish”, Rodale, 2006）邦訳『銀むつクライシス――「カネを生む魚」の乱獲と壊れゆく海』（杉浦茂樹訳、早川書房、2008年）

と、検査を受けたスウェーデンの漁船の漁獲量は、受けなかった漁船が自己申告する漁獲量よりも約二割多かったという。

しかし、違法行為のうち、沿岸警備隊が発見して証拠を示すことができたケースは少なく、罰則を受けたケースとなるとさらに少ない。EUは、密漁行為のうち罰則を受けた割合がヨーロッパのほかの国では八二パーセントなのに対し、スウェーデンでは一七パーセントと低いことを批判している。しかも、スウェーデンではその罰則が極端に軽い。一九九五年から二〇〇一年の間に課せられた罰金の平均額は、スウェーデンでは一万三五〇〇クローナ［一七万七〇〇〇円］であった。これに対してイギリスでは平均一〇万クローナ［一三一万円］、アイルランドでは一五万クローナ［一九七万円］近くとなっている。

さらに、スウェーデンでは裁判にかけられるまでに時効となるケースが多い。これは、何も小さな規模の違反にかぎったことではない。たとえば、禁漁期に三〇万クローナ［三九〇万円］相当のサバを水揚げしたにもかかわらず漁業日誌に記入しなかった二隻の漁船が摘発されたが、このケースは裁判に至るまでに時効となってしまった。

全体として見ると、違法操業が発見される確率は低く、罰金の額も小さく、裁判までに時効となる可能性が高いため、スウェーデンの漁師はたとえ違反行為を行っても利益を上げられるということだ。罰金が課されるというわずかなリスクは、漁師にとってみれば必要経費の一部でしかないことになる。

スウェーデンの行政機関が違法操業の問題に対して積極的な対策を取ろうとしてこなかったことは、オーレスンド海峡にあるシーレン（Kilen）という海域で起きたあるエピソードからもよく分かる。このシーレンは、オーレスンド海峡のなかでもトロール漁が許可された数少ない海域であり、行政管区としてはオーレスンド海峡ではなくバルト海の一部に属している。

公式統計によると、この海域では一九九五年から二〇〇〇年の間に驚くほどたくさんのニシンが獲れたことが分かる。毎年の漁獲量が一万三〇〇〇トンから二万八〇〇〇トンだったのだ。しかし、それ以前には、年間わずか二〇〇トンから三〇〇トンだった。この小さな海域で生物学的な変化が突然起こり、ニシンが大発生したのでないかぎり、これはカッテガット海峡やスカーゲラーク海峡で獲ったニシンを漁師が「バルト海のシーレンで獲った」と申告した疑いが強いということが容易に考えられる。つまり、漁獲枠で認められている以上のニシンをカッテガット海峡やスカーゲラーク海峡で獲るためだ。

水産庁と沿岸警備隊が漁師たちの自己申告に疑いを投げかけはじめたのは二〇〇一年になってからのことであり、その直後、シーレンでのニシンの漁獲量はすぐに以前のような低い水準に戻った。

この手の違法行為に対処するためには、漁船の監視強化が必要であることはまちがいない。漁船の所在地を正確に示すVMS発信機の取り付けは、現時点では全長一五メートル以上の漁船にしか義務づけられていないが、それ以外のすべての漁船にも義務づけるのは当然のことであろう。違法操業に対する罰則も、スウェーデンだけでなくバルト三国をはじめとするほかのEU諸国でも引き上げられなければならない。今日では、「ほかの漁師もみんなやっているから」と言い訳をしたり、罰則があまり厳しくないという理由で違法行為を平然と行ったりしている漁師も、禁固刑や漁業許可証の没収、漁船所有許可証の没収といった刑罰が待ち構えているならば恐れを抱くようになることはまちがいない。

違法操業は国際的な問題であり、世界自然保護基金の推計によると、毎年四〇億クローナから九〇億クローナ［五二〇億〜一一八〇億円］の額に相当する魚が密漁されているという。世界全体でどれだけの罰金が課せられたのかについては情報がまったく手に入らないが、水揚げされた魚の額に対する罰金の割合は、ＥＵの場合と同じく〇・一パーセントから〇・二パーセントにすぎないと推測される。つまり、密漁者たちは、大きな儲けを手にできる一方で違法行為によって失うものはわずかでしかないということだ。

漁獲海域のより明確な表示を！

政策決定者の臆病と怠慢の結果、私たちの海で日常茶飯事に行われてきた乱獲の責任は消費者に押し付けられることになる。たとえ合法的に水揚げされたとはいえ、本来は獲られるべきではなかったタラがごく普通に店頭に並んでいる。私たち消費者はそれに対して、買うか買わないかの選択を通じて自分たちで「影響力を行使する」ことが期待されている。しかし、消費者の意識がたとえ高くて環境問題に熱心にかかわっていたとしても、いったい何の情報をもとにして魚を選べというのだろうか。

販売される水産物に義務づけられている現行の表示制度は欠陥が非常に多いため、そもそも「漁獲海域の表示」と呼ぶには値しない。ＥＵの規定では、国連食糧農業機関（ＦＡＯ）が定めた世界の海の区分よりも細かい表示を水産物に付ける必要はない。そのため、バレンツ海や北極海、バルト海、オーレスンド海峡、カッテガット海峡、それにフランスとスペインの沖合いのビスケー湾（Bay of Biscay）で獲れた魚にはどれも「第二七海域、北大西洋」というまったく同じ表示が付けられている。

実際のところ、この海域は一三〇〇万平方キロメートルを包括しているから、たとえある消費者が、バルト海のタラでも西部の個体群は東部の個体群よりもまだ数が多くて安心して食べられるという情報をもっていたとしても、この大雑把な表示を頼りに魚を選んで買うことはできない。

しかし、それ以前の問題もある。ストックホルム市環境課が二〇〇四年に調査を行ったところ、小売店で包装された魚の半数以上に漁獲海域の表示がなかったという。しかもさらに悪いことに、漁獲海域の表示を義務づける規定は水産加工品を対象外としているのだ。フィッシュ・スティック（白身魚の小さな棒状フライ）や魚グラタンなどの冷凍食品には、その代わりに以下のような中身のない短い説明が付けられている。

「この魚は水の清らかな冷たい外海で獲れたもの」（食品大手フィンドゥス（Findus）社の製品）

「この魚のフライの魚含有率は六〇パーセント」（食品大手エルドラド（Eldorado）社の製品）。

ヨーテボリにある魚屋に並べられたさまざまな魚。ほとんどがヨーテボリをはじめとする西海岸の沖合いで獲れたものである。（撮影：佐藤吉宗）

責任ある漁業を実現するためには、消費者が商品の中身をしっかりと吟味できるまったく新しい制度が必要となる。それに、水産業に対する要求も今まで以上により厳しくしていかなければならない。魚の種類の明確な表示に加え、国際海洋探査委員会（ＩＣＥＳ）が定めた、より詳細な海域分類に基づく漁獲海域の表示が当然行われなくてはならない。そして、先見性があり真面目な漁師たちが、自らが責任をもって獲った魚を消費者に安心して届けられる制度も設けなければならない。スウェーデンの一部の漁船が漁獲したニシンやエビに付けられる「ＫＲＡＶ（エコロジー）マーク」[18]は、その大変よい例といえる。

スウェーデン漁師全国連合会も、ＥＵの規定が要求する以上に詳細な

「エコロジー水産物」表示制度を自主的にはじめる動きを見せている。二〇〇七年末から開始される「より価値のある魚（Mervärdesfisk）」というプロジェクトでは、希望する漁師たちが、自分の獲った魚に漁獲海域や漁船名、漁獲日を表示できるようになるということだ。

これらの制度は、真剣な水産物取り扱い業者を支援する素晴らしい制度だ。業者はこれらの制度のおかげで、やましいところのない魚を市場に提供するよう、すべての漁師に対して圧力をかけられるようになる。また、消費者も、枯渇が危惧されていると知っている魚を食べないようにすることで海の現状に影響を与えることが可能となる。この点も、変革に向けたさらなる一歩だといえる。

残念ながら、現状では消費者の権力はずいぶんかぎられたものとなっている。EUの現行制度のもとでは、スウェーデンの消費者が買うか買わないかに関係なく、スウェーデンの漁師は与えられた漁獲枠分のタラを獲ってしまうからだ。そして、スウェーデンの消費者が買うのをボイコットしたスウェーデン産のタラの多くは、現在ドイツ、イタリア、フランスなどの国々へ輸出されている。

海洋生物に関する研究を自由に行えるようにしよう！

海洋生物に関する研究は、水産行政から十分に切り離されたものでなければならない。現状では、海洋生物研究というものは、情報提供を通じて水産業界に貢献するために存在するという古い考えに縛られている。そのため、動物プランクトン、ウナギの生殖、タラのライフサイクル、野生の魚

(18)　「クラーヴ（KRAV）」というスウェーデンのNPOが認証しているエコロジーマーク。化学肥料や農薬を使わない農産物や、遺伝子組み換え作物を含まない食品のほか、家畜の人道的な生育環境に配慮して生産された食肉などに付けられる。

の病気といった研究をするよりも、水揚げ量を示したグラフの作成や選択的漁具の開発に力を注ぐべきだと考えられている。

このような状況のなかでは、革新的な実験や調査はほとんど行われない。試験トロール漁によって魚の個体群の推計をするというやり方が果たしてどこまで効果的なのだろうか。アメリカの海洋生物専門家が提案しているように、水中カメラや潜水艇を使ったほうがより効果的だということはないのだろうか。

魚介類を新たな視点から考え直すためには、水産行政の組織も新しく生まれ変わらなければならない。たとえば、水産行政は本当に農林水産省の管轄下でよいのだろうか。それに、国の研究機関である海洋漁業試験場と沿岸漁業試験場、および淡水漁業試験場は、果たして水産庁の管轄下にあるべきなのだろうか。漁業に関する行政活動のうち、どの部分を環境省や環境保護庁の管轄下に置くべきなのだろうか。

スウェーデンやEUの行政担当者の多くは、従来の組織構造や考え方にさまざまな形で縛られている。しかも、行政活動を行うことで収入を得ているために今までのやり方を変えたがらない。だからこそ、この問題は政治の上層レベルで議論して決定を下す必要がある。私たちが水産行政を行う目的は何か、海洋生物の研究は何のために必要なのか、私たちはどのような海を望んでいるのかについて、しっかり考える必要がある。

漁獲枠による漁獲規制を撤廃しよう！

二〇〇七年のスウェーデンの海域におけるタラ漁は、夏の短い禁漁期間を除けば、事実上まったく制限がないといえる。タラ漁は漁獲枠によって水揚げ量が制限されてはいるものの、ここ数年は何ら意味をもっていないのが実情だ。どうしてかというと、スウェーデンの漁師たちは漁獲枠で認められた量の魚を獲り尽くせなかったからだ。二〇〇三年と二〇〇四年、スウェーデンには年間一万七〇〇〇トンの漁獲枠が与えられたが、両年の水揚げ量はそれぞれ一万四〇〇〇トンにすぎなかった。二〇〇五年には漁獲枠が一万四〇〇〇トンに引き下げられたものの、漁師が獲ったのはたったの一万トンだった。二〇〇六年の漁獲枠はほぼ同じ水準だったものの、水揚げ量は再びこれを大きく下回り、約一万一〇〇〇トンにすぎなかった。

また、スカーゲラーク海峡やカッテガット海峡、それに北海では、以前から年間一〇〇〇トンというごくわずかな漁獲枠が与えられてきたが、ここでの水揚げ量もこの漁獲枠を初めて下回るようになった。一九七〇年代には、スウェーデンの漁師がカッテガット海峡だけでも年間五〇〇〇トンのタラを獲っていたことを考えれば記録的に少ない水揚げ量であることが分かる。モンツキダラ（ハドック）、ホワイティング、ポロック（タラ科）などの魚の水揚げ量も当時はそれぞれ数千トンに及んでいたが、今ではほとんど獲れなくなってしまった。スウェーデンの海域における二〇〇六年の水揚げ量は、これらの種を合計してもわずか五〇〇トンしかない。

バルト海での水揚げ量にしても、今ほど低いのは第二次世界大戦後では初めてだ。『完全な海―北大西洋の漁業と生態系の現状』を書いたカナダの海洋生物学専門家ダニエル・ポーリーは、私たち人間が現在と過去を比較するときにより最近の時点を基準にする傾向があることを指して「『基準点の推移』症候群」と呼んだ。

スウェーデンのタラ漁の漁師たちも、この症候群と同じように、タラの生息数が数十年前と比べると激減している事実や、タラの個体群が崩壊の危機にあるという事実を直視しようとしていない。その代わりに、タラが獲れなくなったほかの理由を今でも探そうとしている。スウェーデン漁師全国連合会の代表ヘンリク・スヴェーンベリ(19)は、夏の間の禁漁や海水温の上昇、そして悪天候のために漁の運がよくなかったからだと、漁師全国連合会の機関紙〈イュルケス・フィスカレン〉で述べている。

一方、同じスウェーデン漁師全国連合会の副代表であるトーレ・ヨンソン（Tore Johnsson）は、ＥＵが決定した二〇〇六年の漁獲枠が過大だとしてメディアで何と次のように公言している。「スウェーデンに与えられた漁獲枠は大きすぎるため、これでは漁を自由に行ってもよいと言うのと同じことだ。この漁獲枠は、現実の魚の生息数を反映したものではない」

スウェーデン南東部に位置するエーランド島（Öland）の地方紙〈エーランズ・ブラーデット（Ölandsbladet）〉のなかで彼はこのように述べている。ちなみに、彼のこの発言は、水産庁がエーランド島周辺でのタラの水揚げ量が激減したことを示す統計を発表した際に、彼がコメントとして述べたものだ。その統計によると、エーランド島周辺では二〇〇三年から二〇〇五年にかけてタラの水揚げ量が七八パーセントも減少し、この海域でのタラ漁がほとんど終わりに来ていることを示していた。

タラ漁の漁獲枠を決める交渉では毎年のように駆け引きがつづけられているが、専門家はますます絶望的な警告を発し、タラ漁を全面的に禁止することを推奨している。しかし、彼らの声は特定の利益団体の主張とまったく同様に扱われ、ほかの意見とすり合わせながら妥協点を見いだすことが可能だと考えられている。しかも、妥協とはいっても、彼らの主張がその半分も受け入れられているわけではない。タラの枯渇によって水揚げ量が減少するのに合わせる形で漁獲枠の

(19)　（Henrik Svenberg 1967～）男性。ウプサラ大学で法学を専攻した後、内閣府や水産庁などで勤務したり、ブリュッセルにあるスウェーデン常駐代表部で５年にわたって漁業問題の国際交渉に携わる。2005年よりスウェーデン漁師全国連合会（SFR）の代表。

ほうを引き下げているのが現状である。

二〇〇七年のバルト海におけるタラの漁獲枠が一五パーセント削減されたが、これは二〇〇六年に獲り尽すことができなかった漁獲枠に相当するものである。ＥＵの政治家や行政担当者は、どっしりと椅子に座りながら、かつては北大西洋にもっとも幅広く豊富に生息し、安い食用魚として親しまれてきたタラが確実に姿を消していくのをじっくりと見物しているだけなのだ。

しかも、スウェーデンの新しい農林水産大臣エスキル・アーランドソン（Eskil Erlandsson）は、これまでのスウェーデン政府の路線を転換する動きを見せている。実は、スウェーデン政府はこれまで数年間にわたって専門家が推奨してきた漁獲枠をゼロとする案を支持してきた。しかし、二〇〇六年秋に就任したばかりの農林水産大臣アーランドソンは、二〇〇七年の漁獲枠をめぐるＥＵでの交渉において、専門家の推奨をすでに大きく上回る漁獲枠を提案する欧州委員会に賛意を示すだけでなく、それよりも漁獲枠をさらに五パーセントも引き上げようとする閣僚理事会の提案を支持したのだ。

スウェーデンはこれまで閣僚理事会の提案に反対票を投じてきた唯一の国であり、スウェーデン漁師全国連合会はスウェーデン政府の態度を厳しく批判してきた。前述した漁師全国連合会の代表ヘンリク・スヴェーンベリは、「スウェーデンがほかの国々と歩調を合わせないでいると国としての信頼を失ってしまう」と繰り返し述べてきた。たとえば、食に関する情報雑誌〈アルト・オム・マート（Allt om Mat）〉のインタビューでも、「スウェーデンの声に耳を傾ける国はもはやどこにもない。スウェーデンの立場が極端だからだ」と述べている。

二〇〇六年秋の総選挙でそれまでの社会民主党政権から中道保守政権に替わり、新しく農林水産大臣に就任したエスキル・アーランドソンは漁師全国連合会の主張を取り入れるようになった。漁師連合会にとってみれば、自分たちの主張を代弁してくれる大臣を手に入れたも同然だ。

例の非建設的な「対話」は、ＥＵ本部が置かれたブリュッセルやスウェーデン水産庁の本部があるヨーテボリで今後もつづけられることになっている。そして、スーパーマーケットの魚コーナーや魚屋で賢い選択をしようと努力する消費者の取り組みも、今後も実質的な意味をもたないままつづけられることになる。明らかに感じられる唯一の変化は、魚の値段が上昇していることだ。二〇〇六年の一年間で、スウェーデンで販売されるタラの切り身の価格は二二パーセントも上昇した。

これまで説明してきた水産資源の枯渇問題は、誰もが気づかないところで徐々に進行してきたわけではない。早い段階から気づいていた人も少なからずいる。この問題は、むしろ私たちが生きるこの時代においてもっとも詳細に管理され、専門家に詳しく観察され、さまざまな文書や書物に記録されてきた環境破壊だと呼べるだろう。この事態に終止符を打つために、私たち市民は一体何をすればいいのだろうか。

さらなる研究が必要だ、と声を上げることに意味があるとは思えない。必要なデータはすべて出揃っているからだ。政治家や行政関係者に対してさらなる啓蒙活動を行っていくことに意味があるとは思えない。彼らはすでに知っているからだ。消費者が魚をボイコットをすることに意味があるとは思えない。市場メカニズムは、私たちのコントロールを超えたところで政治の力によって機能不全に陥っているからだ。

私たちにできる唯一のことは抗議の声を上げることだ。私たちの思いつく方法で、私たちに可能な文脈のなかで、辛抱強く、高らかに声を上げて多くの人に聞こえるように抗議の声を上げるのだ。私たち自身の世代、そして子どもたちの世代のために、民主主義と理性のために、そしてこの地球とすべての海洋生物のために。

なぜなら、魚には声がないから。

そして、海は……今日も沈黙をつづける。

エピローグ――二秒間

私がこれまで見聞きしたなかでもっとも驚愕したたとえ話は、いくつかの本で紹介されてきた。最近では、シルヴィア・A・アール[1]の『シルヴィアの海――海中六〇〇〇時間の証言[2]』のなかでも読んだ。頭のなかでこんな実験を行ってみよう、という話だ。

この地球の四六億年の歴史を、わずか一年に圧縮してみるのだ。そして、私たちがその歴史全体をまるで映画で観ているような場面を想像をしてみよう。まず最初の八か月の間、私たちを楽しませてくれるのは、隕石の衝突や火山の噴火、そして数々の奇妙な偶然や化学反応を経てテルス（Tellus）という原始の地球がやがて青く、水に包まれた惑星へと変化していく過程だ。無味乾燥で冷たく、生命の存在も水の存在もほとんど稀な宇宙のなかでこうして例外的な惑星が形成されていく。八月になって初めて細胞核をもつ単細胞の有機体が出現し、これが生命の元祖となる。しかし、その後、無脊椎の海洋生物が出現するのは一一月になってからのことだ。そして、一二月一三日のルシア祭のころになってやっと恐竜が登場する。しかし、この恐竜もクリスマスのあとに姿を消してしまう。最初の哺乳類が映画館の白幕に登場するのは一二月半ばだ。そして、私たち人類であるホモ・サピエンスが現れるのは一二月三一日、大晦日の最後の二〇分前から一五分前だ。そして、現代の大量消費社会や産業化社会は、この映画の最後の二秒間に稲妻のように映るだけである。

私がこの本の執筆に取り掛かったのは三年前のことだった。当時から考えれば、二〇〇六年の暮れから二〇〇七年の初めにかけて、あちこちで見かけるようになった新聞記事の見出しや広告文句なんて想像すらできなかった。首相やジャーナリストが、地球温暖化の警鐘を初めて真剣に受け止めるようになったのだ。それまで温暖化問題に対してさかんに用いられていた「一方ではこのような主張する人もいれば、他方では別の見方をする人もいる」といった記事の書き方は姿を消し、日刊紙もタブロイド紙も、すでに私たちの地球上で猛スピードではじまっている運命的な気温上昇の影響についてさまざまなシリーズ記事を果てしなく掲載するようになった。

私たちの将来は、突然、何か不確かなものに感じられるようになり、今ではスウェーデンの冬の風物詩であるクロスカントリー・スキー大会「ヴァーサ・ロッペット」[3]を北に移動させなければならないとか、ヨーロッパ大陸が不毛な砂漠に変わってしまえばスウェーデン北部のノルランド地方（Norrland）やロシアのシベリア地方が耕作地帯として重要な意味をもつようになるのではないかなどという話すら真剣に語られるくらいだ。

もし、気温上昇を二度に抑えることができれば、国際社会にとってはかぎりなく大きな成功であると国連のＩＰＣＣ報告書[4]は述べている。そして、もし何も対策がなされなければ、地球の気温は六度、七度あるいは八度も上昇して、地球上の生命はその根本からまったく予期しない形で変化せざるを得ない。世界中の作物の種を集めて冷蔵庫のなかで保存し、後世に残していこうというプロジェクトがノルウェーのスヴァールバル諸島（Sval-

（1）（Sylvia A. Earles, 1935〜）女性。海洋学者、海洋生物学者。海洋・大気諮問委員会（NACOA）の委員やアメリカ海洋大気圏局（NOAA）の主席研究員を務めたこともある。アメリカの自然科学雑誌〈ナショナル・ジオグラフィック〉に数多くの海洋探査紀行を書いている。

（2）（Sylvia A. Earles, “Sea change - a message of the oceans”, Fawcett, 1995）邦訳、西田美緒子訳、三田出版会、1997年。

bard）ではじまっているが、これも私の非現実感を一層強めるものとなっている。というのも、地球の長い歴史からすればごく一瞬ですらない私の一生の間に、この急激な変化を目の当たりにしようとしているからだ。

しかし、私は本当は驚いてはいない。そもそも驚いている人は、私たちのなかに誰一人としていないだろう。狂気の沙汰が行われているうちに、私たちはそれに馴れきってしまったからだ。でも、狂気の沙汰に誰も気づかなかったわけではない。狂気の沙汰という言葉を、私たちはこれまでに何度口にしてきただろうか。

渋滞で数珠つなぎになった車に乗っている人を見てごらん、私たちが毎年一二月になるたびに買う不要なクリスマスプレゼントの山を見てごらん、エネルギーの無駄遣いを見てごらん、有害物質の無責任な排出を見てごらん、私たちを愚かにさせるテレビ広告を見てごらん、新しい服を次々と買わせようとする流行を見てごらん、テレビを毎日埋め尽くしている滑稽な株式市場ニュースを見てごらん、私たちが動物をどのように扱っているか見てごらん、私たちがどれだけ自然を破壊しているか見てごらん……。

私たちは、ちゃんと気がついているのだ。私たちは、これらの問題に盲目ではないのだ。ちゃんと知っていながら、自分たちも実際にそれに加担しているのだ。そして、私たちの唯一の小さな言い訳は「だって、ほかの人たちもやっているから」なのだ。

（３）（Vasaloppet）。毎年３月にダーラナ（Dalarna）地方のセーレン（Sälen）からモーラ（Mora）にかけての90キロの行程で開催されるクロスカントリー大会。

（４）（Intergovernmental Panel on Climate Change：IPCC）地球温暖化に関する知識や研究成果を集約するために設立された国際的な専門家委員会。「第４次評価報告書」は2007年に発表され、地球の温暖化現象はほぼ明確であり、人間の活動がその主な原因である可能性が非常に高いと結論。

私たち人類のこのような行動、つまり他人と同じように振る舞おうとする衝動に駆られ、権威に疑いをかけることなく従って状況に適応するといった行動様式は、種として生き残るための生物学的な利点をたしかにもってはいるだろう。しかし今、この本能が実は壊滅的な破局へと導くことが、進化の歴史から見ればほんのわずかの間に明らかになっている。私たちは、自分たちの生き方を根本から見直さなければならない。それは地球のためであり、私たち自身のためでもある。

アメリカ人の歴史学教授セオドア・ローザック[5]は、著書『地球が語る——宇宙・人間・自然論[6]』のなかで、私たちホモ・サピエンスは自分たちの文化のなかで常に不適応の感情を抱いているという非常に興味深い説を展開している。ローザックは「エコロジー心理学（Eco-psychology）」と呼ばれるまったく新しい心理学説の提唱者だ。この説を簡単に説明すると、現代社会において増える傾向にある精神的な疾患の原因は、もともと私たちが自然の一部であるはずなのに、その自然との一体感を失い、本来の生物学的、精神的、そして自然的な基盤から遠ざかってしまったということだ。

ローザックは、人間が自然を資源として活用することを可能にした精神構造の転換期が、まさに啓蒙思想の登場と自然科学の発展にあると指摘している。それまで人間は、自然を神の神聖な創造物と捉えたり、木や花、動物の一つ一つに神秘的な力が宿っていると考えていたが、そのような考え方に別れを告げることになってしまった。このことは、巨大な消費社会や産業社会を発展させるための条件を準備しただけでなく、私たち人間が地球上に住む生命として自然とかかわりあいをもたなくなることにもつながった。

啓蒙思想とほとんど時を同じくして、一つの発展がはじまることになる。人間は自らを神から独立

（5）（Theodore Roszak, 1933～）男性。カリフォルニア州立大学イーストベイ校の歴史学教授、作家。

した存在だと考えはじめただけでなく、自然からも切り離されたものだと考えるようになったのだ。その後、この発展が現代心理学として完成を遂げることになる。シグムンド・フロイトは、一八世紀末のウィーンにおいて性的な抑圧を受けた都会人を研究しながら自らの学説の基礎を築いていった。そして、彼の学説は今でも私たち自身の人間観に影響を及ぼしている。

フロイトの学説には、人間が自然と接することの必要性など一言も触れられていない。むしろその逆だ。動物、「野生」、性、それに女性までもが、文明人を脅かす暗黒で計り知れない力の象徴だと考えられた。現代人は、心理学を通して自分の心のなかを覗き見るようになったが、その結果として、宇宙との一体感をまったく感じることができなくなり、孤独と無意味の感情をますます強くすることになった。私たちの命と存在そのものが地球の命と切っても切れない関係にあることを、私たちは忘れてしまったのだ、とローザックは述べている。

この「忘却」を心の底から認める人はほとんどいないだろうが、これが一〇〇年以上にわたって私たち人間の行動を操ってきた。一〇〇年と言えば宇宙の歴史からすればほんの一瞬にしかすぎないが、この地球全体を破壊するには十分な時間だ。私たちは海の魚を獲れるだけ獲ってきたし、森林を次々と切り倒して農地を開拓してきたし、川や湖に有害物質を垂れ流してきた。私たちは、このことをよいことだとは思っていない。実際のところ、誰もこれでよいとは思ってはいないのだ。

私たち現代人が自然に対する感情を取り戻して自然に癒されることを学び、自然を回復させることに人生を費やし、自然の世話をし、自然から喜びを得ようとするのならば私たちはもっと幸せに生きることができる、とローザックは確信している。

（6）（Theodore Roszak, The voice of the earth, Phanes Press, 1992, 2002）邦訳、木幡和枝訳、ダイヤモンド社、1994年。

この新しいエコロジー心理学には多くの人が賛同し、さまざまなタイプの自然セラピーが考案されることになった。そして、うつ病の治療としてはこのような自然セラピーのほうが、セロトニンの再吸収を阻害する抗うつ剤やソファーに座って心理カウンセラーに何年も治療を受けるよりも非常に効果的だということが明らかになっている。田園風景の写真が壁に掛けられた病室で療養する心臓病の患者は、抽象的な絵画が掛けられた病室の患者よりも早く回復する。草木に囲まれた庭を使ったセラピーは、ストレスに悩む患者の血圧を下げて意外と大きな治癒効果を発揮するし、ペットを飼っている高齢者は長生きする。美しい自然の景色を見たり、可愛らしい犬に手をなめられたり、神秘的なほどに美しい花をじっくり見つめたり、珍しい鳥を観察したり、海に輝く波を眺めるだけでそれまで抱えていた問題が少しは解消され、心が和らいだという経験は私たちの誰もがもっているだろう。自然は私たちの一部であり、私たちは自然の一部なのだ。そして、私たちは自然を必要としているのだ。

では、自然は私たちを必要としているのだろうか。突拍子もないこの疑問をじっくりと考えるときがついにやって来たのはないだろうか。地球というこの複雑な生命の集合体に対して私たちが貢献してきたことと言えば、実は私たちの力を使ってそれを破壊してきたことだけではないだろうか。ローザックにしても、環境運動のカリスマ的存在であり「ガイア（Gaia）」論の提唱者であるジェームス・ラヴロック(7)にしても、この疑問をためらうことなく真剣に投げかけている。

私たち人類と私たちがもつ精神構造の発達は、どのような進化論的な意味をもっているのだろうか。もし私たちが、人間も自然という大きな総体の一部だと認めるならば、そして宇宙飛行士が宇宙から地球を眺めるときにもっとも明確に感じることができるあの青い地球の一部だと認めるならば、そ

（7）（James Lovelock, 1919～）イギリス人の科学者、作家、環境評論家。地球を生命の集合体として一種の超個体と考える「ガイア論」の提唱者。

の総体のなかで私たち人間が貢献している部分とはいったいどの部分だろうか。

もし私たちが、水や空気、ビタミン、タンパク質、愛情、社会的連帯、日光、美しさに依存せずに、そしてこの地球上のすべての命の源であり、虹が織りなすすべての色彩をつくり出している私たちの理解を超えた複雑なシステムに依存せずには生きていけないことを認めるならば、私たち人間の貢献とはいったい何だろうか。ラヴロックは、この地球上のすべての命はそれぞれが全体に対して同じだけの重要性をもちながら複雑につながった一つの生物学的システムだと見なして「ガイア」と象徴的に呼んでいるが、このシステムに私たちが依存せずには生きられないことを認めるならば、私たち人間が貢献している部分とはいったいどの部分なのだろうか。

この問題は、おそらく私たちが勇気を振り絞ってでも今問いかけなければならない問題であろう。アメリカの元副大統領アル・ゴアが著書『不都合な真実』のなかで述べているように、私たちが生きるこの今は歴史のなかでも特別な瞬間なのだ。古い価値観は捨て去らなければならない。なぜなら、私たちは今、道の終点に達してしまったからだ。

彼は、ある逸話をもち出している。「クライシス」という言葉は、中国では漢字二文字で書くのだと。最初の漢字は「危」、つまり危険であることを意味し、二つ目の漢字は「機」、つまり機会や転機の「機」であり新しい可能性を意味しているのだと。私たちの多くが、この話をすでに何度も耳にしてきたかもしれない。しかし、再び頭のなかでじっくり考えてみるに値する言葉だ。

私が見つけた美しい言葉はもう一つある。海洋生物学専門家のロッド・フジタ（Rod Fujita）が『海を救おう——私たちの海を守るための方法』(8)のなかで取り上げている「ファイシス（physis）」という言葉だ。彼はこの本のなかで、人間が海での漁をしばらくやめれば、自然のもつ不思議な治癒力のおかげで海の生態系が回復していく様子を説明している。海洋自然保護区は、世界中を見わたしても小さなものがいくつかつくられているにすぎないが、そんな海洋自然保護区では、海のなかが誰も想像すらしなかったほどの速さで竜宮城のミニチュア版のような世界へと姿を変えていく。そして、そこに惹かれてやって来たダイバーたちは、自然のもつ素晴らしい美しさと生き物の多様性に驚嘆し、幸福感にひたらずにはいられなくなる。

「ファイシス」はギリシャ語であり、もともと哲学や医学で使われていたこの言葉は、子どもや植物の成長力、そして傷の治癒力を意味していた。私たちは、この宇宙を支配するといわれる法則を自然科学という学問を通じて学んできたが、実はこの「ファイシス」とは、そんな自然の法則を真っ向から否定するものだ。しかも、この地球上で現に進行しているプロセスなのだ。

私たちは、すべてのエネルギーは一定であり、この宇宙のすべてのものは拡散していくという熱力学の二法則を教わった。この二つ目の法則を別の仕方で表現するならば、すべてのものは秩序から無秩序へと変化していくということになる。今日の現代人は、この第二の法則を最大限に活用しようと一生懸命に努力してきた。地球上のすべての天然資源を掘り起こし、石油を燃やし、土壌を流出させ、氷河を解かしていく……。熱力学の第二の法則は「エントロピー」とも呼ばれている（エントロピーの法則とは、すべてのエネルギーがいかに秩序から無秩序へと変化していくかを説明している）が、これは、この世界を私たち人間が支配し、掘り起こし、消費する場だと見なしている私たちの世界観とうまく一致している。

（8） Rod Fujita, “Heal the Ocean - Solutions for Saving our Seas”, New Society Publishers, 2003

では、私たちが目の当たりにしているもう一つの力「ファイシス」はどうだろうか。それは、小さな種を芽吹かせ、地に落ちた葉っぱを土に変えて新しい花に生命力を与えてくれる力。森に捨てられたスクラップ車でも、数年も立たないうちに苔やツタを生い茂らせてしまう力。有害物質をきれいにしてくれる自然の力。胚細胞に宿り、どれが足になってどれが脳になるかを知っている力。男性からのほんの小さな精子と女性からの卵子から一つの命、つまり人間へと変化させる力。思考力をもち、イルカを見て喜びを感じることができ、地球上の一番小さな命にも共感を寄せることができ、この文章を読むことができ、自分自身について思いをめぐらせることができる、あなたという人間を生み出した力。

ファイシスとは生命の神秘だ。私は、何も宗教的なことを書いているつもりはない。私が伝えたいのは、私たち人間がこの生命の神秘をもはや感じられないのであれば、それは命というものを信じられなくなった証拠だということだ。そうなってしまえば、人間は死神の使いになったも同然だ。海からすべての生命を掃除機のように吸い取り、空気中に有害物質を吐き出し、森を切り倒し、地球の没落を目の当たりにしながらそれに手を貸す……。私たちは、生命の美しさに目をふさいでしまったのだ。

どうしてそうなってしまったのか。それは、私たちが自らの失敗によって欲求不満に満ちた消費文化に心を奪われてしまったからだ。消費文化の奴隷と化した私たちは、いざ死の床に就くときにはその文化に何の価値すら見いだすことができないだろう。なぜなら、私たちは何かを買うという行動自体に幸福が宿っているのだという錯覚に自ら陥ってしまったからなのだ。

本当の幸福は、実はただで手に入ることに気づかずに。

ファイシスとは、お節介な自然科学者が自然を一番小さな構成物質にまで分解しようとするときに忘れてしまう「何か」だ。ファイシスとは、私たちが物質を細胞核や原子、クォーク素粒子にまで掘り下げて分析していこうとすると跡形もなく消えてしまう「何か」だ。なぜなら、一番小さな構成物質をつなぎあわせて全体として機能させているのがファイシスだからだ。

ファイシスは、私たち人間をもそのなかに取り込んでしまう。私たちもこの惑星、つまり地球の一部だからだ。ラヴロックやローザックが伝えたいのはこういうことなのだ。これは同時に、海洋生物学の専門家や芸術家なら誰もが表現したいと願い、そして一般の人々ですら、この地球上の生命の素晴らしさを心から実感したことのある人であれば誰もが言葉で伝えようと願うのに、うまく言葉にすることができない感情でもあるのだ。

少し前に、私は自宅の物置を掃除した。私はいらなくなったものをなかなか捨てることができず、何でも取っておこうとする癖がある。だから、物置のガラクタのなかから、子どもの古いオモチャに混じってみすぼらしい缶が出てきたときには、捨てるものを少しでも見つけられたと大喜びした。それは、何の変哲もない、ありきたりの缶だった。なかには、紙切れや王冠、サッカーの観戦チケット、それからゴミとしてすぐに捨ててしまいそうなガラクタがいくつか入っていた。ゴミ箱に入れようとしたその瞬間、缶のなかに私の息子の写真が一枚入っていることに気がついて、私は一瞬手を止めた。すると、缶のなかには、さらに紙切れが折り畳まれていることにも気がついた。表に何か文字が見える。そこにはこう書いてあった。

「二一〇〇年まで開けないで。この手紙は二〇〇二年のスウェーデンからのメッセージだよ」

私は、その手紙をもちろん開いてみた。私が目にしたのは、鉛筆で書き込まれた次のような言葉だった。

「こんにちは。これはタイプカプセルだよ。僕は一〇歳のグンナル。僕のすごく大切なものをここに入れたよ。なかに入っているカードは、地元ハンマルビュー・サッカークラブの会員証。金属の王冠は僕が一九九九年に手に入れたもので、君が見つけたときにはとっても大きな価値をもっているかもしれないよ。平べったい金属は一九七三年製のスウェーデンの一クローナ硬貨だよ」

そういうことだったのだ。

私はしばらく腰を下し、自分も似たような歳のころにタイムカプセルをつくったことを思い出していた。価値のない宝物を入れ、小さな紙切れにメッセージを書き、当時住んでいた両親の家の小さな隙間に隠しておいた。一〇代のころは無邪気で、けがれのまったくない純粋な感性をもち、とてつもない空想に思いをめぐらせていたものだ。私が生まれてくる前には何があったのだろう？　私の次には何が生まれてくるのだろう？　私のいなくなったあとの世界に、私が貢献できるものって何だろう？

私たち大人が、そんな純粋なものの見方を失ってしまったのはいつのころだろうか。私は座り込んだまま、そんな思いに耽っていた。

私たちは、いつになったらそれを取り戻すことができるのだろう。二一〇〇年の世界に私たちは何を残したいのだろうか？

訳者あとがき

本書がスウェーデンで出版されたのは二〇〇七年八月のことだった。それまで注目を集めることが少なかった水産資源の枯渇問題に着目し、その実態に深くメスを入れた本として人々の関心を掻き立てることになった。

スウェーデンでは、これまで環境問題が盛んに議論され、世論の関心の高まりとともに政治家が率先して斬新な政策を講じてきた。たとえば、地球温暖化問題に対しても、早くも一九九一年に環境税の一つである二酸化炭素税が導入された。そのほかにもさまざまな政策的手段が功を奏したおかげで、二〇〇八年までに温暖化ガスの排出量を一九九〇年比で九パーセントも削減することに成功してきた。だからこそ、本来は環境問題の一部であるはずの水産資源の保全という分野で大変ずさんな政策が長年にわたって行われていたという事実に、多くのスウェーデン人が耳を疑った。人々が日ごろから口にしてきたタラやカレイなどの食用魚が今にも姿を消そうとしていたのである。

本書は、スウェーデンやヨーロッパ近海の問題を描いたものではあるが、私たち日本人にとっても大きな意味をもつものである。水産資源の枯渇というと、これまでは捕鯨問題やマグロ漁の規制が日本では話題に上ってきた。一方、私たちが日ごろから食べているウナギやアジ、イワシ、サバなどの日常的な魚についてはあまり注目されてこなかった。

近年は、日本近海の魚介類に代わって外国産のものを店頭でよく見かけるようになったが、その背景には日本近海で水産資源が枯渇し始めているという問題がある。また、本書で指摘されたように、途上国からの資源の輸入はその国の人々の生活に大きな影響を及ぼす可能性が高い。さらには、養殖は日本でも重要性がますます高まっているが、養殖の餌となる魚を確保することが必要になるなど多くの問題も抱えている。

そのため、本書で指摘されたさまざまな問題について、日本ではどうなのかという議論が今後は必要になってくるであろう。スウェーデンやヨーロッパにおける問題の一つは、寛大な公的助成金のおかげでヨーロッパ近海が許容する以上に漁船の数が増えつづけたことであった。国連食糧農業機関（ＦＡＯ）によると、水産業界にもっとも多額の助成金を費やしているのは日本であるというが、では日本には同様の問題は存在しないのであろうか。

また、ヨーロッパでは漁獲枠の設定によって漁を規制してきたことが混獲物の海上投棄という問題を生み出した一つの要因であるわけだが、日本でもそのような問題があるのだろうか。それから、魚の生息数の推計や海が許容できる漁獲量の推計などはきちんと行われているのであろうか。

著者である女性ジャーナリストのイサベラ・ロヴィーンは、本書が高く評価され、スウェーデン・ジャーナリスト大賞、環境ジャーナリスト賞など数々の賞を受賞することとなった。私がストックホルムの旧市街（ガムラスタン）にある彼女の事務所を初めて訪れたのは二〇〇八年夏のことであった。彼女は本書の出版後もこの問題を追いつづけ、新たな取材で慌しい毎日を送っていた。

しかし、その年の暮れ、彼女は大きな決意をすることになった。二〇〇九年六月に行われる欧州議会選挙への立候補を表明したのである。ジャーナリストとしての役目はひとまず果たし、これからは政治家という立場でヨーロッパの漁業政策を変えていこうと彼女は考えたのだ。環境党から立候補した彼女は、本書に登場した現職のシュリューテル議員とともに見事当選を果たしている。

欧州議会は現在、新たに選出された議員とともに活動を開始したばかりだが、彼女が正規メンバーとして座っている漁業委員会ではすでに激しい議論が展開されている。一〇月初めには、ギニアとの漁業協定の更新が漁業委員会によって否決された。非常に保守的だと言われてきた漁業委員会にとっては大きな変化である。今後、ＥＵでは二〇一二年の漁業政策改革に向けた作業がつづけられるが、彼女の活躍に期待したいと思う。

スウェーデン近海やヨーロッパの漁業は今後大きく変革していくだろうが、最新情報については本書の日本語版のブログサイト『沈黙の海』（http://tysthav.exblog.jp/）で提供していく予定である。また、本書中の脚注についてであるが、本文に登場する文献や報告書の原書名を除けばすべて訳者が加えた訳注である。誤りがあった場合は訳者である私の責任である。

最後になるが、本書の邦訳出版の話をもちかけてくださった国際ＮＧＯナチュラル・ステップ・ジャパンの代表である高見幸子氏に深くお礼を申し上げたい。また、編集者として私の原稿に何度も目を通し有益なアドバイスを与えてくださった新評論の武市一幸社長にも感謝の気持ちを述べさせていただきたい。

二〇〇九年　一〇月

佐藤吉宗

付録1　生き物に満ちあふれた海を取り戻すための手段

①漁業を禁止した海洋自然保護区の指定を急ごう。

そして、指定する海域には現時点で漁が行われており、保護することによって効果が期待できる場所を選ぼう。海洋自然保護区では、魚が漁にさらされることなく大きく成長できる。この効果は、保護区内のみにとどまらない。その周辺の海域でも魚の数が増えることが明らかになっている。私たちは野生動物や自然を保護するために、陸上では国立公園を設けることを当然のこととして考えてきた。それと同じように、海でも漁業を禁止した海洋自然保護区を設ける必要がある。

②底曳きトロール漁の禁止を試験的に行ってみよう。

スウェーデンとデンマークの間にあるオーレスンド海峡では、海運交通がさかんであるために底曳きトロール漁が禁止されて刺し網漁しか許可されてこなかった。この経験から得られる教訓は、底曳きトロール漁が行われてこなかったおかげで、タラの数が他の海域よりも何倍も多く、一つ一つの魚も大きいことである。刺し網漁は、小さな魚は網の目をくぐり抜けることができるし、大きな魚は弾き返されるために狙った大きさの魚だけを捕らえる選択的な漁法であり、魚の繁殖を考えた場合には好都合である。底曳きトロール漁は、長期的に見た場合に果たして経済的にも「効率的」なのかどうかを考え直してみる必要がある。

③魚の海上投棄を禁止しよう。

この制度は、すでにノルウェーが導入しているので参考になる。獲った魚をすべて陸に揚げるよう義務づければ水揚げ量の統計もより正確なものになり、また漁師たちも意味なく魚を殺すという罪悪感を感じずに済む。そして、網にかかる魚に若い魚が目立つようになった海域では一時的な禁漁を行おう。

④漁業の環境アセスメント（影響評価）を行おう。

漁業のように環境に大きな影響を及ぼす産業活動には、環境法典に基づいて発布された「環境に危害を加える恐れのある活動に関する省令」（一九九八年・法令八九九号）を適用するべきだ。企業が野生動物や自然環境に影響を及ぼしかねない産業活動を地上で行う場合は、まず当局から認可を受け、環境アセスメント（影響評価）の詳細結果を提出し、場合によっては環境裁判所の判断をあおぐ必要がある。漁業は、沿岸部に生息する成魚の六割を毎年殺していると推計され、魚の死亡原因としては群を抜いて一位だ。それならば、環境法典の規定に基づいた手つづきをこの漁業活動にも課すべきではないのか。

⑤密漁に対する取締りを強化しよう。

小さな漁船にもVMS発信機の設置を義務づけ、衛星を通じた監視できるようにしなければならない。また、ロシアやポーランド、バルト三国の沿岸警備隊が密漁船を発見しても賄賂を受け取って見逃すことがないように、職員の給料や社会的地位を向上させるよう努める必要がある。さらに現在は、密漁に対する罰則が軽いため、たとえ見つかっても密漁者は得をする結果となっているので罰則を引き上げよう。密漁者やその漁船の名前を国際的な密漁船のブラックリストに掲載し、インターネットを通じて誰でも閲覧できるようにしよう。

⑥より詳細な漁獲海域の表示制度を導入しよう。

消費者には、水産加工品の中身や魚の漁獲海域を知る機会が提供されなければならない。水産業界のなかでも、生態系に配慮した取り組みを行っている誇りある企業や漁師たちが、生態系の持続可能性に配慮して漁獲した魚であることを消費者にきちんと示せるような制度をつくる必要がある。自主的な取り組みは素晴らしいものだが、強制力をもつ法令が制定されるならばそれに越したことはない。

⑦漁業に対する見方を根本から改めよう。

漁業の一番の利害関係者は、漁によって生計を立てている数千人足らずの漁師たちではなく一般市民や次世代の子どもたちだ。彼らには、生態系に配慮して漁獲された魚を食べる権利がある。漁業で生計を立てるだけの魚がいなくなった今でも、過大な数の漁師が漁業に従事できるようにしている、国やＥＵからの人為的な経済支援は撤廃しなければならない。水産業を生態系の現実に適合させていくことが必要だが、その解決策の一つとして譲渡可能な個人漁獲枠（ＩＴＱ）の制度が挙げられる。

付録2　水産業界の主張

水産業界は、盛んなロビー活動を通じて、一見すると単純でもっともらしい主張を世論に訴え、メディアでもそれがよく取り上げられている。左に示したのは、そのなかでも頻繁に聞かれる主張である。

①「タラが枯渇の危機に瀕しているなどというのはまちがいだ」

専門家の反論――たしかに、この主張は正しい。タラという種そのものが枯渇の危機に瀕しているわけではない。いくつかのタラの個体群がすでに部分的にもしくは完全に絶滅してしまったとはいえ、タラという種自体は世界のどこかの海に生息しつづけるだろう。しかし、人間の食料としてのタラは枯渇しかかっている。カナダでは、世界最大のタラの個体群が一九九二年に崩壊したまま回復の兆しが見えていない。ここでは、タラの代わりにクラゲや甲殻類、それから食用にはあまり適さない魚が大量に繁殖した一方で、タラはほとんど見ることのできない例外的な魚となってしまった。私たち人類は、かつては豊富にあって健康にもよいタンパク源を失おうとしているのだ。

②「専門家や研究者はまちがっている。俺たち漁師は、今でも海にたくさんの魚がいることを自分の目で確認している」

専門家の反論――たしかに、漁師たちは今でもタラの大きな群れを見つけ、漁をつづけている。カナダでも、タラの個体群が崩壊し海から突然姿を消す直前まで、漁師たちはタラの群れを探し出しては獲っていた。現代の漁師たちは、魚群探知機やソナーなどの最新技術を漁船に備え付けているために、魚が集まっている場所を見つけることが可能なのだ。これに対し、水産庁や大学の研究者は海を細かい海域に分けて、その一つ一つで毎年同じ時期に同じ方法で試験漁を行うことで魚の生息数を客観的に把握しようと努力している。それによると、生息数が激減していることは明らかである。また、研究者たちは漁師自らが記録している漁業日誌も参考にしているが、それによると、漁師たちは以前と同じ量の魚を獲るために、より長い間海に出て漁を行うようになったことが分かっている。

③「合法的に漁獲されたタラが市場に豊富に出回っているから安心して食べてもよい」

専門家の反論――たしかにそうだが、一方で、タラの完全禁漁を毎年のように推奨してきた国際海洋探査委員会（ＩＣＥＳ）の声を無視して、ＥＵやバルト海諸国が過大な漁獲枠を長年にわたって設定してきたことを忘れてはならない。実際のところ、設定された漁獲枠は過大であるため、近年では漁師がその年の漁獲枠分のタラを獲り尽くすことができないほどなのだ。そのため、合法的に獲れたからといって、資源保護の観点から見れば必ずしも望ましいわけではない。また、ＥＵの欧州委員会の報告書によると、スウェーデンで水揚げされた魚の二一パーセントは違法に漁獲されたものだという。しかし、そのような魚の多くが店頭では「合法的に漁獲された魚」として販売されている。

④「タラが絶滅して一番困るのは漁師たちではないか。そんな彼らが、今でも漁をつづけようとしているということは、現状が研究者が主張するほど深刻でないという証拠ではないのか？」

専門家の反論――水産資源はただで手に入るし、国境を越えて自由に泳ぎ回るために、ある一国だけが水産資源を保護するのは難しい。また、一人の漁師が自発的に漁を控えて魚を守ろうとしても、結局はほかの漁師が獲って自分の利益にしてしまうだけである。このような「俺が獲らなくてもほかの誰かが獲ってしまうさ」という考え方に、個々の漁師は陥りがちである。さらに、ＥＵから降り注ぐ寛大な補助金のおかげで漁師たちは巨大な漁船を購入し、また銀行からの借り入れを増やしている。そのため、多くの漁師にとっては魚を獲りつづける以外に道がないのである。

中層トロール漁

海の中層部を泳ぐニシンやスプラット、サバを獲るために用いられる。網を横方向に広げるための開口板を持たないため、スウェーデンでは漁船2隻で曳くことが多い。

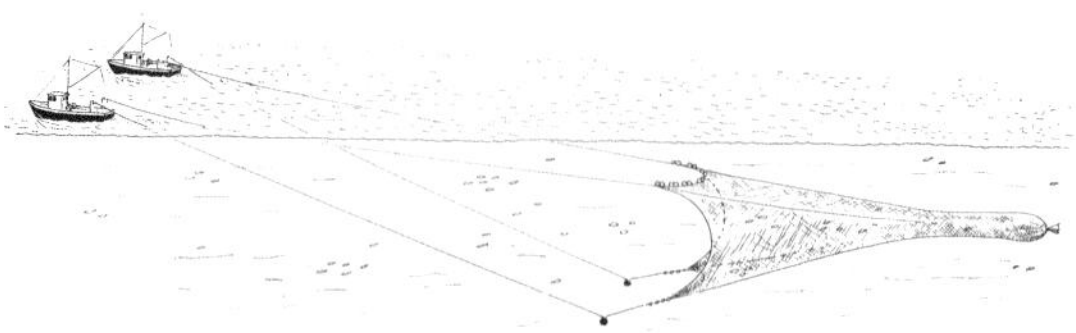

巻き網漁

魚を網で囲い込み、網の底部を絞ることで魚を捕える。スウェーデンではニシンやスプラット、サバが対象となる。

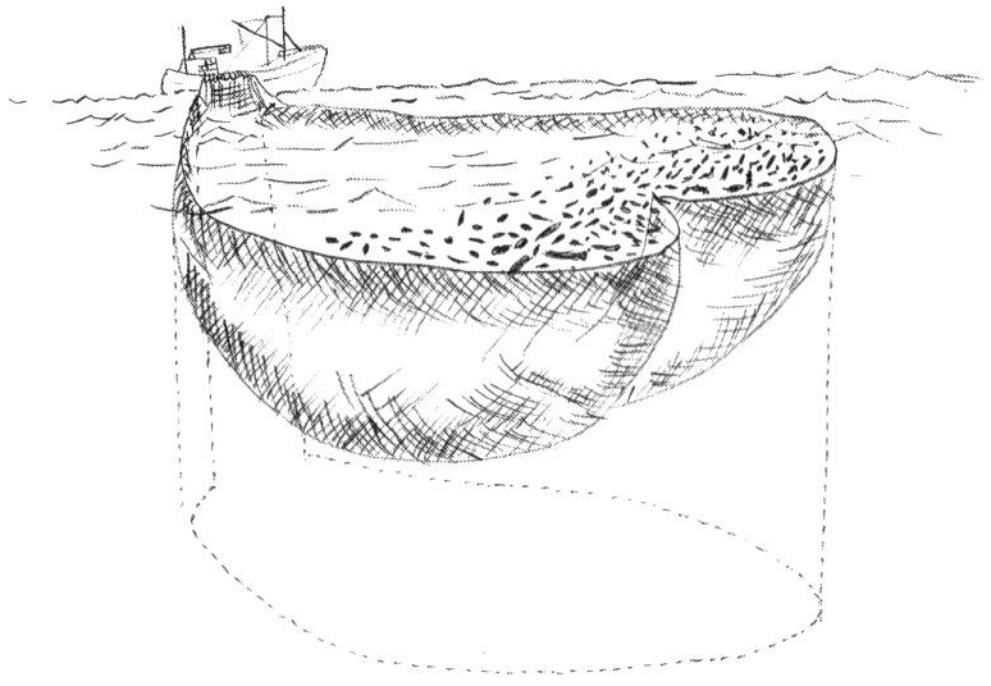

延縄漁《はえなわりょう》

一本の幹縄に、針と餌の付いた数千におよぶ枝縄が取り付けられている。スウェーデンでは現在あまり用いられていないが、世界的にはマグロ漁に使われている。

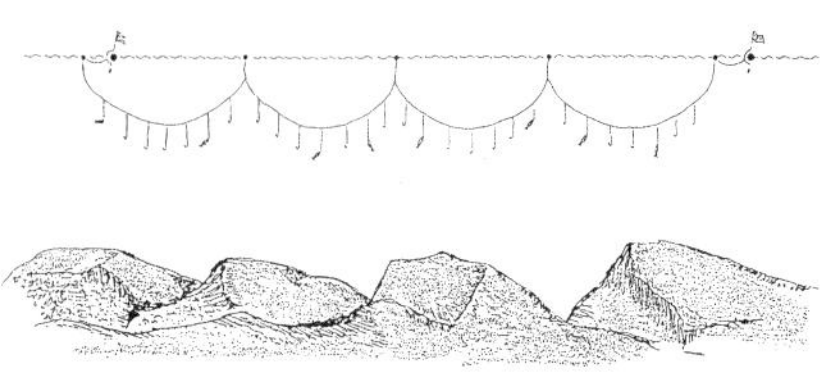

付録3　さまざまな漁法

刺し網漁

海底に固定されたもので、タラやカレイ類などの底生魚を獲るために用いられている。上部に浮きを付け、下部に重りを付けることで水面に対して垂直になるように仕掛けられた網。泳いできた魚が網目にはさまって抜けなくなる。

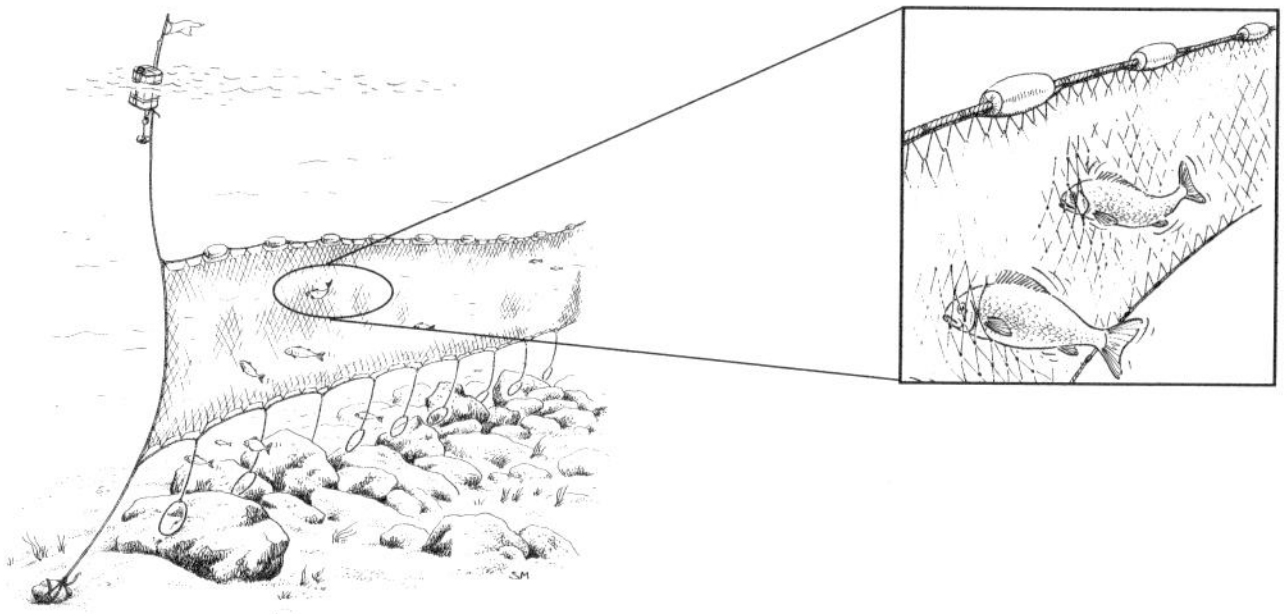

流し網漁

網が魚を捕える方法は刺し網漁と同じだが、刺し網漁とは違って水面近くに網を仕掛け、海の流れにしたがって漂流させる。漁船で網を牽引することもある。スウェーデンでは、サケやサバを獲るために用いられている。

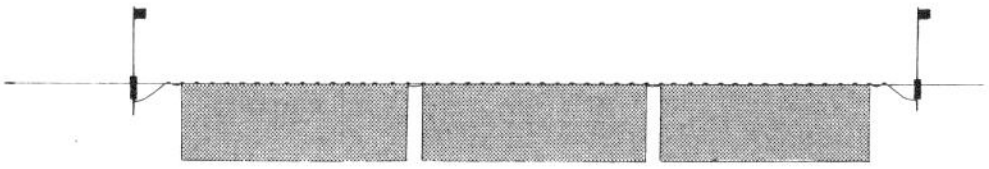

底曳きトロール漁

海底付近に生息するタラやカレイ類、海ザリガニを獲るために用いられる。漁船1隻でも網が左右に広がるように開口板（オッターボード）と呼ばれる重い金属板が取り付けられている。

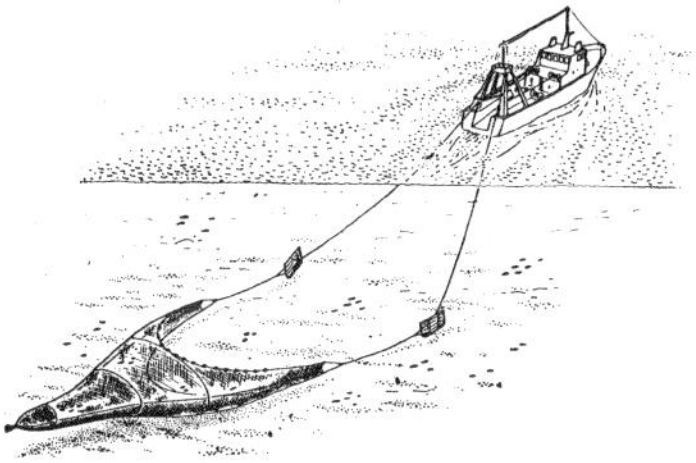

ラ　テ　ン　名	分　類
Perca fluviatilis	スズキ目パーチ科パーチ属
Theragra chalcogramma	タラ目タラ科スケトウダラ属
Microstomus kitt	カレイ目カレイ科ババガレイ属
Pollachius pollachius	タラ目タラ科ポラキウス属
Cetorhinus maximus	ネズミザメ目ウバザメ科ウバザメ属
Trachinus draco	スズキ目トゲミシマ科トラキヌス属
Carcharhinidae	メジロザメ目メジロザメ科
Pollachius virens	タラ目タラ科ポラキウス属
Centrolabrus exolctus	スズキ目ベラ科セントロラブルス属
Esox lucius	カワカマス目カワカマス科カワカマス属
Sander lucioperca	スズキ目パーチ科ザンダー属
Dicentrarchus labrax	スズキ目スズキ科ディケントラルクス属
Anarhichas lupus	スズキ目オオカミウオ科オオカミウオ属
Petromyzon marinus	ヤツメウナギ目ヤツメウナギ科ヤツメウナギ属
Macruronus magellanicus	タラ目メルルーサ科ホキ属
Lamna nasus	メズミザメ目ネズミザメ科ネズミザメ属
Somniosus microcephalus	ツノザメ目オンデンザメ科オンデンザメ属
Hippoglossus hippoglossus	カレイ目カレイ科オヒョウ属
Raja clavata	エイ目ガンギエイ科メガネカスベ属
Eutrigla gurnardus	カサゴ目ホウボウ科エウトリグラ属
Melanogrammus aeglefinus	タラ目タラ科モンツキダラ属
Euphausia superba	オキアミ目オキアミ科オキアミ属
Merlucchius merlucchius	タラ目メルルーサ科メルルーサ属
Salmo salar	サケ目サケ科タイセイヨウサケ属
Mallotus villosus	サケ目キュウリウオ科カラフトシシャモ属
Molva molva	タラ目ロティ科クロジマナガダラ属
Scomber scombrus	スズキ目サバ科サバ属
Lophius piscatorius	アンコウ目アンコウ科キアンコウ属
Rutilus rutilus	コイ目コイ科ルティルス属
Squalus acanthias	ツノザメ目ツノザメ科ツノザメ属
Psetta maxima	カレイ目スコプタルムス科スコプタルムス属
Centropomus undecimalis	スズキ目タイ科ホソアカメ属
Scyliorhinus caniculus/Scyliorhinus canicula	メジロザメ目トラザメ科トラザメ属
Pleuronectes platessa	カレイ目カレイ科ツノガレイ属
Limanda limanda	カレイ目カレイ科リマンダ属
Sardina pilchardus	ニシン目ニシン科サルディナ属
Clupea harengus	ニシン目ニシン科ニシン属
Cyclopterus lumpus	カサゴ目ダンゴウオ科シクロステルス属
Hippocampus	トゲウオ目ヨウジウオ科タツノオトシゴ属
Sprattus sprattus	ニシン目ニシン科スプラトゥス属
Coryphaenoides rupestris	タラ目ソコダラ科ヨロイダラ属
Platichthys flesus	カレイ目カレイ科ヌマガレイ属
Dipturus batis	エイ目ガンギエイ科ガンギエイ属
Scophthalmus rhombus	カレイ目スコプタルムス科スコプタルムス属
Acipenser sturio	チョウザメ目チョウザメ科チョウザメ属
Xiphias gladius	スズキ目メカジキ科メカジキ属
Ammodytes tobianus	スズキ目イカナゴ科イカナゴ属
Gadus morhua	タラ目タラ科マダラ属
Black drum	スズキ目ニベ科ポゴニアス属
Merlangius merlangus	タラ目タラ科ホワイティング属
Pagrus auratus	スズキ目タイ科マダイ属
Tilapia	スズキ目シクリッド科ティラピア属
Phocoena phocoena	クジラ目ネズミイルカ科ネズミイルカ属
Anguilla anguilla	ウナギ目ウナギ科ウナギ属
Salmo trutta	サケ目サケ科タイセイヨウサケ属

付録4　魚名事典

本書中に登場する魚のスウェーデン名・ラテン名・英語名および日本名の対照表である。

ただし、ほとんどの魚が日本近海に存在しないため、正確な和名がない場合も多い。

その際は、分類上での属名を使用したり、同じ属に属す近種の名前を用いることにした。

また「タイセイヨウタラ」のように正式な和名が長い場合は「タラ」と簡略表記をすることにした。

北欧近海に生息する魚	スウェーデン名	和名（本書中での訳語）	英語名
○	Abborre	パーチ	European perch
	Alaska pollock	スケトウダラ	Alaska pollock
○	Bergtunga（Bergskädda）	ババガレイ	Lemon sole
○	Bleka（Lyrtorsk）	ポロック（タラ科の魚）	Pollock（Pollack）
○	Brugd	ウバザメ	Basking shark
○	Fjärsing	トゲミシマ	Greater weever
○	Gråhaj	メジロザメ	Requiem shark
○	Gråsej（Sej）	シロイトダラ（セイス）	Saithe
○	Grässnultra	ベラ（海草に棲む小魚）	Rock cook
○	Gädda	カワカマス（ノーザンパイク）	Northern pike
○	Gös	ザンダー（パイクパーチ）	Zander
	Havsabborre	シーバス	European seabass
○	Havskatt	オオカミウオ	Atlantic wolffish
○	Havsnejonöga	ヤツメウナギ（ウミヤツメ）	Sea lamprey
	Hoki	ホキ	Hoki
○	Håbrand（Sillhaj）	ネズミザメ	Porbeagle shark
○	Håkäring	オンデンザメ	Greenland shark
○	Hälleflundra	オヒョウ（カレイ科の魚）	Atlantic halibut
○	Knaggrocka	メガネカスベ	Thornback ray（rocker）
○	Knot（Knorrhane）	ホウボウ	Tub Gurnard
○	Kolja	モンツキダラ（ハドック）	Haddock
	Krill	オキアミ（小型のエビ）	Antarctic krill
○	Kummel	メルルーサ（タラの一種）	European hake
○	Lax	サケ	Atlantic salmon
○	Lodda	シシャモ	Capelin
○	Långa	クロジマナガダラ	Common ling
○	Makrill	サバ	Atlantic mackerel
○	Marulk	アンコウ	Angler
○	Mört	ローチ（コイ科の小魚）	Common Roach
○	Pigghaj	アブラツノザメ	Spiny dogfish
○	Piggvar	ターボット（イシビラメ）	Turbot
	Robalo	ホソアカメ	Common snook（Robalo）
○	Rödhaj	トラザメ	Small-spotted catshark
○	Rödspotta	ツノガレイ	European plaice
○	Sandskädda	ニシマガレイ	Common dab
	Sardin	イワシ（サーディン）	Sardin
○	Sill（Strömming）	ニシン（タイセイヨウニシン）	Herring
○	Sjurygg（Stenbit）	ダンゴウオ（ホテイウオ）	Lumpsucker
○	Sjöhäst	タツノオトシゴ	Seahorses
○	Skarpsill	スプラット（ニシン科の小魚）	European sprat
○	Skoläst	ヨロイダラ	Grenadiers / rattails
○	Skrubbskädda（flundra）	ヌマガレイ	European flounder
○	Slätrocka	ガンギエイ	Blue skate（Common skate）
○	Slätvar	ブリル（ヒラメの一種）	Brill
○	Stör	チョウザメ	European sturgeon
	Svärdfisk	メカジキ	Swordfish
○	Tobis（Kusttobis）	イカナゴ	Sand eel
○	Torsk	タラ（タイセイヨウタラ）	Atlantic cod
	Trumfisk	ニベ	Pogonias cromis
○	Vitling	ホワイティング（タラ科の魚）	Whiting
	Snapperfisk	マダイの一種	Australian snapper
	Tilapia	ティラピア	Tilapia
○	Tumlare	ネズミイルカ	Harbour Porpoise
○	Ål	ウナギ（ヨーロッパウナギ）	European eel
○	Öring	マス（ブラウントラウト）	Brown trout

- Earth's Climate Crisis and the Fate of Humanity", Basic Books, 2006）邦訳：竹村健一・秋元勇巳訳、中央公論新社（2006年）
・ロッド・フジタ『海洋の生態系を取り戻す――私たちの海を守るための解決法』
・リンダ・K・グローヴァー、シルヴィア・A・アール『海の終焉を阻止する――行動を起こすための計画』（Linda K. Glover, Sylvia A. Earle, "Defying Ocean's End - An Agenda for Action", Island Press, 2004）
・レイチェル・カーソン『われらをめぐる海』（Rachel Carson, "The Sea Around Us", Oxford University Press, 1950, 2003）邦訳：日下実男訳、早川書房（1965年、1977年、2000年）

リー『完璧な海――北大西洋における漁業と生態系の現状』16ページ
・譲渡可能な個人漁獲枠（ＩＴＱ）について：水産庁「漁獲枠や漁業海域の規制をはじめとする水産資源の管理法」水産庁の機関紙〈淡水と海水〉（Fiskeriverket, “Kvoter, zoner och andra sätt att fördela fisket”, Sött & Salt, 2004-07-13）、水産庁「水産庁は漁撈努力の規制と共同管理、そして個人漁獲枠を望んでいる」〈淡水と海水〉（Fiskeriverket, “Fiskeriverket vill ha effortreglering, samförvaltning &individuella kvoter”, 2005-10-03）
・オーストラリアやニュージーランドにおける漁業管理の資金源について：ダニエル・ポーリー『完璧な海――北大西洋における漁業と生態系の現状』137ページ
・密漁船「ヴィアルサ号」の追跡劇：ブルース・クネクト『銀むつクライシス――「カネを生む魚」の乱獲と壊れゆく海』杉浦茂樹訳、早川書房（2008年）Bruce Knecht, “Hooked: Pirates, Poaching, and the Perfect Fish” (Rodale, 2006）
・スウェーデンにおける違法な漁獲の規模について：水産庁漁業監視部「未申告の水揚げなどについての調査」（Fiskeriverket, Avdelningen för fiskerikontroll, “Uppdrag angående orapporterat fiske m.m.”, 2005-06-01, Rapport Dnr 121-3160-02)、ホーカン・エッゲルト、アンデシュ・エッレゴード「漁業監視と規制遵守：スウェーデンにおける商業的漁業の共同管理の例」（Håkan Eggert and Anders Ellegård, “Fishery control and regulation compliance: a case for co-management in Swedish commersial fisheries”, Marine Policy 27, 2003, pp.525-533）、水産庁「水産庁は未申告の水揚げがあることを確認した」〈淡水と海水〉（Fiskeriverket, “Fiskeriverket bekräftar orapporterat fiske”, Sött & Salt, 2007-03-15）http://sottochsalt.fiskeriverket.se/article.asp?ArticleId=91
・タラの切り身の価格上昇について：「魚と野菜の価格高騰が食費を押し上げている」小売・流通業界の雑誌〈自由な購買〉（“Fisk och grönsaker drar upp matpriserna”, Fri köpenskap, 2007-01-12）

エピローグ「２秒前」

・シルヴィア・A・アール『シルヴィアの海――海中6000時間の証言
・ベンクト・フーベンディック『明るい未来を目指して』（Bengt Hubendick, “Mot en ljusnande framtid”, Gidlunds, 1991）
・セオドア・ローザック『地球が語る――宇宙・人間・自然論』（Theodore Roszak, “The Voice of the Earth”, Phanes Press, 1992, 2002）
・ジェームズ・ラヴロック『ガイアの復讐』（James Lovelock, “The revenge of Gaia

・ケープ・カナヴェラル沖の海域：「海洋保護区」〈ロサンゼルス・タイムズ〉（"Marine protected areas", 2002-07-22）
・海洋自然保護区について：ロッド・フジタ『海洋の生態系を取り戻す――私たちの海を守るための解決法』（Rod Fujita, "Heal the Ocean - Solutions for Saving our Seas", New Society Publishers, 2003）、ジャック・ソーベル、クレイグ・ダールグレーン『海洋自然保護区―科学・設計・利用のための手引き』
・スウェーデン近海の漁業禁止水域：水産庁「漁業禁止水域の指定」（Fiskeriverket, "Inrättandet av ett fiskefritt område, 2006-02-27）
・ゴート島海洋自然保護区：チャールズ・クローヴァー『行き止まりに来た漁業――乱獲が世界と私たちの食を変える』215ページ
・食物連鎖の下方に向かって魚を獲っていく：ダニエル・ポーリー『完璧な海――北大西洋における漁業と生態系の現状』53－56ページ、「シーフード・サンドイッチの具がクラゲだけになる日も遠くはない」〈ダーゲンス・ニューへーテル〉（"Snart bara maneter på sillmackan", Dagens Nyheter, 2006-11-22）
・タラに音響発信機を取り付けた追跡調査：ジェームズ・リンドホルム（James Lindholm, Pfleger Institute of Environmental Research）www.pier.org
・ヴィンガ島周辺でタラの生息数が増えたことについて：水産庁「スウェーデン近海における禁漁水域の効果」（Fiskeriverket, "Effekter av fredningsområden på fisk och kräftdjur i svenska vatten", 2006-02-21）21ページ
・オーレスンド海峡のタラの大きさと生息数：水産庁「スウェーデン近海における禁漁水域の効果」17ページ
・海洋自然保護区としてゴッツカ・サンドオーン島が選ばれたことについて：水産庁「漁業禁止水域の指定」8ページ
・オーレスンド海峡における違法トロール漁について：「オーレスンド海峡における漁業の将来」（2003年11月にヘルシンボリとヘルシンゴーで開かれたシンポジウムでの報告）（"Framtid för fiske i Oresund", rapport från seminarium i Helsingborg och Helsingör, 17-18 november 2003）、ペーテル・ニルソン「海を空っぽにする違法操業」スウェーデン自然保護協会の機関紙〈スウェーデンの自然〉（Peter Nilsson, "Fusket som tömmer haven", Sveriges Natur, nr 6/2001）
・アラスカ沖のオヒョウ漁：チャールズ・クローヴァー『行き止まりに来た漁業――乱獲が世界と私たちの食を変える』211ページ、ロッド・フジタ『海洋の生態系を取り戻す――私たちの海を守るための解決法』109ページ
・「ハイ・グレーディング」と呼ばれる幼魚の海上投棄について：ダニエル・ポー

海洋漁業・2005年」(Havforskningsinstituttet, “Kyst og havbruk 2005”)
・スウェーデン沿岸のタラでも見つかったフランシセッラ種：「タラの新たな病気が野生の個体群をおびやかしている」獣医学研究所の機関紙〈スヴァーヴェット〉(SVA-vet, 2/2006)

第10章　解決への糸口

・欧州委員会が修正したウナギ保全計画：「ＥＵの新しいウナギ保全計画——欧州委員会が業界の声にやっと耳を傾けた！」漁師全国連合会の機関紙〈イュルケス・フィスカレン〉(“Nytt EU-förslag om ålen - Nu har kommissionen lyssnat till näringen!”, Yrkesfiskaren, nr 11/12 2006)
・ウナギの追跡調査：ホーカン・ヴェステルベリ「バルト海におけるウナギのマーキングの結果」〈イュルケス・フィスカレン〉(Håkan Westerberg, “Resultat av ålmärkning i Ostersjön”, Yrkesfiskaren, nr 23/24 2006)
・地域諮問委員会（ＲＡＣ）の内訳：http://ec.europa.eu/fisheries/press_corner/press_releases/archives/com04/com04_23_en.htm
・17世紀の北大西洋：ダニエル・ポーリー『完璧な海——北大西洋における漁業と生態系の現状』(Daniel Pauly, “In a perfect ocean - the state of fisheries and ecosystems in the North Atlantic Ocean”, Island press, 2003) ８－９ページ
・「基準点の推移」：http://www.shiftingbaselines.org/
・チェーサピーク湾の牡蠣の壊滅：ジャック・ソーベル、クレイグ・ダールグレーン『海洋自然保護区——科学・設計・利用のための手引き』(Jack Sobel and Craig Dahlgren, “Marine Reserves - A Guide to Science, Design and Use”, Island Press, 2004) 36ページ、ダニエル・ポーリー『完璧な海——北大西洋における漁業と生態系の現状』19－20ページ
・海上投棄される漁獲物の割合：環境保全準備委員会の報告書「持続可能な漁業のための戦略」39ページ
・トロール漁の歴史：マーク・カーランスキー『鱈——世界を変えた魚の歴史』114－115ページ
・底曳きトロール漁が海底に及ぼす影響：きれいなバルト海を取り戻すための協力機構「バルト海における底曳きトロール漁の危険性」(Coalition Clean Baltic, “Danger of Bottom trawling in the Baltic Sea”) http://www.ccb.se/documents/Bottentralningeng.pdf、環境保護庁「水面下の変化——スウェーデンの海洋環境を海の深いところで分析する」137ページ

来た漁業――乱獲が世界と私たちの食を変える』136ページ
・ＥＵのサメ政策に対する批判：シャーク・アライアンス（http://www.sharkalliance.org）
・欧州委員会の漁業・海事総局：http://ec.europa.eu/fisheries/index_en.htm
・欧州議会の漁業委員会：http://www.europarl.europa.eu/committees/pech_home_en.htm
・ステフェン・シュミットの提案した漁業政策改革をめぐる争い：トム・ハンソン「ＥＵの漁業政策改革を阻止する一風変わった手段」（Tom Hansson, "Oortodoxa metoder för att stoppa EU:s fiskerireform", Dagens Forskning Nr 10, 2002-05-13/14）、トム・ハンソン「漁業政策をめぐる抗争はさらに続く」（Tom Hansson, "Stormen runt fiskeripolitiken fortsätter", Dagens Forskning Nr 11, 2002-05-27/28）、トム・ハンソン「ヨーロッパの漁船数が削減される」（Tom Hansson, "Europas fiskeflotta skärs ned", Dagens forskning Nr 12, 2002-06-10）ともに週刊新聞〈ダーゲンス・フォシュクニング〉http://www.acc.umu.se/~widmark/eu-fiske.html に記事の全文が掲載されている。

第９章　魚の養殖―果たして最善の解決策か？

・ノルウェー漁業の効率性上昇にともなう懸念：世界自然保護基金（ＷＷＦ）「バーレンツ海のタラ――現存する唯一の巨大なタラ個体群」（WWF, "The Barents Sea Cod - The last of the large cod stocks", May 2004）
・サケの養殖場からの栄養塩基類の排出：ビルギッタ・ヨハンソン『私たちはタラに惑わされているのか？――魚と漁業をめぐる専門家と漁師の見解』（Birgitta Johansson, "Torskar torsken? Forskare och fiskare om fisk och fiske", Formas 2003）の一章：ニルス・カウティ他「養殖魚は多くの人々が考えているほど環境によいものではない」（Nilks Kauty et al., "Odlad fisk är mindre miljövänlig än många tror"）99ページ
・魚の養殖に餌として必要な野生の魚の量：上記の本の96ページ、および環境保護庁「水面下の変化――スウェーデンの海洋環境を海の深いところで分析する」（Naturvårdsverket, "Förändringar under ytan - Sveriges havsmiljö granskad på djupet", 2005）141ページ
・ノルウェーの養殖業界が発表している情報：魚の輸出製品について（http://www.godfisk.no）
・危機に瀕しているノルウェー沿岸部のタラ：ノルウェー海洋研究所「沿岸および

nader", 2000-11-27)

第７章　ＥＵと途上国との漁業協定

・ＥＵの漁業協定がカーボヴェルデに良い効果をもたらしていると述べるＥＵの文書：欧州議会「中間答申に対する提案」(European parliament, "Förslag till betänkande", 2004/0058) ９ページ。http://www.europarl.europa.eu/meetdocs/2004_2009/documents/pr/537/537221/537221en.pdf

・クロマグロの価格：ステフェン・スローン『海の破産――崩壊の瀬戸際に立つ世界の漁業』102ページ

・全世界における水産物の消費量：国連食糧農業機関（ＦＡＯ）「世界の漁業および養殖業の現状・2006年」(FAO, "The State of World Fisheries and Aquaculture 2006) 36－37ページ

・セネガルとＥＵとの漁業協定：チャールズ・クローヴァー『行き止まりに来た漁業――乱獲が世界と私たちの食を変える』37ページ

・ナミビアの事例：スタファン・ダニエルソン「貧しい人々の魚がいかにして豊かな人々の食卓にたどり着くのか？」(Staffan Danielsson, "Hur den fattiges fisk hamnar på den rikes bord, Globala studier nr 14, 2002) 18ページ

・ＥＵの漁業協定の長所：ミカエル・クルベリ「ＥＵと発展途上国との漁業協定―水産資源活用のための進入権からパートナーシップへ？」(Mikael Cullberg, "EU:s fiskeriavtal med utvecklingsländer - från resurstillträde till partnerskap?", Finfo 2005:2) 59ページ

・ＥＵの漁業協定の総数：スサンナ・フッゲス「ＥＵと発展途上国との漁業協定の効果」(Susanna Hughes, "Effekter av EU:s avtal om fiske i u-länder", Livsmedelsekonomiska institutet, 2004:6)

・途上国での漁業の衰退がブッシュミートの需要を増大させる：オーラ・セル「野生動物に対するアフリカ人の食欲が増大」(Ola Säll, "Afrikas aptit på vilt växer", Svenska Dagbladet, 2006-06-18) 日刊紙〈スヴェンスカ・ダーグブラーデット〉、カーリン・ボイス「EU による漁業乱獲がゾウやサルを殺している」日刊紙〈ダーゲンス・ニューヘーテル〉(Karin Bojs, "EU:s överfiske dödar elefanter och apor", Dagens Nyheter, 2004-11-13)

第８章　ＥＵの共通漁業政策と乱獲の義務

・全世界における漁業助成金の総額：チャールズ・クローヴァーー『行き止まりに

・水産行政における政治的管理の欠如：ニルス＝グンナル・ビッリンゲル「首相府の規模は大きすぎるのか、小さすぎるのか、それとも適度なのか？」（Nils Gunnar Billinger, “ESO: Ar regeringskansliet för stort, för litet eller lagom?”, seminarium Rosenbad, 1998）
・水産業界という小さな産業のとりこになってしまった水産行政：環境保全準備委員会の文書「持続可能な漁業のための戦略」（Miljövårdsberedningens promemoria, “Strategi för ett hållbart fiske”, 2006:1）21ページ

第６章　漁業に対する経済的支援

・カナダの助成金：チャールズ・クローヴァー『行き止まりに来た漁業――乱獲が世界と私たちの食を変える』（Charles Clover, “The End of the Line - How overfishing is Changing the World and What We Eat, Ebury press 2004）116ページ
・ＥＵへの加盟以降にスウェーデン漁業の効率性が低下したことについて：ヨアキム・ヨハネソン、トーレ・グスタフソン「非効率な漁業の助長」（Joacim Johannesson och Tore Gustavsson, Fulling fishing fleet inefficiency, Fiskeriverket rapport 2005-06-30）
・水産庁の経費：「水産庁の年次活動報告書・2006年」（Fiskeriverkets årsredovisning 2006）
・失業保険の支払い額：http://www.yrkesfiskarna.se/akassa_ark.asp
・沿岸警備隊の経費：「年次活動報告書・2006年」（Arsredovisning 2006）
・沿岸警備隊の監視が順法意識に与える効果：公的調査委員会（ＳＯＵ）「スウェーデンにおける漁業監視」（“Den svenska fiskerikontrollen”, SOU 2005:27）
・軽油とガソリンの消費：中央統計局「漁業部門のエネルギー消費・2005年」（SCB, “Energianvändning inom fiskesektorn 2005”, 2006）
・ＥＵの価格保証制度：水産庁「価格保証制度の評価」（Fiskeriverket “Utvärdering av återtagssystemet”, Dnr 121-2351-00）
・漁師を対象にした特別所得控除制度をめぐる調査とその調査のありかたに対する疑問の声：ウルフ・ロンクヴィスト「スウェーデン漁業の国際競争力」（Ulf Lönnqvist, “Yrkesfiskets konkurrenssituation”, SOU 1999:3）
・漁師特別所得控除制度の導入を求めるオーサ・トシュテンソンとエスキル・アーランドソンの提案：「小規模漁業」（“Småskaligt yrkesfiske” 1999/2000:MJ406）
・海運交通が環境に与える外部費用：パー・コーゲソン「海運交通が環境に与える外部費用の内部化」（Per Kågesson, “Internalisering av sjöfartens externa kost-

det, från vetenskap till politik", Institutionen för tematisk utbildning och forskning, Miljövetarprogrammet, Linköpings universitet, 2002）15ページ。

第５章　ヨーテボリの漁船がやって来るまでは……

・スモーゲンの歴史：カスペル・ユングダール『スモーゲンとハッセロースンド：ボーフースレーン地方の漁業社会の変遷――ソーテネースとスカーゲラーク沿岸の人々』（Casper Ljungdahl, "Smögen och Hasselösund - bohuslänska fiskesamhällen i förändring - människorna på Sotenäset och vid Skagerrakkusten, Munkedal, 1993）

・スモーゲンの漁師とヨーテボリの漁師との対立：レジャーフィッシング協会および"スウェーデン西部の海を守ろう"委員会『スウェーデン西部の海を守ろう！手遅れになる前に…』（"Värna Västerhavet! Medan tid är...", Sportfiskarna i Väst och Kommittén Värna Västerhavet, Bokförlaget Settern 1994）

・ボー・ハンソンが手渡した意見書：北ボーフースレーン漁業生産者組合「環境保全準備委員会の答申『スウェーデンの群島地域の持続的な発展』に対する意見書」（Norra Bohusläns Producentorganisation, "Yttrande över Miljövårdsberedningens betänkande SOU 1996:153 'Hållbar utveckling i Sveriges skärgårdsområden'"）

・スモーゲンに対するＥＵの助成金：水産庁　市場・構造部「対象領域１以外の分野における投資プロジェクトの一覧――水産業界において減価償却のための貸付という形で2000年から2008年までに構造調整助成金を支給された投資プロジェクトの一覧」（Fiskeriverket, Marknads- och strukturavdelningen, "Investeringskatalog områden utanför mål I - förteckning över investeringar som beviljats strukturstöd i form av avskrivningslån inom fiskerisektorn 2000-2006"）

・北アメリカのアブラツノザメ：リチャード・エリス『空っぽの海――世界の海洋生物の略奪』48ページ

・群れをなすアブラツノザメの行動：http://havsfiske.wasa.net/info/Pigghaj.html

・アブラツノザメの新しい漁獲枠：水産庁「危機に瀕したアブラツノザメに対して漁獲枠による漁業規制が導入される」水産庁の機関紙〈淡水と海水〉(Fiskeriverket, "Kvoter införs på hotad pigghaj", Sött & Salt, 2007-02-26)

・アブラツノザメの漁獲量の推移：水産庁「海洋および淡水域における魚の個体群と環境――水産資源と環境保全の概観・2006年」（Fiskeriverket, "Fiskbestånd och miljö i hav och sötvatten, resurs- och miljööversikt 2006"）45ページ

・タラの歴史：マーク・カーランスキー『鱈――世界を変えた魚の歴史』(Mark Kurlansky, “Cod: A Biography of the Fish That Changed the World”, Walker & Company, 1997) 邦訳：池央耿訳、飛鳥新社（1999年）
・レジャーフィッシングの規模：水産庁および中央統計局「釣り2005年――スウェーデン人のレジャーフィッシングに関する調査」(Fiskeriverket och Statistiska Centralbyrån, “Fiske 2005 - En undersökning om svenskars fritidsfiske”, Finfo 2005:10)
・釣り愛好家の支払い意思額：トイヴォネン他「北欧諸国における趣味としての釣りの経済的価値」(Toivonen et al., “Economic value of recreational fishery in the Nordic countries”, Nordic Council of Ministers, TemaNord 2000:604)
・釣りによるレクリエーションの価値：インゲマル・ノーリング「レジャーフィッシングの意義と社会的効用」ヨーテボリ・サールグレンスカ大学病院医療研究科 (Ingemar Norling, “Sportfiskets betydelse och samhällsnytta”, sektionen för vårdforskning, Sahlgrenska universitetssjukhuset Göteborg, 2003)
・脂びれ切除の費用：スウェーデン漁業水域所有者連合会の機関紙〈フィスケヴォード〉(Fiskevård 1/04, Sveriges fiskevattenägareförbund)
・漁業に対する公的助成費用：財務省「お魚とイカサマ――水産行政における目標・手段・権力」(ESO Ds 1997:81, “Fisk och fusk - Mål, medel och makt i fiskeripolitiken”, 1997) 20ページ
・サケに対するインディアンの考え方：カール・サフィナ『海の歌――人と魚の物語』(Carl Safina, “Song for the Blue Ocean”, Owl Books, 1997) 140ページ
・サケに麻酔をかける際の規定：動物保護法（Djurskyddslagen（1988:534))、動物保護に関する農林水産省令 (Djurskyddsförordningen (1988:539))、農務庁令 (Statens jordbruksverks föreskrifter（SJVFS 1993:154))
・「お魚とイカサマ」報告書をめぐるテレビのディベート番組：チャンネルＳＴＶ１『生放送で即答（Svar direkt)』(1998年１月15日)
・一時的に機密文書の指定を受けた報告書：ビョーン・フィン、ヨハン・スネルマン「サケ漁に関する社会経済的調査」(Björn Finn och Johan Snellman, “Socioekonomisk undersökning - av fisket efter lax”, Centrum för transportforskning, 1997)
・水産資源を保全しつつ水産業界の利益を擁護しなければならないという水産庁のジレンマ：ヨハンナ・エリクソン「科学から政治へ――タラは協議テーブルの上でこう調理される」(Johanna Eriksson, “Så bereds en torsk inför behandlingsbor-

fiskets framtid och samhällsnytta", KSLA-tidskrift 10/2001, p.19）
・タラの水揚げ総額：スウェーデン公式統計「2006年12月および2006年全体の海洋漁業の漁獲量」（Sveriges officiella statistik, Statistiska meddelanden JO 50 SM 0701: "Saltsjöfiskets fångster under december 2006 och hela 2006"）

第3章　鳴らされない警鐘

・シーラカンス：サマンサ・ヴィーンベリ『古代の魚――シーラカンスを追い求めて』（Samantha Weinberg, "Tidernas fisk - jakten på kvastfeningen", W&W, 1999）
・ノルウェー沖のサンゴ礁：リチャード・エリス『空っぽの海―世界の海洋生物の略奪』（Richard Ellis, "The Empty Ocean", Island Press）276ページ
・ジャック・ピカール（Jacques Piccard）とドン・ワルシュ（Don Walsh）によるマリアナ海溝到達：シルヴィア・A・アール『シルヴィアの海――海中6000時間の証言』（Sylvia A. Earle, "Sea change - a message of the oceans", Fawcett books, 1995）邦訳：西田美緒子訳、三田出版会（1997年）48ページ
・トロール漁の許可海域の移動をめぐるレジャーフィッシング協会の公開質問状：http://www.sportfiskarna.se/aktuellt/pressm.asp?Id=128
・公開質問状に対する水産庁長官カール＝オーロヴ・オステルの回答：http://www.skargardsbryggan.com/dokument/svar_sportfisk_brev.pdf
・オーレスンド海峡のタラの状況：ヘンリク・スヴェードエング他（海洋漁業試験場）「タラの調査プロジェクト・ステップⅠ―Ⅲ：スウェーデン西海岸における沿岸部の個体群の変化と現状」（Henrik Svedäng et al., "De kustnära fiskbeståndens utveckling och nuvarande status vid svenska västkusten", Torskprojektet steg I-III, Havsfiskelaboratoriet, 2002）
・魚の視覚：レイフ・アンデション、ビョーン・ロースマン『水面下では』（Leif Andersson, Björn Röhsman, "Under vattenytan", Spektras handboksserie, 1983）

第4章　共有地の悲劇

・共有地の悲劇：ガレット・ハーディン「共有地の悲劇」（Garret Hardin, "The tragedy of the Commons", Science, vol.162, pp.1243-1248, 1968）http://www.sciencemag.org/sciext/sotp/commons.dtl
・長距離を回遊するマグロやメカジキなどの魚の乱獲：ステフェン・スローン『海の破産――崩壊の瀬戸際に立つ世界の漁業』（Stephen Sloan, Ocean Bankruptcy - World Fisheries on the Brink of Disaster, Lyons Press, 2003）

る淡水漁業」(Sveriges officiella statistik, Statistiska meddelanden JO 50 SM 0701: "Saltsjöfiskets fångster under december 2006 och hela 2006", Statistiska meddelanden JO 56 SM 0701: "Det yrkesmässiga fisket i sötvatten 2006")

第2章　警　告

・「ＥＵの共通漁業政策の将来に関するグリーンペーパー」：European Commission, "Green Paper on the future of the common fisheries policy" (2001-03-20), http://ec.europa.eu/fisheries/greenpaper/volume1_en.pdf

・スウェーデンが一方的にタラ漁を禁止することの影響についての水産庁の調査：水産庁「スウェーデンの一方的なタラの禁漁がもたらす生物学的・経済的影響」(Fiskeriverket, "Biologiska effekter och ekonomiska konsekvenser av ett svenskt unilateralt torskfiskestopp", Dnr:43-2362-02)

・ジョージバンクにおける部分的禁漁：カール・サフィナ『海の歌――人と魚の物語』(Carl Safina, "Song for the Blue Ocean", Owl Books, 1997) 邦訳：鈴木主税訳、共同通信社 (2001年)

・海ザリガニ漁の軽油使用量：「水産業界は環境に優しいザリガニ漁を制限しようとしている」日刊紙〈ダーゲンス・ニューヘーテル〉("Branschen vill begränsa miljövänligt kräftfiske", Dagens Nyheter, 2007-02-21)

・海上投棄：水産庁「海上投棄を減少させることが望ましい」(Fiskeriverket, "Angeläget att minska dumpning", Sött & Salt, 2004-05-17)

・ＥＵの最低価格保証制度：水産庁「価格保証制度の評価」(Fiskeriverket, "Utvärdering av återtagssystemet", Dnr 121-2351-00)

・漁師の所得：水産庁「沿岸漁業従事者の経済状況」(Fiskeriverket, "Kustfiskebefolkningens ekonomi", rapport 2000:1)

・漁業の付加価値総額とＧＤＰ（国内総生産）に対する貢献度：スウェーデン中央統計局「国民経済計算」(Statistiska Centralbyrån, Nationaleräkenskaperna)

・馬業界の売上げ額：農林水産省「馬の分野における行政の行動計画」(Jordbruksdepartementet, "Handlingsplan för åtgärder inom hästsektorn", Regeringens skrivelse 2003/04:54)

・ヘラジカ猟：スウェーデン猟師連合会（Svenska Jägareförbundet）の元代表ボー・トーレソン（Bo Toresson）からの聞き取り

・20世紀におけるスウェーデンのタラ漁獲量の推移：「スウェーデンの漁業の将来と社会的貢献」スウェーデン王立農林研究所の機関紙〈ＫＳＬＡ〉("Svenska

参考文献一覧

第1章　ウナギ

・銀ウナギ禁漁に関する欧州委員会の提案：水産庁の記者発表（2003-10-17）
・ウナギの現状に関する国際海洋探査委員会（ＩＣＥＳ）の記事：ウィレム・デッカー（オランダ漁業研究所）「崩壊の危機に瀕しているウナギの個体群」（Willem Dekker, Netherlands Institute for Fisheries Research, “Eel stock dangerously close to collapse”）http://www.ices.dk/marineworld/eel.asp
・スウェーデンにおける1960年以降のウナギの漁獲量の減少：ニクラス・Ｂ・フーベリ、エーリク・ペーテルション「バルト海における銀ウナギの回遊を理解するためのマーキング」（Niklas B. Sjöberg och Erik Petersson, “Blankålsmärkning. Till hjälp för att förstå blankålens migration i Ostersjön”, Finfo 2005:3）14ページ。
・ウナギの回復のための欧州委員会の提案：「ヨーロッパウナギの個体群回復のための手段の確立」（Council regulation 2005, “Establishing measures for the recovery of the stock of European Eel”）
・ウナギの生態：マリアン・コーイエ、ウルフ・スヴェードベリ『海洋生物』（Marianne Köie och Ulf Svedberg, “Havets djur”, Prisma, 1999）
・放流されたウナギがバルト海からの出口を見つけれないという問題：ラーシュ・ヴェスティン「放流されたヨーロッパウナギの回遊の失敗」（Lars Westin, “Migration failure in stocked eels Anguilla anguilla”, Marine Ecology Progress Series, Vol.254:307-311, 2003）
http://www.int-res.com/articles/meps2003/254/m254p307.pdf
・放流されたウナギがバルト海からの出口を見つける可能性：リンバーグ他「淡水に放流されたウナギは回遊するか？　バルト海では『回遊する』という証拠が得られた」（Limburg et al., “Do Stocked Freshwater Eels migrate? Evidence from the Baltic Suggests 'yes'”, American Fisheries Society Symposium 33:275-284, 2003）https://www.fiskeriverket.se/download/18.1490463310f1930632e8000332/Aal_limburgetal.pdf
・2006年のスウェーデンにおけるウナギの水揚げ量とその総額：スウェーデン公式統計「2006年12月および2006年全体の海洋漁業の漁獲量」と「2006年の漁師によ

訳者紹介

佐藤吉宗（さとう・よしひろ）

1978年生まれ。

京都大学経済学部卒業。在学中であった2000年にスウェーデンへ交換留学をしたことが契機となり、同国のヨンショーピン大学経済学部へ進学し修士号を取得。その後、同大学での勤務や欧州安全保障協力機構（OSCE）クロアチア支部での研修を経て、現在はスウェーデン・ヨーテボリ大学経済学部の博士課程に在籍。

専門はマクロ経済、投資・生産性分析。通訳や翻訳のほか、スウェーデンの経済・政治・社会問題に関する記事を日本の雑誌に寄稿している。

沈黙の海

――最後の食用魚を求めて――

2009年11月30日　初版第1刷発行

訳者　佐藤吉宗

発行者　武市一幸

発行所　株式会社　新評論

〒169-0051 東京都新宿区西早稲田3-16-28
http://www.shinhyoron.co.jp

TEL 03(3202)7391
FAX 03(3202)5832
振替 00160-1-113487

落丁・乱丁はお取り替えします。
定価はカバーに表示してあります。

印刷　フォレスト
装丁　山田英春
製本　桂川製本

Printed in Japan
ISBN978-4-7948-0820-2

新評論好評既刊　「環境」を考える本

S.ジェームズ&T.ラーティ／高見幸子 監訳・編著／伊波美智子 解説

スウェーデンの持続可能なまちづくり

ナチュラル・ステップが導くコミュニティ改革

サスティナブルな地域社会づくりに取り組むための最新・最良の実例集。

[A5並製 284頁 2625円　ISBN4-7948-0710-4]

K.-H.ロベール／高見幸子 訳

ナチュラル・チャレンジ

明日の市場の勝者となるために

環境保護団体ナチュラル・ステップによる，産業 - 環境の両立に向けた戦略。

[四六上製 302頁 2940円　ISBN4-7948-0425-3]

岡部　翠 編

幼児のための環境教育

スウェーデンからの贈りもの「森のムッレ教室」

環境先進国発・自然教室の実践のノウハウと日本での取り組みを詳説。

[四六並製 284頁 2100円　ISBN978-4-7948-0735-9]

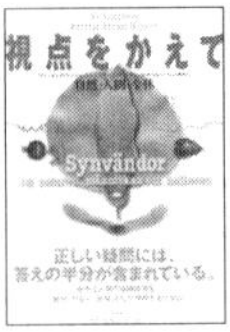

B.ルンドベリィ&K.アブラム=ニルソン／川上邦夫 訳

視点をかえて

自然・人間・全体

すべての生命にとって「自然」が持つ意味を，斬新な視点で捉え直す。

[A5並製 224頁 2310円　ISBN4-7948-0419-9]

B.ケーゲル／小山千早 訳

放浪するアリ

生物学的侵入をとく

世界各地の生態系異変をわかりやすく解説，「種の絶滅」の実態に迫る。

[四六上製 376頁 3990円　ISBN4-7948-0527-6]

C.ベック=ダニエルセン／伊藤俊介・麻田佳鶴子 訳

エコロジーのかたち

持続可能なデザインへの北欧的哲学

北欧発，持続可能性を創造するデザインの美学を多数の写真で解説。

[A5上製 240頁 2940円　ISBN978-4-7948-0747-2]

＊表示価格はすべて消費税（5%）込みの定価です。